中国环境百科全书

—— 选编本 ——

当代环境保护发展

《当代环境保护发展》编写委员会　编著

主编　楚春礼　鞠美庭

中国环境出版集团·北京

图书在版编目（CIP）数据

当代环境保护发展 /《当代环境保护发展》编写委员会编著. —北京：中国环境出版集团，2020.9
（《中国环境百科全书》选编本）
ISBN 978-7-5111-4432-4

Ⅰ. ①当… Ⅱ. ①当… Ⅲ. ①环境保护—发展—世界 Ⅳ. ①X-11

中国版本图书馆 CIP 数据核字（2020）第 168888 号

出版发行 中国环境出版集团
（100062 北京市东城区广渠门内大街 16 号）
网　　址：http://www.cesp.com.cn
电子邮箱：bjgl@cesp.com.cn
联系电话：010-67112765（编辑管理部）
发行热线：010-67125803，010-67113405（传真）
印　　刷 北京盛通印刷股份有限公司
经　　销 各地新华书店
版　　次 2020 年 9 月第 1 版
印　　次 2020 年 9 月第 1 次印刷
开　　本 787×1092　1/16
印　　张 14.75
字　　数 386 千字
定　　价 152.00 元

编写委员会

主　　编　楚春礼　鞠美庭

编　　委　姜贵梅　邵超峰　叶　頔　张　清

　　　　　蒋婧博　王小虎　张士秋

出版说明

《中国环境百科全书》（以下简称《全书》）是一部大型的专业百科全书，选收条目 8 000 余条，总字数达 1 000 多万字，对环境保护的理论知识及相关技术进行了全面、系统的介绍和阐述，可供环境科学研究、教育、管理人员参考和使用，也可供具有高中以上文化程度的广大读者查阅和学习。

《全书》是在生态环境部的领导下，组织近 1 000 名环境科学、环境工程及相关领域的专家学者共同编写的。在《全书》按条目的汉语拼音字母顺序混编分卷出版以前，我们先按分支和知识门类整理成选编本，不分顺序，先编完的先出，以求早日提供给广大读者使用。

《全书》是一项重大环境文化和科学技术基础平台建设工程。其内容横跨自然科学、技术与工程科学、社会科学等众多领域，编纂工作难度是可想而知的，加上我们编辑水平有限，一定会有许多不足之处。此外，各选编本是陆续编辑出版的，有关条目的调整、内容和体例的统一、参见和检索系统的建立，以及《全书》的编写组织和审校等，还有大量工作须在混编成卷时进行，我们诚恳地期望广大读者提出批评和改进意见。

中国环境出版集团

2018 年 10 月

前 言

人类面对生态环境问题的挑战，寻求并不断发展应对的策略、方法和工具，从末端治理到可持续发展，人类在处理人与自然关系方面展现出巨大的勇气和创新能力，建立组织机构、制定行动纲领、设置节日奖项等，形成了当代环境保护与经济、社会协调发展的局面，构成了人类环境科学发展伟大历史的组成部分。本分支旨在通过词条和词条体系，比较全面、系统地反映环境问题的出现，环境科学思想的产生和发展，以及环境机构和环境行为的基本情况，为读者了解当代环境保护发展提供基本工具支持。本分支所包含的词条内容涉及环境理念、环境行动、国内外环境事件、国际交往、环境节日、国际机构组织、中国机构、学会、计划、会议、报刊、著作、环境奖项等，力图能够帮助读者了解当代环境保护发展的特征，引发人们对生态环境与人类活动响应关系的学科规律的兴趣和思考，助力生态文明建设和可持续发展。

2009 年，我们应邀参加《中国环境百科全书》编纂工作的筹备活动，承担《当代环境保护发展》词条的编写任务。我们积极组织力量，成立编写组。参加词条编写的主要人员有：鞠美庭、楚春礼、邵超峰、姜贵梅、叶頔、张士秋、张清、蒋婧博、王小虎。鞠美庭和楚春礼负责本分支词条的总体设计、分工与协调、内容审改，并与编辑部合作审定词条终稿。各位编委会成员为词条的撰写和多次修改查阅了大量中外文资料，付出大量心血和时间，我们对所有成员的辛勤工作和大力支持表示衷心的感谢！

本分支的编撰始终得到生态环境部、中国环境出版集团等单位领导和专家的支持和指导，同行专家提出大量宝贵的修改意见，本分支编辑对词条内容提供了专业、认真、细致的编辑意见，其他管理和工作人员也和我们进行了耐心沟通和交流，对此我们一并表示衷心感谢！我们对所引文献和所参阅资料的原著者也表示深深的谢意！

尽管编委会和各参与方都付出了大量的努力，但由于我们的水平所限，不足和错误之处在所难免，敬请诸位读者提出宝贵的意见和建议，以便未来持续更新和改进。

鞠美庭 博士

南开大学环境科学与工程学院教授

教育部高等学校环境科学与工程教学指导委员会副主任委员

楚春礼 博士

南开大学环境科学与工程学院副教授

凡 例

1．本选编本共收条目284条。

2．本选编本条目按条目标题的汉语拼音字母顺序排列。首字同音时，按阴平、阳平、上声、去声的声调顺序排列；同音同调字按笔画由少到多排列。笔画数相同时，按首字的起笔笔形一（横）、丨（竖）、丿（撇）、丶（点）、乛（折，包括フ乚く等）的顺序排列。首字相同时，按第二字的音、调、笔画、起笔笔形的顺序排列，余类推。

3．本选编本附有条目分类索引，以便读者了解本学科的全貌和按知识结构查阅有关条目。

4．条目标题上方加注汉语拼音，所有条目标题均附有外文名。

5．条目释文开始一般不重复条目标题，释文力求规范、简明。

6．较长条目的释文，设置层次标题，并用不同的字体表示不同的层次标题。

7．一个条目的内容涉及其他条目并需由其他条目的释文补充的，采用“参见”的方式。所参见的条目标题用楷体字排印。

8．在重要的条目释文后附有推荐书目，供读者选读。

9．本选编本附有全部条目的汉字笔画索引、外文索引。

10．本选编本中的科学技术名词，以全国科学技术名词审定委员会公布的为准，未经审定和尚未统一的，从习惯。

目 录

条目音序目录

A

Aidingbao Gongjue Baohu Jiang

爱丁堡公爵保护奖 （The Duke of Edinburgh Conservation Award） 世界自然基金会设立的旨在表彰在野生生物和自然资源保护方面做出突出贡献的人的奖项。原名世界自然基金会金奖，设立于 1970 年，2014 年改名为爱丁堡公爵保护奖。该奖项每年评选一次。

中国著名的环境科学专家曲格平和中国科学院院士陈宜瑜分别于 2001 年和 2009 年荣获该奖项。 （楚春礼　王小虎）

Aiguo Weisheng Yundong

爱国卫生运动 （Patriotic Health Campaign） 1952 年开始的，为尽快改变旧中国遗留下来的极端落后卫生面貌，响应毛泽东主席发出的“动员起来，讲究卫生，减少疾病，提高健康水平，粉碎敌人的细菌战争”号召，在全国范围内开展的以除四害、讲卫生为中心的群众运动。爱国卫生运动是中国共产党和中国政府把群众路线运用于卫生防疾工作的伟大创举和成功实践，是中国特色社会主义事业的重要组成部分。

新中国成立以后，为了增进人民健康和加强国家的建设力量，全国开展了卫生防疫工作并取得积极成效，天花、鼠疫、霍乱等疾病发病率大大降低，治愈率大大提高。1951 年 4 月卫生部召开全国防疫会议，提出新中国成立以来卫生防疫工作在取得进步的同时，只抓住一些烈性传染病作为重点而忽视了其他传染病的防治，只注意了老疫区而忽视了散在的不常发病的地区，群众性的防疫工作做得不普遍，鼓励医生下乡防疫的工作做得不够，还没有克服重治疗、轻预防的旧医学观点。会议提出，今后的防疫工作必须使技术与群众运动相结合，加强防疫人员群众观点的教育，并加强对群众的宣传教育工作，使群众自觉自愿地参加防疫运动，使卫生防疫工作得到普遍推行。1951 年 9 月 9 日，毛泽东主席审阅《二十一个月来全国防疫工作的综合报告》后，提出今后必须把卫生、防疫和一般医疗工作看作一项重大的政治任务，不应轻视卫生工作。在这样的背景下，从 1952 年起，全国掀起了爱国卫生运动。

1952 年 12 月，毛泽东主席为第二届全国卫生工作会议题词：“动员起来，讲究卫生，减少疾病，提高健康水平，粉碎敌人的细菌战争。”1952—1956 年，爱国卫生运动以反对美军细菌战为中心，人民群众提出了“八净”（孩子、身体、室内、院子、街道、厨房、厕所、牲畜圈都要干净）、“五灭”（灭蝇、蚊、虱、蚤、臭虫）、“一捕”（捕鼠）的要求和“打死一个苍蝇就是消灭一个美国鬼子”的口号，全国全面行动，定期开展环境卫生大扫除，进行卫生常识教育。各地群众在传染病多发的春、夏、秋三季并利用春节、劳动节、端午节、国庆节等节假日，坚持常年和突击相结合开展卫生大扫除和消灭四害的运动。许多地区的苍蝇、蚊子、老鼠、麻雀明显减少，对改善广大劳动人民的环境卫生和个人卫生条件，增强人民体质、预防疾病，发挥了有效的作用，我国的几种烈性传染病基本上得到控制。1957 年 10 月，全国人民响应中共八届三中全会的号召，再次掀起以除四害为中心的爱国卫生运动。1959 年 3 月 20 日，《人民日报》发表题为《争取消灭病害的更大胜利》的社论，提出："1959 年在消灭病害方面的伟大目标，是在一切可能的地方，基本上消灭老鼠、麻雀、苍蝇和蚊子四个大害，基本上消灭血吸虫病、疟疾、丝虫病、黑热病和钩虫病五个大寄生虫病以及其他危害人民健康最严重的地方病。"1959 年入春以后，北京、上海等城市，以及随后的各地中小城镇和农村普遍地多次掀起声势浩大的卫生突击和积肥运动。

爱国卫生运动自开展以来，一直作为中国公共卫生体系的重要组成部分，是防控传染病发生流行的有效手段。为了推动爱国卫生运动，我国出台了《关于 1953 年继续开展爱国卫生运动的指示》《关于除四害、讲卫生的指示》《关于坚持开展爱国卫生运动的通知》《关于加强爱国卫生工作的决定》《关于卫生改革与发展的决定》《关于深化医药卫生体制改革的意见》《关于进一步加强新时期爱国卫生工作的意见》等系列文件。党的十八大明确提出开展爱国卫生运动、促进人民身心健康，党的十八届三中、四中全会对深化医药卫生体制改革、创新社会治理、促进人的全面发展也提出明确要求。为贯彻落实党的十八大、十八届三中和四中全会精神，进一步加强新时期爱国卫生工作，提高群众的健康意识和健康水平，不断改善城乡环境，推动经济社会协调发展，2014 年 12 月 23 日，国务院印发了《关于进一步加强新时期爱国卫生工作的意见》，提出通过广泛开展爱国卫生运动，使城乡环境卫生条件明显改善，影响健康的主要环境危害因素得到有效治理；人民群众文明卫生素质显著提升，健康生活方式广泛普及；有利于健康的社会环境和政策环境进一步改善，重点传染病、慢性病、地方病和精神疾病等公共卫生问题防控干预取得明显成效，城乡居民健康水平明显提高。党的十九大报告也明确提出"坚持预防为主，深入开展爱国卫生运动，倡导健康文明生活方式，预防控制重大疾病"。

爱国卫生运动对于中国卫生事业发展及国民健康起到了重要的促进作用。20 世纪 60 年代中后期至 70 年代末，中国农村大范围暴发流行性脑脊髓膜炎、疟疾、伤寒等传染病，爱国卫生运动与防病治病相结合，对控制传染病、保障民众生命安全起到了至关重要的作用。十一届三中全会之后，爱国卫生运动与创建文明城市、卫生城市等相结合，对于提高城市卫生水平起到了积极作用。2015 年之后，爱国卫生运动与全国创建健康城市和卫生城市相结合，成为推动健康中国建设的重要载体，为推动全民健康发挥着积极作用。

（楚春礼　邵超峰）

Ainiao Zhou

爱鸟周　（Bird-Loving Week）　我国为保护鸟类、维护自然生态平衡而开展的一项活动。

地球上鸟类资源丰富，但由于生境破坏、环境污染等各种原因，鸟类种类和数量急剧下降。中国地域广阔，具有丰富的野生动植物资源，是世界上鸟类资源最丰富的国家之一。为了保护鸟类，政府出台了一系列法律法规和办法。1952 年新中国第一部地方性狩猎法规《东北区狩猎管理暂行办法》发布，提出"凡有益林木及农作物或急需繁殖的鸟兽，严禁猎取"。1958 年，国务院明确提出由林业部门负责包括鸟类在内的全国野生动物管理。1960 年，林业部提出鸟类保护方针为"加强资源保护，积极繁殖驯养，合理猎取利用"。1962 年，国务院下发《关于积极保护和合理利用野生动物资源的指示》，把 15 种鸟类纳入受国家保护的野生动物。1981 年 9 月 25 日，国务院批准了《关于加强鸟类保护执行中日候鸟保护协定的请示》，同意确定每年 4—5 月初的某一个星期为"爱鸟周"的建议。此后，我国各地纷纷确定本地区的"爱鸟周"时间，并在此期间开展各种宣传教育活动，例如，召开爱鸟周广播大会，举行爱鸟周学术报告会，悬挂人工鸟巢，发放和张贴爱鸟宣传画等。1983 年，中国野生动物保护协会在北京成立，该机构多年来积极组织全国“爱鸟周”活动，带领全国各级野生动物保护协会，开展鸟类保护科普宣传活动。

（楚春礼　叶頔）

B

Bai'er Qingnian Huanjing Jiang

拜耳青年环境奖 (Bayer Young Environmental Awards) 包括“拜耳青年环境特使”项目和“拜耳青年环境记者奖”，旨在加强全球青少年的环保教育，培养他们保护环境和生态的意识。

“拜耳青年环境特使”项目是拜耳公司与联合国环境规划署签署的青年教育和环境保护合作协议中的核心项目之一，自2003年登陆中国以后，拜耳公司与上海市环境保护宣传教育中心合作共同开展项目运作。“拜耳青年环境记者奖”由拜耳公司与中国环境新闻工作者协会携手创办，同时也是“拜耳青年环境特使”项目在中国衍生的环保宣传活动。

（楚春礼　王小虎）

Bei Hai Haibao Siwang Shijian

北海海豹死亡事件 (Seal Death Event of the North Sea) 1988年在北海北部海港，因人类工业活动排放人工合成有机化合物而导致的海豹大量死亡的事件。

1988年年初，北海北部的海港出现大量死亡海豹，截至1989年年底，死亡的海豹约有1.8万头，达到该水域海豹总量的60%以上。据分析，海豹的死亡是工厂排放大量含有多氯联苯（PCBs）的污染废水引起的，这些物质进入海豹体内，导致其免疫力下降，从而成批死去。

PCBs是人工合成的有机化合物，性质稳定，不导电，具有耐强酸强碱的性质，20世纪20年代末至70年代末广泛应用于电气设备绝缘、热交换机、水利系统中。PCBs在自然环境中难以降解，可远距离传输，进入空气、土壤和水体中，还能够进入生物链，在各营养级生物体内富集，从而对生物产生影响。

（楚春礼　叶頔）

Beimei Sihu Shijian

北美死湖事件 (North America's Dead Sea Event) 20世纪后期，美国东北部和加拿大东南部地区在酸雨的影响下出现大量湖泊鱼类死亡、湖滨树木枯死的事件。

美国东北部和加拿大东南部地区是西半球工业最发达的地区之一，每年向大气中排放二氧化硫2 500多万t，其中约有380万t由美国飘到加拿大，100多万t由加拿大飘到美国。20世纪70年代开始，这些地区出现了大面积酸雨区。美国受酸雨影响的水域达3.6万km^2，23个州的17 059个湖泊有9 400个酸化变质。降在弗吉尼亚州最强的酸性雨pH达到1.4。1930年，纽约州阿迪龙达克山区4%的湖泊中无鱼，1975年酸雨导致无鱼的湖泊增加到近50%，其中200个成了死湖，连蛙声都听不见。加拿大受酸雨影响的水域达5.2万km^2，5 000多个湖泊明显酸化。多伦多1979年平均降水pH为3.5，安大略省萨德伯里周围1 500多个湖泊、池塘漂浮着死鱼，湖滨树木枯萎。北美死湖事件突出反映了人类活动给环境带来的巨大危害。

为了应对酸雨造成的严重影响，美国和加

拿大政府签署加入《控制长距离越境空气污染公约》，两国还签署了《空气质量协定》，解决跨境酸雨污染问题。此外，美国出台了《清洁空气法》《酸雨法》，规定密西西比河以东的地区，二氧化硫排放量到 1993 年要比 1983 年削减一半，降到 1 000 万 t/a，同时采取市场机制，通过二氧化硫排放交易推动减排。加拿大也出台了防治空气污染的法律法规，要求二氧化硫排放量由 1983 年的 470 万 t/a 减少到 1994 年的 230 万 t/a。这些政策起到了一定效果，酸雨状况得到改善，当地的湖水 pH 渐渐升高，生物多样性受到了保护。 （楚春礼　叶頔）

Bopa'er Duqi Xielou Shijian

博帕尔毒气泄漏事件 （Bhopal Toxic Gas Leakage Event） 1984 年 12 月 3 日凌晨，因印度博帕尔市的美国联合碳化物公司（Union Carbide）下属的联合碳化物（印度）有限公司（UCIL）设于贫民区附近的一所农药厂爆炸，导致氰化物泄漏而造成数十万人直接或间接死亡的恶性污染事件。该事件被认为是人类历史上最严重的工业灾难之一。

事件过程 1969 年，美国联合碳化物公司在印度中央邦博帕尔市北郊建立了联合碳化物（印度）有限公司，专门生产涕灭威、西维因等杀虫剂，这些产品的化学原料是一种叫异氰酸甲酯（MIC）的剧毒气体。1984 年 12 月 2 日 23 时左右，该工厂的一名工人发现贮有 45 t MIC 的储槽压力升高，毒气从出现裂缝的安全阀泄漏出来，迅速向外扩散。这些毒气形成浓密的夺命烟雾，悄悄袭向博帕尔市区。毒雾首先经过毗邻工厂墙外的两个小镇，造成数百人在睡梦中死亡，随后无声无息穿过庙宇、商店、街道和湖泊，笼罩方圆 40 km 的市区。由于当晚几乎没有风，毒气扩散浓度一直很高，从而加剧了灾难的严重程度。仅仅一周之后，就有 2 500 人死亡，将近 15 万人到博帕尔和四周的医院和诊所医治。许多因毒气而眼睛失明的人在街道上摸索着前进，40 万博帕尔居民被紧急疏散，博帕尔成了一个死亡的地域，被恐慌所笼罩。据统计，博帕尔毒气泄漏事件一共造成 2.5 万人直接死亡，55 万人间接死亡，另外有 20 多万人永久残疾。事件发生后多年，当地居民的患癌率及儿童夭折率仍然远高于印度其他城市。2009 年，对爆炸工厂周围的环境检测表明仍然有明显的化学残留物。

后续处理 事件发生后，印度政府要求美国联合碳化物公司赔偿损失。美国梅尔文·贝利律师事务所和另外两家律师事务所共同代表印度受害人对美国联合碳化物公司提起诉讼，指控其在设计与经营方面存在不当，造成这起工业事故，要求赔偿 150 亿美元。美国联合碳化物公司将事故责任推卸到印度工人身上，只愿意提供 2.3 亿美元的赔偿，并且在 20 年内分期付清。印度最高法院在 1989 年 2 月做出最终裁决，要求美国联合碳化物公司一次性赔偿 4.7 亿美元的损失，但是只有 9 名低层管理人员被判坐牢。1991 年，博帕尔毒气泄漏案受害者再次向印度法庭对主要责任人提出起诉，其中包括美国联合碳化物公司前总裁安德森，印度大法官拉梅什瓦尔·科塔最终决定以“应受处罚的谋杀罪”起诉安德森。2004 年 12 月 3 日，在博帕尔的街道上，数百名群众游行纪念博帕尔毒气泄漏事件 20 周年，要求政府给予受害者更多救助，并抗议美国联合碳化物公司对事件推卸责任，要求政府为死难者家属提供终身保障，严惩渎职的安德森，并把 12 月 3 日定为公共节假日，以纪念这一惨案。直到事发 25 年之后，2010 年 6 月 7 日，印度一家地方法院才判定 7 名印度籍高管对博帕尔毒气泄漏事件因玩忽职守导致他人死亡。当天，数百名幸存者家属和环保人士聚集在法院周围，抗议法院对这起 20 世纪最严重的工业灾难肇事者的判决太轻、太晚。 （楚春礼　叶頔）

Bo Hai Chichao Shijian

渤海赤潮事件 （Red Tide Event of the Bohai Sea） 20 世纪中叶开始，海洋污染使得海水中氮、磷等营养物质过剩进而引起海水富营养化，导致的中国渤海海域频繁发生藻类大量繁殖、鱼类大量死亡的事件。渤海赤潮影响面积达数万平方公里，严重影响了海产品的生产和海洋环境的质量，造成数百亿元经济损失，同时也危及了人类的健康。

事件回顾 新中国成立以来，渤海海域较大的、危害严重的赤潮灾害多发生在黄河口海域、渤海湾和辽东湾，1952—1989 年共记录发生赤潮 3 次，累计发生面积 3 320 km^2；20 世纪 90 年代共记录发生赤潮 27 次，累计发生面积 17 530 km^2；2000—2006 年共记录发生赤潮 80 次，累计发生面积 19 800 km^2；2007—2012 年共记录发生赤潮 34 次，累计发生面积 13 174 km^2；2013—2017 年共记录发生面积超过 100 km^2 的赤潮 37 次，累计发生面积 7 346 km^2。

部分记录如下：

1952 年 5—6 月，黄河口海域发生赤潮，范围约 70 km 长、20 km 宽，以夜光藻为主，造成鱼类大量死亡。

1989 年 8 月 5 日—10 月 14 日，渤海湾的河北省黄骅市、唐海县（现唐山市曹妃甸区）和天津塘沽沿岸海域，莱州湾的局部海域相继发生赤潮，面积达 1 300 km^2，造成养殖对虾受灾，损失总计近 3 亿元。

1997 年 8 月 8—20 日，天津大沽口一带海域发生赤潮，面积约 560 km^2，以微型原甲藻为主。

1998 年 9 月 16 日—10 月 19 日，渤海暴发赤潮，波及辽东湾西部海域、唐海县附近海域、渤海湾和莱州湾海域，覆盖面积约 5 000 km^2，造成经济损失约 5 亿元。

1999 年 7 月 2—8 日，渤海海域河北省岐口、天津大沽锚地和黄河口附近海域发生赤潮，面积约 1 900 km^2，造成河北、天津、山东沿海养殖业的巨大经济损失。

2004 年 6 月，渤海海域发生超过 5 000 km^2 的有毒赤潮。具体为：6 月 11 日，黄河口附近海域发生赤潮，面积约 1 850 km^2，主要赤潮生物为棕囊藻；6 月 20 日，天津塘沽附近海域至渤海湾中东部及北部海域发生赤潮，面积约 3 200 km^2，主要赤潮生物为米氏凯伦藻。此次赤潮是渤海海域发生的最大规模的有毒赤潮。

2006 年 10 月末，渤海湾天津、黄骅附近海域出现大量赤潮，生物种类为球形棕囊藻，是首次在该季节发生的赤潮。这次赤潮给河北黄骅沿海渔村的渔业生产造成很大影响，渔民近海捕捞基本停止，在沿海滩涂养殖的虾、蟹等也大批死亡。

2007 年 11 月，天津北塘、汉沽附近海域发生赤潮，最大面积约 80 km^2，主要赤潮生物为浮动弯角藻。

2009 年 8 月，天津港航道以北至汉沽近岸海域发生赤潮，最大面积约 300 km^2，主要赤潮生物为中肋骨条藻。

2010 年 6 月，天津港锚地附近海域发生赤潮，最大面积约 140 km^2，主要赤潮生物为夜光藻。

2011 年 6 月，河北省秦皇岛市北戴河鸽子窝至抚宁与昌黎分界线附近海域发生赤潮，最大面积约 180 km^2，主要赤潮生物为微微型鞭毛藻。

2012 年 5 月，秦皇岛附近海域发生赤潮，持续时间 10 天，最大面积 16 km^2。6 月，该海域再次暴发赤潮，持续时间长达 73 天，最大面积 3 400 km^2，主要赤潮生物为隐藻、甲藻类。

2013 年 5—8 月，河北省秦皇岛至绥中附近海域发生赤潮，最大面积约 1 450 km^2，主要赤潮生物为抑食金球藻。7 月，天津临港经济区东部发生赤潮，最大面积约 154 km^2，主要赤潮生物为中肋骨条藻；天津汉沽海域发生赤潮，最大面积约 100 km^2，主要赤潮生物为夜光藻。

2014 年 5—6 月，辽宁辽东湾东部海域发生赤潮，最大面积约 110 km^2，主要赤潮生物为夜光藻。6 月，河北省秦皇岛近岸海域发生赤潮，最大面积约 228 km^2，主要赤潮生物为夜光藻、微小原甲藻。5—8 月，河北秦皇岛近岸海域发生赤潮，最大面积约 2 000 km^2，主要赤潮生物为抑食金球藻。8—9 月，天津滨海旅游区附近海域发生赤潮，最大面积约 300 km^2，主要赤潮生物为离心列海链藻、多环旋沟藻、叉状角藻。9 月，河北渤海中部海域发生赤潮，最大面积约

400 km^2，主要赤潮生物为米氏凯伦藻。

2015 年 5—8 月，辽宁绥中至滦河口海域发生赤潮，最大面积约 825 km^2，主要赤潮生物为抑食金球藻。6 月，河北省辽东湾西部海域发生赤潮，最大面积约 260 km^2，主要赤潮生物为夜光藻。8—9 月，天津市天津港南侧海域发生赤潮，最大面积约 264 km^2，主要赤潮生物为多环旋沟藻。

2016 年 8—10 月，河北、天津渤海湾北部海域发生赤潮，最大面积约 630 km^2，主要赤潮生物为多环旋沟藻、叉状角藻、裸甲藻、太平洋海链藻、浮动弯角藻、链状亚历山大藻、锥状斯克里普藻、红色赤潮藻、圆海链藻。

2017 年 3—4 月，天津中心渔港附近海域发生赤潮，最大面积约 160 km^2，主要赤潮生物为太平洋海链藻、柔弱根管藻、长角弯角藻。

原因 在一定的环境条件下，海水中的赤潮生物在短时间内大量繁殖或聚集，使海水的颜色发生变化，主要为红色或褐色，因而称为赤潮，也称红潮。赤潮是一种严重的海洋灾害，不仅污染海洋环境，还会给海洋经济造成损失。赤潮对海洋生物的危害主要有释放毒素、引起鱼虾贝类死亡以及消耗氧气导致海洋生物因缺氧而死亡，最终导致海洋生态系统的平衡遭到破坏。

陆源污染是造成渤海环境污染的主要原因。20 世纪 70 年代以来，随着环渤海经济的发展，随意排污、违章倾废、盲目建设等行为使渤海海域环境和资源遭到破坏。渤海是内海且水深较浅，海水交换一次至少需要 16 年甚至更长的时间，沿岸有天津市和唐山市两个华北地区的主要工业城市，人口集中，工业发达，每年有大量的工业废水和生活污水排入渤海，使营养物质在水体中富集，水域中氮、磷等营养盐类，铁、锰等微量元素以及有机化合物的含量大大增加，促进了赤潮生物的大量繁殖。调查表明，渤海已变成富营养化海域，河口区正逐渐向高度营养化过渡，加之近年来气候日渐变暖，为赤潮的形成提供了条件，使渤海成为赤潮灾害频发海域。此外，沿海养殖投入大量饵料，饵料残存以及养殖产生的含氨氮、尿素、尿酸以及其他含氮化合物的污水被排入海中，进一步加快了海水的富营养化，从而为赤潮生物的生长提供了适宜的环境。

（楚春礼　王小虎）

Bujialesite Shijie Renkou Huiyi

布加勒斯特世界人口会议　（World Population Conference in Bucharest）　联合国主办的第一次政府间的关于人口问题的国际大会。

大会于 1974 年 8 月 19—30 日在罗马尼亚的布加勒斯特召开，来自 136 个国家和地区的代表、观察员以及联合国有关机构、国际机构组织与非政府组织的代表，共 3 000 人出席了大会。在此次大会召开之前，共召开了 4 次准备会议，分别为 1973 年 6 月 4—14 日在埃及开罗召开的人口与发展专题讨论会，1973 年 8 月 6—15 日在美国檀香山召开的人口与家庭专题讨论会，1973 年 9 月 26 日至 10 月 3 日在瑞典斯德哥尔摩召开的人口、资源和环境专题讨论会，以及 1974 年 1 月 21—29 日在荷兰阿姆斯特丹召开的人口与人权专题讨论会。

大会的主要目的是讨论基本的人口问题和人口与经济、社会发展的关系，并拟订必要的人口政策和行动计划，以促进人类福利。大会对全球人口问题、各国经验、未来展望、人口问题解决对策和方案，以及联合国秘书处和人口活动基金会的作用等问题进行了广泛的讨论，就人口与经济之间的关系、发展中国家人口增长和经济发展之间不相协调的原因，以及如何有效地控制人口等问题展开了激烈的争论。大会通过了 20 项决议和 4 项建议，并以协商的方式通过了《世界人口行动计划》。大会通过的 20 项决议涉及的问题有：农村发展；人口变动的社会经济因素；各国经济权利和义务章程；妇女地位；争取实现一个更公平的世界；粮食生产；更均衡的发展；资源和环境之间的关系；粮食和肥料的缺乏；地区合作；人口和妇女地位；农村家庭；农村人口；人口研究；人口政策；家庭和发展；非殖民化；南非、纳米比亚、南罗得西亚的种族隔离政策；民族独立运动代表的交通费用和其他费用的支付等。4项建议分别为：开展老年人口和青年人口问题的研究；加强人口中心和研究人员的培训；筹备联合国人类住区会议；召开人口、资源和环境问题座谈会。《世界人口行动计划》共109条，包括计划的背景、原则和指标、行动建议、执行建议 4 个部分，阐述了世界人口的状况，提出了制定人口政策的原则和目标，以及国家政府的责任，还提出了开展人口行动的建议等，是世界人口发展的纲领性文件。

中国政府派遣代表团出席了大会，并积极参与大会的讨论协商，阐述了中国政府的观点和主张。

（楚春礼　蒋婧博）

C

Chao Hu zhili xingdong

巢湖治理行动 (Chaohu Lake pollution control action) 我国为控制和治理巢湖水环境污染所采取的一系列规划、计划和行动，包括“九五”“十五”“十一五”期间的“三河三湖”水污染防治行动以及重大水专项等行动中的巢湖治理行动，实施了一大批污染治理重点工程，有效促进了巢湖的水质稳定和生态保护。

“九五”期间巢湖水污染防治 “九五”期间，巢湖流域水污染防治被国家确定为全国环境保护重点工作之一，采取了取缔关停严重污染的“十五小”污染企业、实现工业污染源达标排放、建设城市污水处理厂以及流域禁磷、湖盆清淤等一系列措施。“九五”期间污染治理项目建成投运 110 个，在建项目 13 个，完成投资 23.45 亿元。1999 年，巢湖湖区水质监测点由 1996 年的 80%超Ⅴ类改善为 50%超Ⅴ类，西半湖水体仍然处于重度富营养状态，但东半湖局部水体已向中度富营养状态转变，9 条主要出、入湖河道口除南淝河、派河、十五里河水质仍超Ⅴ类外，其余 6 条基本达到Ⅲ～Ⅴ类。

“十五”期间巢湖水污染防治 “十五”期间，国家继续对巢湖流域水污染防治提供支持，并明确了污染防治规划目标：到 2005 年年底前，主要出、入湖河道水质接近或达到地表水Ⅲ类标准要求；湖区水质化学需氧量（COD）达到Ⅲ类标准要求，总氮（TN）与总磷（TP）平均质量浓度分别下降到 0.174 mg/L 和 2.66 mg/L；COD、TP 与 TN 年最大允许排放量分别控制在 59 148 t、1 072 t、11 351 t；水土流失率下降到 12%；森林覆盖率上升为 25%；化肥和农药使用量分别减少 3%和 20%；自然保护区占国土面积比例增加到 7.36%。采取了一系列防治措施：建设流域内生态林工程，提高森林覆盖率，削减面源污染；削减化肥、农药使用量，提高利用率，扩大以有机肥生产和使用为重点的生态农业建设；继续加快城市污水处理厂建设；加快农村改水、改厕工程进度，强化乡镇生活污水处理设施建设；完成全部湖岸崩塌地段整治工程和巢湖东西半湖区底泥清淤工程；研究在湖泊生态系统中通过实施生物操纵技术，抑制蓝藻优势，控制湖泊富营养化进程；改造食品、塑料制品、非金属矿物制品、纺织、农用化工、日用化工等传统产业，培育高新技术产业，积极推行清洁生产工艺，强化环境管理；大力开展节水工作；加强巢湖流域船舶的监督管理，预防污染。“十五”期间，完成污染治理项目 26 个、在建项目 11 个，完成治理投资 30.3 亿元；巢湖流域水污染物排放量保持稳定，2005 年流域废水排放量 3.2 亿 t，COD、氨氮排放量分别为 6.18 万 t 和 0.85 万 t，与 2000 年相比，COD 削减了 12.7%；2005 年，湖体处于中度富营养状态，水质总体为劣Ⅴ类，主要污染指标是 TN、TP，西半湖污染程度明显重于东半湖，东半湖处于轻度富营养状态，水质为Ⅴ类，西半湖处于中度富营养状态，水质为劣Ⅴ类；流域重点饮用水水源地董铺水库和巢湖市水源地水质稳定在Ⅲ类，水质良好。

“十一五”期间巢湖水污染防治　“十一五”期间，采取了一系列水污染防治措施，例如，对流域内化工、制革、酿造、印染、电镀五大重污染行业项目实行省级环保预审，对污染严重、环境风险高的项目坚决予以否决；加快城市污水处理厂建设步伐；严格环境执法，将巢湖水污染防治作为执法监督工作重点予以推进，连续多年组织开展整治违法排污企业环保专项行动，加强环境执法监督，尤其是对国控、省控等重点污染企业的环境执法监督；开展大量富营养化防治科学研究，推进巢湖流域水污染防治工作。截至 2010 年年底，有 47 个项目建成投运，7 个项目在建，累计完成投资 61.2 亿元；巢湖水体（平均）营养状态为轻度富营养，其中东半湖水质轻度污染，水体呈轻度富营养状态；11 条主要环湖河流的 28 个监测断面中，13 个断面符合III类水质标准；自 2005 年以来，巢湖平均水质由劣Ⅴ类转为Ⅴ类，TP 和 TN 浓度分别下降 56.0%和 16.6%，高锰酸盐指数年均浓度下降了 12.2%，但环湖河流总体水质状况仍为中度污染。

重大水专项　“十二五”期间，设立水专项巢湖项目，总投资 2.75 亿元，开展了一系列污染治理、生态修复与环境管理的示范工程和技术方案研究，包括受工业污染入湖河流污染治理与生态修复技术及工程示范，受农业面源污染入湖河流污染控制与生态修复技术及工程示范，自然本底营养对巢湖水体富营养化的影响及其控制技术，湖泊直立堤岸基底改善与湖滨带生态修复技术与工程示范，发展中地区水源保护区物理—生态净化与水质保障技术及工程示范，改善湖泊饮用水水源地水质的生态调水技术与方案研究，流域面源水污染控制与生态环境管理技术方案。　（楚春礼　邵超峰）

Chongqing Lüqi Xielou Shigu

重庆氯气泄漏事故　（Chongqing Chlorine Leakage Incident）　2004 年重庆市江北区因化工厂发生氯气泄漏引发爆炸，导致人员伤亡的环境风险事故。

重庆天原化工总厂位于人口稠密的重庆市江北区腹心地带，2004 年 4 月 15 日下午，氯气发生泄漏，厂部立刻进行紧急处置，但是 16 日凌晨，冷凝器突然发生局部爆炸，氯气四处弥散。8 时左右，专家组进入现场调查。11 时左右，疏散群众 3 万人，并对氯罐进行排氯，以防止更大规模的爆炸。17 时 57 分，在处理残氯的过程中，现场的 4、5、6 号罐突然爆炸，导致 9 人死亡，3 人受伤。19 时 30 分左右，化工厂周围 1 km 范围内的 15 万居民得以疏散。22 时左右，爆炸现场厂房倒塌，氯气继续泄漏。18 日 5 时 35 分，指挥部动用部队官兵，使用高射机枪、火炮和坦克彻底摧毁了 3 个氯气罐，危险源和污染源被销毁。18 时左右，警戒被解除，撤离群众返家。

此次氯气泄漏事故的原因是氯罐及相关设备陈旧，处置时工作人员违规操作导致爆炸。

（楚春礼　王小虎）

D

Daziran Baohu Xiehui

大自然保护协会 （The Nature Conservancy，TNC） 非政府、非营利性的国际自然环境保护组织之一，旨在保护具有重要生态价值的陆地和水域，以维护自然环境、提升人类福祉。成立于1951年，总部设在美国弗吉尼亚州阿灵顿市。

TNC以科学为基础，提供注重实效、非对抗性的解决方案，涉及森林、海洋、气候变化、物种入侵等多个领域，项目遍及69个国家及地区，拥有100多万会员、700余名科学家以及近4 000名员工。TNC管护着全球超过50万 km^2 的1 600多个自然保护区，8 000 km长的河流以及100多个海洋保护区。通过保护代表地球生物多样性的动物、植物和自然群落赖以生存的陆地和水域，来实现对这些动物、植物和自然群落的保护。TNC在全球围绕气候变化、淡水保护、海洋保护以及保护地四大领域，运用“自然保护系统工程”（Conservation by Design，CbD）甄选出优先保护区域，因地制宜地在当地实行系统保护。为了减少在进行保护工作决策时的不确定性，TNC还会经常使用CbD方法下的两个工具，即生态评估（Eco-regional Assessment，ERA）和保护行动规划（Conservation Action Plan，CAP）。TNC积极融入项目地社区，与当地政府、社会群体和民众建立良好合作关系，同时关注全球性的重大环境问题，并与世界银行、联合国以及《生物多样性公约》开展合作。

TNC于1998年进入中国，与云南省人民政府合作，共同编制了《滇西北保护与发展行动计划》，开展了一系列实地保护项目。2002年，TNC在北京成立办公室，相继与国家发展和改革委员会、国家环保总局、国家林业局、水利部等中央部委签署了合作框架协议，启动了《中国生物多样性保护远景规划》项目、森林可持续经营项目、湿地保护项目、国家公园项目、替代能源项目、绿色建筑项目等一系列全国性的保护项目。目前主要工作有：生物多样性保护与气候变化；长江与淡水生态保护；保护区能力建设，推广国家公园、社会公益型保护区等新型保护地模式；建立保护策略与信息中心（CSI），为国家和地方的生态保护提供科学方法和解决方案。 （楚春礼　姜贵梅）

Dibai Guoji Gaishan Juzhu Huanjing Zuijia Fanli Jiang

迪拜国际改善居住环境最佳范例奖 （Dubai International Award for Best Practices to Improve the Living Environment，DIABP） 简称迪拜奖。由联合国人居中心（现联合国人类住区规划署）与阿联酋迪拜市政府于1995年设立，旨在奖励在人类居住条件的改善及可持续发展方面做出杰出贡献的项目。每两年评选一次，每次评选出10个获奖项目。

迪拜奖的参选范围为：政府组织或机构，包括双边援助机构；国家人居委员会或联络处；多边机构；城市、地方当局或当地的各类协会；非政府组织；社区组织；私营部门；研究中心和学术机构；媒体；公共或私人基金会；个人。

中国曾获得迪拜奖的项目如下表所示。

中国曾获得迪拜奖的项目

年份	获奖项目
1996	安徽省农村地区灾后重建项目
1998	珠海市综合改善城市环境项目
2000	成都市府南河改造与城市居住区环境改善项目
2002	广州市城市发展规划项目
2004	唐山市南部采煤下沉区生态建设项目
2008	上海青浦新湿地项目
2012	临汾市公厕建设项目

注：未统计香港特别行政区、澳门特别行政区和台湾地区。

（楚春礼　王小虎）

Diqiu Guancha Yanjiusuo

地球观察研究所　（Earthwatch Institute）　以保护全球环境为己任的非营利性的野外科研志愿者国际组织。成立于1971年，由科学家、教师、学生、商人和探险者等具有不同背景的人组成，通过合作进行科学考察，推广环境可持续的理念与行动。总部设在美国马萨诸塞州。其理念是教育和科普是系统性分析、解决当今社会面临的纷繁复杂的环境与社会问题的最好方法。

地球观察研究所通过开展研究、提供教育培训、开发环保模式的方式展开工作。地球观察研究所每年从全球各地的机构、个人、政府和公司筹集捐款，并将这些资金用于资助分布在世界各地的工作人员以及一些科学家的科研项目。自成立以来，地球观察研究所坚持支持全球及地区重要环境项目的科学研究，包括超过120个国家的近1 400个研究项目，支出的85%直接用于项目研究。从1995年以来，有超过1 600人从发展中国家保护项目中获益。如今，正在支持近40个国家的60个研究项目。这一独特的模式正在系统地改变着公众对科学在环境可持续性方面的作用的看法。2012年地球观察研究所制订了五年计划，利用10%的资源帮助减少温室气体排放，为此，评估了基于个人意愿的减排潜力。此外，地球观察研究所还积极推动可再生能源利用计划，鼓励支持者采用公共交通方式出行。（楚春礼　姜贵梅）

Diqiujiang

地球奖　（Earth Award）　由中国环境新闻工作者协会和香港“地球之友”于1997年联合设立的环境保护奖项。主要奖励新闻、教育及社会其他领域中在提高社会公众的环境意识方面做出突出贡献的集体和个人，激励更多人士为环境教育做出贡献，具有民间、非商业化的特征。该奖项自1997年开始评审之后，至今已评选九届。（楚春礼　王小虎）

Diqiu Weishi Jiang

地球卫士奖　（Champions of the Earth Award）　联合国环境规划署（UNEP）颁发的、旨在表彰通过自身行动和影响力对环境产生变革性积极影响的组织或个人的国际奖项。设立于2004年。

地球卫士奖按成就类别可分为政策领导力奖、科学与创新奖、激励与行动奖、商界卓识奖以及终身成就奖等。地球卫士奖每年评选一次，由UNEP颁发给六名在环境领域有杰出贡献的个人或组织（单位），亚洲及太平洋、非洲、欧洲、北美、南美、西亚六个区域各一名。获奖者将获得UNEP的表彰并出席国际颁奖仪式，颁奖仪式在每年世界环境日期间的国际性会议或国家组织的庆祝活动中举行。

（楚春礼　王小虎）

Diqiu Zhi You

地球之友　（Friends of the Earth International, FoEI）　一个由各国环保组织组成的环境非政府团体，旨在解决当今最突出的环境与社会问题，应对经济与企业全球化挑战，推动形成促进环境友好、社会进步的可持续方案。成立于1971年，由美国、法国、瑞典和英国的4个环保团体建立，如今已有75个会员组织、约5 000个活动小组、超过200万个成员和支持者，形成了全球性的环保组织网络联盟，总部设在荷兰阿姆斯特丹。

FoEI 每两年召开一次大会，决定各项政策，并选举出执行委员会；执行委员会负责落实大会制定的政策；设立国际秘书处，为 FoEI 的各项活动提供支持、协调行动、收集和发送信息。

FoEI 的主要使命为：携手推进环境友好、社会公正，维护人类权益，促进相互尊重，推动建立可持续社会；扭转环境恶化、自然资源耗竭趋势，恢复地球生态多样性和文化多样性，保障生物可持续性；确保原住民、地方社区、女性、各组织与个人的权利，保障公众参与决策制定；寻求创造性途径与方法，推进代际及代内可持续性和公平；积极参与各种行动，通过多样化的活动，提高公民意识，倡导实际行动，组建联盟，全面推动当地、国家和全球环境运动；互相引导，互相学习，提高各方行动力，持续进步，共同努力。

在人权领域，FoEI 积极倡导保护人权主义者，保护环保主义者，推动国际项目，与当地政府和社区组织合作，反对暴力。在保护森林及生物多样性领域，FoEI 寻求与当地社区和土著居民合作，强调维护社区森林保护权利并提高管理能力，通过反对大规模种植、破坏性开采和森林贸易运动，推进森林保护。在粮食领域，FoEI 积极推进生态友好型农业，强调满足人类基本生活需求型农业的发展，反对将农业作为商业牟利行为，反对损害子孙后代利益的粮食生产方式。在经济公平领域，FoEI 积极倡导通过全球行动规范公司行为，遵守商业规范，促进经济公平。在气候变化和能源领域，FoEI 提倡通过有效的全球行动提高清洁能源使用率，寻求替代能源，同时规范企业行为，应对气候变化，为此，FoEI 每年都通过“应对气候变化行动周”推动环保行动。在可持续性教育领域，FoEI 与其他组织合作，倡导完善大众教育系统，提高环境意识，宣传社会公正与环境保护。在性别公平领域，FoEI 反对一切形式的性别歧视，通过当地政府、政治手段、有效实践等各种方式，推进性别公平进程。

（楚春礼　姜贵梅）

《Dizhi Zaihai Yu Huanjing Baohu》

《地质灾害与环境保护》（Journal of Geological Hazards and Environment Preservation）由四川省教育厅主管，成都理工大学、地质灾害防治与工程地质环境保护国家专业实验室主办的自然科学学术性期刊，主要刊登由地球内部动力和外动力以及不合理的人类工程活动引起的地质灾害，如滑坡、崩塌、岩溶塌陷、地裂缝、地面沉降等地质灾害方面的治理与环境保护方面的研究成果。

创刊于 1990 年 9 月，为季刊。设置地质灾害及治理、地质环境保护、技术与方法、岩土工程、理论研究等栏目，是《中国学术期刊（光盘版）》、中国期刊全文数据库（CNKI）、数字化期刊全文数据库（万方）、中文科技期刊数据库（维普）等收录期刊。国际标准刊号为 ISSN 1006-4362，国内统一刊号为 CN 51-1467/P，邮发代号为 62-140。（楚春礼　张士秋）

Dibilisi Guoji Huanjing Jiaoyu Dahui

第比利斯国际环境教育大会（Tbilisi Intergovernmental Conference on Environmental Education）　1977 年 10 月 14—26 日，在苏联格鲁吉亚加盟共和国的第比利斯市召开的一次大规模的国际环境教育大会，会议由联合国教育、科学及文化组织组织召开，并得到了联合国环境规划署的支持。

1972 年斯德哥尔摩联合国人类环境会议提出保护和改善环境成为人类需要迫切达成的目标之一，从此，在人才培养中将环境纳入范畴。在这样的背景下，国际环境教育大会在第比利斯召开，有 68 个国家参加会议。

大会讨论了当今社会的主要环境问题、所面临的环境挑战、环境教育的作用、目前各国和国际社会发展环境教育的努力、各国发展环境教育的策略、发展环境教育的地区和国际合作的需要与形式等议题。大会发表了《第比利斯政府间环境教育大会宣言》和《第比利斯政府间环境教育大会建议》。宣言指出，应该通过正规教育和非正规教育的途径向所有年龄层次的人士提供环境教育，环境教育应是一种全面的终身教育，必须面向社会。建议指出，环境教育的目的是培养人们对城乡地区经济、社会、政治和生态之间的相互依存关系的清晰意识和关注，向每一个人提供各种机会来获取保护和改善环境所必需的知识、价值观念、态度、义务和技能，创造个人、团体和社会的新的环境行为模式。建议提倡采用一些有助于集中各级努力的标准来指导国家、区域和全球发展环境教育，建议与会各国共同制定一致认同的环境教育的目标、任务和指导原则。

第比利斯国际环境教育大会推动了各成员国制定有关环境教育的政策，将环境教育的主张、活动和内容引入各自的教育制度中，帮助各国促进和加强对环境教育的思考、研究和革新，敦促各成员国加强合作，呼吁国际社会大力支持环境教育，对促进国家间的相互理解和和平事业具有积极的作用。

（楚春礼　蒋婧博）

Dian Chi zhili xingdong

滇池治理行动　（Dianchi Lake pollution control action）　我国于20世纪90年代全面启动的专门针对滇池的环境污染和生态破坏重点开展的水污染防治行动。

背景　20世纪七八十年代，随着沿岸工商业的迅猛发展，滇池两岸人口剧增，生活污水和工业废水大量排入滇池，而水体中的氮磷物质是当地一些植物的营养盐，造成了植物的疯狂生长，破坏了滇池生态系统，导致湖泊中的水生植物大量死亡和腐烂。到20世纪90年代，滇池水质变得黑臭。

措施　滇池水污染防治工作自1990年全面启动，昆明市按照国务院批复的《滇池流域水污染防治“九五”计划及2010年规划》和《滇池流域水污染防治“十五”计划》(以下简称《滇池“十五”计划》)，确定了“污染控制，生态修复，资源调配，监督管理，科技示范”的工作方针，全面推进滇池污染治理工作。滇池治理主要从工业废水、生活污水、农业面源、内源清理几个方面开展。在工业废水控制方面，相关部门开展了滇池污染治理“零点行动”，通过开展排污口规范整治，实施污水达标排放许可证制度和推进清洁生产等措施，对1 630户重点污染企业进行监控，明确要求144家排污企业到1999年5月1日零点排放的废水必须全部达到国家规定标准。除此之外，昆明市还积极推进企业工艺升级，提高工业用水重复利用率，减少污染物排放总量，调整产业布局，严格审批新建项目选址，减少滇池企业污染物入湖量。在生活污水控制方面，昆明市全面禁止使用含磷洗涤剂，以减少生活污水中营养盐含量。在农业面源污染控制方面，在滇池周围，积极推进农业生产方式变革，发展生态农业，减少氮、磷化肥使用量，禁止使用高毒高残留农药和杀虫剂，推广沼气以解决周边粪便和部分农业垃圾。在内源清理方面，积极开展疏挖底泥工程，对盘龙江、大观河、草海等实施底泥疏挖，清除大量沉积污染物，以减少内源污染贡献。此外，还积极开展机械清除富藻水、打捞水葫芦等行动。例如，在每年3月下旬、天气变热、滇池蓝藻暴发时，采用清藻船抽取富藻水。投放杂食性鱼苗，充分利用滇池中下层水体中的饵料生物，促进滇池水质的改善和生态的良性循环。晋宁区在辖区内滇池湖岸53 km沿线持续开展打击偷捕行为，促进滇池绿色捕捞、生态捕捞，有效保护了滇池水产资源。

效果　经过昆明市各级各部门的努力，滇池污染治理工作取得了一定成效，在滇池流域经济快速增长、人口不断增加的情况下，滇池水体水质总体保持稳定，主要污染物稳中有降，基本遏制住了滇池水质恶化的势头。但是，滇池治理的形势仍然十分严峻，与《滇池“十五”计划》确定的目标任务还有相当的差距。分析其原因，面源污染难以有效控制是不可忽视的因素，特别是雨季，暴雨将农田里积累的大量污染物冲进滇池，不断向滇池输送污染物。目前，面源污染还很难实现完全控制。另外，滇池生态系统的重建也需要一个长期的过程。

（楚春礼　邵超峰）

Dongjing Guanghuaxue Yuanwu Shijian

东京光化学烟雾事件 （Tokyo Photochemical Smog Event） 1970年7月发生在日本东京市区因大气污染而导致的光化学烟雾事件。

由于空气中污染物混合后发生反应而形成高浓度光化学烟雾，导致东京市区大量居民生病，甚至昏厥。空气污浊，其中的光化学氧化剂浓度比平时高10倍，导致近2万人患眼病或出现喉咙肿痛的症状。由于街道上烟雾浓重，交通警察不得不戴上防毒面具，东京的街头也出现自动售氧机向民众出售氧气。

1970—1972年是日本工业污染集中爆发的时期，东京光化学烟雾事件主要是由于东京市区大量汽车排放的碳氢化合物、一氧化碳和氮氧化物在紫外光照射下发生光化学反应，产生光化学烟雾而导致大气污染物氧化性增强，危害人体健康。日本政府面临着来自国内民众和国外政府要求控制污染的双重压力。

从1970年起，日本开始实行全国范围内的防治污染对策，包括制定汽车尾气排放标准，实施尾气脱氮，实行氮氧化物总量排放基准，对柴油汽车运行进行管制，普及低公害汽车等，逐步解决以光化学污染为代表的大气污染问题。1971年，日本成立了环境厅，各都道府县、各市町村也都设置了政府环保机构，成为环境公害事件应对和环境保护的主体。

（楚春礼 叶頔）

Duonao He Qinghuawu Wuran Shijian

多瑙河氰化物污染事件 （Cyanide Pollution Event in the Danube） 2000年1月30日发生在罗马尼亚境内，因工厂污水泄漏导致大量剧毒氰化物和重金属流入多瑙河，造成河流污染、生态系统破坏、威胁人类健康的跨国环境污染事件。

事件过程 2000年1月底，罗马尼亚西北部连降了几场大雨，该地区的大小河流和水库水位暴涨。1月30日夜晚至31日凌晨，西北部城市奥拉迪亚市附近，一座由罗马尼亚和澳大利亚联合经营的巴亚马雷金矿的污水处理池出现一个大裂口，超过10万L含剧毒氰化物及铅、汞等重金属的污水流入附近的索莫什河，而后又冲入匈牙利境内多瑙河支流蒂萨河。污水进入匈牙利境内时，蒂萨河中氰化物含量超过了2.7 mg/L，为正常量的130倍。2月11日，剧毒物质随着蒂萨河水滚滚而下，进入南斯拉夫境内，并在两天后侵入多瑙河。从索莫什河到蒂萨河，再到多瑙河，污水流经之处几乎所有水生生物迅速死亡，河流两岸的鸟类、野猪、狐狸等动物也纷纷死亡，植物渐渐枯萎。据估计，蒂萨河及其支流内的鱼类死亡率达 80%，罗马尼亚、匈牙利、南斯拉夫三国政府宣布蒂萨河沿河地区进入紧急状态。

匈牙利政府收到罗马尼亚政府的预警通报后，迅速采取预防措施，关闭以蒂萨河为饮用水水源的所有自来水厂，并告诫沿岸居民加以防范。保加利亚政府告诫居民不要购买产自多瑙河的鱼。各国政府均采取一系列应对措施，例如，加紧治理境内污染，制订短期和中长期计划，加强建设河流污染预警系统，严格水质检测分析制度等。

影响 该污染事件给多瑙河沿岸居民带来了沉重的心理打击，对沿河各国国民经济和人民生活都造成一定程度的影响，流域生态环境也遭到了严重破坏。直到2000年3月初，多瑙河对贝尔格莱德市构成的威胁还没有解除，在距离这座城市以南大约90 km的地方，大量的死鱼堆积在贝塞奇大坝前，阻塞了闸门，河水无法下泻，导致大坝面临坍塌的危险。根据欧盟专家小组的估计，在受污染地区，一些特有的生物物种将灭绝，至少需要20年才能恢复这里的生态平衡。

这次环境污染事故发生在罗马尼亚加入欧盟申请期间，不但严重损害了罗马尼亚在国际上的形象，还引起其他国家的国际诉讼，匈牙利官方和民间反应强烈，要求罗马尼亚赔偿其旅游业和生态系统所遭受的巨大损失，并要求追究罗马尼亚政府的责任。

（楚春礼 叶頔）

Duonuola Yanwu Shijian

多诺拉烟雾事件 （Donora Smog Event）

1948 年 10 月 26—31 日，因工厂排放的二氧化硫等有毒有害物质和反常气候的影响，位于美国宾夕法尼亚州的多诺拉小镇上空的大气受到了严重污染而导致小镇大量居民生病，甚至有人因此而死亡的严重大气污染事件。该事件导致多诺拉小镇 14 000 居民中有近 6 000 人发病，近 20 人死亡。多诺拉烟雾事件是世界“八大公害事件”之一。

事件过程 多诺拉坐落在一个马蹄形河湾内侧，两边是高约 120 m 的山丘，把小镇夹在山谷中。该镇是硫酸厂、钢铁厂、炼锌厂三大工厂的集中地，多年来，这些工厂向大气中排放了大量的二氧化硫等污染物，导致多诺拉小镇的空气中常年散发出奇怪的气味。从 1948 年 10 月 26 日开始，多诺拉镇的天气变得潮湿寒冷，天空阴云密布，空气沉在半空中静止不动，大气中的烟雾越来越重，同时散发出刺鼻的气味，令人作呕，空气能见度极低，只能隐隐看到工厂高高耸立的烟囱，整个小镇都消失在烟雾中，一直持续到 31 日。美国联邦公共卫生局会同州卫生局在事件发生后两个月进行了调查，结果发现，事件发生期间多诺拉共有 5 911 人发病，轻度患者占居民总数的 15.5%，症状是眼痛、喉痛、流鼻涕、干咳、头痛、肢体酸乏；中度患者占 16.8%，症状是痰咳、胸闷、呕吐、腹泻；重度患者占 10.4%，表现出综合性症状。在各种症状中咳嗽最为普遍，占 33.1%；其次是喉痛，占 23.1%；胸闷占 21.5%。调查表明，发病率和严重程度同性别、职业无关而同年龄有关，患者年龄在 65 岁以上的超过 60%。多诺拉烟雾事件共造成 17 人死亡，年龄介于 52～84 岁，平均 65 岁，患者大都是在发病后第三天死亡，死者有一个共同点，即原来都患有心脏或呼吸系统疾患，尸体解剖记录证明死者肺部都有急剧刺激引起的变化，如血管扩张出血、水肿、支气管炎。

原因 调查表明，由于在事件期间，小镇大气被逆温所控制，小镇上空的逆温层在短期内低于 300 m，导致工厂排放的含有二氧化硫等有毒有害物质的气体及金属微粒被封闭在山谷内壁和逆温层之间，这些毒害物质附着在悬浮颗粒物上，严重污染了大气，人们在短时间内大量吸入这些有害的气体，引起各种症状，甚至引发死亡。根据推断，二氧化硫等有毒有害气体及金属微粒是主要的致害物，二氧化硫及其氧化作用的产物同大气中尘粒的结合是致害的关键因素。 （楚春礼 叶皞）

E

《21 Shiji Yicheng》

《21 世纪议程》（Agenda 21） 1992 年联合国环境与发展大会通过的重要文件，是人类为破解经济发展与环境恶化矛盾的纲领性文件，同时也是人类为实现可持续发展目标而制定的处理环境与发展问题、完善生态系统管理、保障人类基本需求、提高人类生活水平的行动计划。

《21 世纪议程》提供了一个从提出之日起至 21 世纪向可持续发展转变的行动蓝图，涉及与地球发展有关的所有领域，是 21 世纪在全球范围内各国政府、联合国组织、发展机构、非政府组织和独立团体在人类活动对环境产生影响的各个方面的综合的行动蓝图，是世界范围内可持续发展的行动计划，现今仍然作为人类面向未来可持续发展的行动指南。

产生背景 人类正处于历史的关键时刻，不同国家之间、同一国家的不同地区差异化发展现象不断突出，贫困、饥饿、疾病和教育落后以及人类福祉所依赖的生态系统持续恶化问题不断加剧。在这种情况下，把环境问题和发展问题综合处理并提高对这些问题的重视，将会使人类的基本需求得到满足、所有人的生活水平得到改善、生态系统得到较好的保护和管理，并给全人类提供一个更安全、更繁荣的未来。1992 年，在巴西里约热内卢召开的联合国环境与发展大会上，通过了《21 世纪议程》。

主要内容 《21 世纪议程》包括社会和经济方面、保存和管理资源以促进发展、加强各主要群组的作用、实施手段四个部分，共 40 章，每章均有导言和方案领域两节，导言重点阐明该章的目的、意义、工作基础及存在的主要难点，方案领域则说明解决问题的途径和应如何采取行动。

有关环境方面，《21 世纪议程》的主要方案领域包括：①保护大气层，包括的方案领域有：克服不稳定性，改善决策的科学基础；促进可持续发展；防止平流层臭氧耗损；防止越界大气层污染。②统筹规划和管理陆地资源的方法。③制止森林砍伐，包括的方案领域有：维持各种森林、林地和树林的多种作用和功能；通过恢复森林、植树造林、再造林和其他重建方法，加强对所有森林的保护、持久管理和养护以及退化区域的绿化；促进有效率的利用和评价，以收回森林、林地和林区所提供的产品和服务的充分价值；建立或加强森林和有关方案、前景和活动，包括商业贸易和进程的规划、评估和系统观察能力。④通过防沙治旱管理脆弱的生态系统，包括的方案领域有：加强知识库和发展易受沙漠化和干旱影响地区的信息和监测系统，包括这些系统所涉的经济社会问题；通过加强土壤保持、造林和再造林等活动，防治土地退化；制订和加强沙漠化易发地区消除贫困和促进替代生计系统综合发展方案；制订全面的防止沙漠化方案并将其纳入国家发展计划和国家环境规划；制订旱灾易发地区的综合备灾救灾计划（包括自救安排计划）以及设计应付环境难民的方案行动依据；鼓励和促进民众参与和环境教育，重点是沙漠化的控制和旱灾影响的处理。⑤通过可持续的山区发展管理脆弱的生态系统，包括的方案领域有：发展并不断完善有关山区生态系统的生态学和可持续发展的知识；促进分水岭的综合开发和可供选择的谋生机会。⑥促进可持续的农业和农村发展，包括的方案领域有：参照农业的多功能方面，特别是粮食安全和可持续发展，进行政策审查、规划和综合方案拟订；确保人民参与和促进人力资源的开发，以促进可持续农业；通过农业与非农业就业的多样化和基础设施发展来改善农业生产和农作系统；促进农业的土地资源规划、资料和教育；土地养护和恢复；促进可持续粮食生产和农村可持续水资源保护；养护和可持续地利用用于粮食和持续耐久农业的植物遗传资源；养护和可持续地利用用于持续耐久农业的动物遗传资源；农业综合虫害治理；利用可持续的植物营养提高粮食产量；推动农村能源供应模式转型，提高能源效率；评价平流层臭氧层耗竭引起的紫外线辐射对动植物的影响。⑦养护生物多样性，包括推动各国参加《生物多样性公约》并落实生物多样性养护和可持续使用生物资源；推动各国制订生物多样性养护战略、计划和行动纲领，并采取有效措施进行落实；推动各国定期核对、评价和交流有关生物多样性和可持续使用生物资源的资料，丰富调查、评价方法，科学使用评价结果；推动建立或加强国家或国际生物多样性养护和可持续使用生物和遗传资源能力和网络，推动国家和国际技术和科学合作。⑧对生物技术的无害环境管理，包括的方案领域有：增加供应粮食、饲料和可再生原料；改善人类健康；加强保护环境；提高安全和发展国际合作机制；建立可以发展生物技术并促进其无害环境应用的机制。⑨保护大洋和各种海洋，包括封闭和半封闭海以及沿海区，保护、合理利用和开发其生物资源，包括的方案领域有：沿海区和海洋包括专属经济区的综合管理和可持续发展；海洋环境保护；可持续利用和保护公海海洋生物资源；可持续利用和养护国家管辖范围内的海洋生物资源；处理海洋环境管理方面的重大不确定因素和气候变化；加强包括区域在内的国际合作与协调；小岛屿的可持续发展。⑩保护淡水资源的质量和供应，对水资源的开发、管理和利用采用综合性方法，包括的方案领域有：水资源的综合开发与管理；水资源评价；水资源、水质和水生生态系统的保护；饮用水的供应与卫生；水与可持续的城市发展；可持续的粮食生产和农村发展的用水；气候变化对水资源的影响。⑪有毒化学品的无害环境管理，包括的方案领域有：扩大和加速对化学品危险的国际评估；统一化学品的分类和标签；交流关于有毒化学品和危险化学品的资料；制定减少危险的方案；加强国家管理化学品的能力和力度；防止有毒和危险产品的非法国际贩运。⑫对危险废料实行无害环境管理，包括的方案领域有：促进防止和尽量减少危险废料；加强危险废料管理的机构能力；促进和加强国际合作以管理危险废料的越界运输；防止在国际上非法贩运危险废料。⑬固体废物的无害环境管理以及同污水有关的问题，包括的方案领域有：尽量减少废物；尽量回收和重新利用无害环境的废物；提倡无害环境的废物处理和处置办法；扩大废物处理服务范围。⑭对放射性废料实行安全和无害环境管理。

落实机构　为了全面支持在世界范围内落实《21 世纪议程》，联合国环境与发展大会决定于 1992 年第 47 届联合国大会上审议建立“可持续发展委员会”。该委员会在 1993 年 2 月的联合国经济及社会理事会组织会议上正式成立，监督并报告《21 世纪议程》和其他可持续发展问题世界首脑会议协议的执行情况，支持和鼓励政府、商界和其他非政府组织带来可持续发展所需要的社会和经济变化，帮助协调联合国内环境和发展的活动。2012 年 6 月联合国可持续发展大会决定，成立联合国可持续发展高级别政治论坛，取代可持续发展委员会。2013 年 9 月 20 日，联合国可持续发展委员会在结束其第二十届会议的工作后正式撤销。

为推动《21 世纪议程》在中国的进程，中国21世纪议程管理中心于1994年3月25日经中央机构编制委员会办公室批准成立。中国21世纪议程管理中心积极与政府部门、研究机构、社会团体和企业界建立良好合作关系，推进与国际社会卓有成效的合作，以推进《中国21世纪议程》实施、促进国家可持续发展为宗旨，优选《中国 21 世纪议程》项目并促进其实施。

意义 《21世纪议程》是一份关于政府、政府间组织和非政府组织所应采取行动的广泛计划，旨在采取措施为保障我们共同的未来提供一个全球性框架，实现朝着可持续发展的方向转变。其提出的全球伙伴关系是世界各国开展行动的前提，为确保地球未来的安全迈出了历史性的一步，是可持续发展诸领域全球行动的总体计划。根据《21世纪议程》，各国政府均提出了自己的《21世纪议程》行动蓝图，从而有效促进了全球范围内各国在经济增长模式调控、资源保护、保护大气层、防止森林过度砍伐、防止水土流失和荒漠化等诸多领域的可持续发展进程。 （楚春礼 张清）

F

Frontiers of Environmental Science & Engineering 由高等教育出版社和清华大学联合主办、Springer 公司海外发行的 Frontiers in China 系列英文学术期刊之一。该刊邀请 40 多位国内外环境领域著名专家学者担任编委会成员。主要刊登环境科学与工程各分支学科领域具有创新性的综述论文、研究论文、政策分析和学术快讯等，特别注重刊登环境科学与工程发展迅速的学科以及环境科学与工程学科与其他学科交叉融合的研究成果，致力于为国际环境学术界了解中国在环境科学与工程领域的优秀学术成果提供平台，并促进该学科中国学者和国际学术界之间的交流合作。

杂志创刊于 2007 年 2 月，2012 年起为双月刊，以网络版和印刷版两种形式出版，被中国科学引文数据库（CSCD）、美国科学引文索引网络版（Science Citation Index Expanded）、英国《科学文摘》（INSPEC）等收录。国际标准刊号为 ISSN 2095-2201（印刷版）、ISSN 2095-221X（网络版），国内统一刊号为 CN 10-1013/X，邮发代号为 80-973。（楚春礼　张士秋）

Fazhanzhong Guojia Huanjing Yu Fazhan Buzhangji Huiyi

发展中国家环境与发展部长级会议

（Ministerial Conference on Environment and Development in Developing Countries） 由我国政府发起、部分发展中国家参加的环境与发展部长级会议，旨在就全球范围内各领域的环境与发展问题进行深入讨论，增强发展中国家在国际环境事务中的作用，维护和反映发展中国家的共同利益，推动环境方面的南南合作，同时也促进南北对话，最终推动国际环境合作。会议通过了旨在推进环境与发展国际合作的《北京宣言》以及会议报告书。

背景 在全球环境退化的影响下，发展中国家的发展面临严峻挑战。为了解决发展与环境的矛盾，联合国决定在 1992 年召开环境与发展大会，而发展中国家实现共同磋商、协调立场、统一行动将有助于在 1992 年大会上维护发展中国家的共同利益。中国政府十分重视环境保护，将其作为一项基本国策，纳入国民经济和社会发展计划，并取得了一定的成果。作为发展中的社会主义国家，中国不仅要尽力做好国内的环境保护工作，还应该积极参与环境与发展的国际合作，与广大发展中国家共同协商，共谋良策，以改变发展中国家在环境与发展国际行动中的呼声难以得到反映的不利局面。正是在这样的背景下，1991 年 6 月 18—19 日，我国在北京召开了发展中国家环境与发展部长级会议。此次会议是新中国成立以来我国首次发起的高级别、大规模的有关环境问题的国际会议。印度、巴西、马来西亚等 41 个发展中国家参加了会议，9 个发达国家和 10 个国际组织的代表列席了会议。

主要内容 会议讨论了森林和沙漠化、资金和技术转让、发展中国家在有关谈判中的优势和弱点、气候变化的影响及其对策等问题。

会议一致通过了《北京宣言》，阐述了发展中国家面临的环境困难，对土地退化、沙漠化、气候变化等环境问题以及国际公约的态度，提出发展中国家在国际环境合作领域所应发挥的作用和获得的支持与帮助，此外，还明确了对1992年联合国环境与发展大会的态度。

意义 该次会议是发展中国家参加1992年联合国环境与发展大会的一次准备会议，为发展中国家形成关于环境保护与经济增长、发达国家与发展中国家的关系等问题的意见提供了条件。（楚春礼 蒋婧博）

Fengniubing Shijian

疯牛病事件（Mad Cow Disease Event） 20世纪末期动物发生的一种罕见的致命性的牛海绵状脑病事件。该病由1986年英国政府兽医人员解剖“疯牛”首次确诊，牛因食用肉骨粉而被传染上羊痒病致病因子，导致发作疯牛病。疯牛病具有食物链传染特征，甚至可因食用牛肉而传播给人类。疯牛病事件使许多人对以生物技术为代表的科学领域技术进步给人类带来巨大贡献的同时伴随的潜在负面影响深怀忧虑，使人们开始深入思考科学技术发展的环境伦理问题。

事件过程 1986年，英国中央兽医实验室提交了一篇临床报告，鉴定其解剖的病牛所患的是“罕见的牛海绵状脑病变”，英国农渔食品管理局实验室接获相关消息后展开了调查。到1987年夏季，他们终于在患病奶牛的脑组织样本匀浆中找到了“羊痒病原纤维”，于是将该病命名为牛海绵状脑病。但这时疯牛病是否会传播给人还不能形成一致性定论，因而没有引起人们足够的重视，于是疯牛病开始逐渐蔓延，最终大规模地暴发出来。1988年7月，英国政府颁布了禁令，宣布对出现疯牛病症状的牛群采取屠宰政策，同时禁止在饲料中掺入动物的肉和骨头，禁止取可疑的牛奶供人类饮用。1990年1月，官方确认1989年共发生疯牛病7 136例，比1988年增加了5 051例。

到了1990年5月，一只名叫麦斯的猫患海绵状脑病而死亡，这在全英国范围内掀起了一场恐慌，媒体和大众终于开始真正重视相关专家关于疯牛病可能传染给人的观点。1995年5月21日，第一位新型克罗伊菲尔德-雅克布氏症（简称克-雅氏症，又称为人疯牛病）患者——19岁的斯蒂芬·丘吉尔死去，同年还有另外3名病人也死于此病。到1996年2月底，英国学者罗伯特·威尔（Robert Will）所领导的国家克-雅氏症监督小组已经掌握了一组流行病案例：8个年轻的克-雅氏症患者都出现了新型的花朵状蛋白块神经病理。3月19日，海绵状脑病委员会和高级政府官员就此事展开激烈争论。3月20日，时任英国首相梅杰承认政府可能出错，同时卫生部长杜瑞尔在众议院作报告，向全世界宣布人类可能会因食用牛肉而感染疯牛病，引起全世界的广泛关注。随后，英国成立了疯牛病论坛，研究疯牛病控制的方式，并选择性地宰杀一些最具危险性的牛只，尽力说服欧盟解除对英国牛肉的出口禁令。1997年12月22日，英国政府宣布对疯牛病危机展开官方调查，成立疯牛病调查委员会来揭露导致疯牛病扩散的事实。1998年，调查工作正式开始。2000年10月26日，英国政府发表《疯牛病调查报告》，公布自1986年首次发现疯牛病以来，疯牛病的传播、发展以及危害等情况。

病因 研究表明，疯牛病是一种由普利子蛋白所引起的病症，发生在人身上为克-雅氏症，在羊身上为羊痒病，在牛身上为疯牛病，在貂身上为传染性貂脑症。导致疯牛病的原因是牛食用了一种蛋白质补给品——肉骨粉。20世纪70年代，由于养牛业的大规模发展，饲料无法满足奶农的大量需求，肉骨粉因此被当作奶牛饲料以增加牛奶产量，同时还被当作其他大多数牲畜的饲料。肉骨粉的原料主要是死亡的牲畜及动物内脏，在制作过程中，动物内脏中的致病物质被带入饲料中，最终导致了疯牛病的流行。

危害 疯牛病是一种罕见的致命性的牛海绵状脑病，患病牛烦躁不安，肌肉震颤，好斗，动作失控，近似神经质疯狂状态，一般经2～6

个月后即死亡。早在 200 年前，此类疾病首先在绵羊身上发现（即羊痒病），后来又在牛及其他动物身上发现。一旦感染于人类，经过 12～60 年的长期潜伏后发病即为克-雅氏症。得此病的人会表现出视觉模糊、言语不清、痴呆、肌肉痉挛、坐立和行走困难，最后大脑被彻底溶解，变成海绵状，从而死亡。

预防和控制措施 为了预防和控制疯牛病，欧洲以及其他地区的很多国家都采取了一系列措施，包括禁运疫区牛肉产品，建立疫情报告制度，屠宰与消毒防疫，禁止食用发生疯牛病感染的病牛肉，严格饲料加工工艺规定，防止循环污染等。我国农业部于 2001 年发布的《中国疯牛病风险分析与评估报告》强调，严格执行禁止使用同种动物源性蛋白饲料喂养同种动物，禁止从疫区进口动物饲料，加强对疯牛病的监测，建立完善的健康记录档案。

（楚春礼　叶頔）

Fudao Hedianchang Shigu

福岛核电厂事故　（Fukushima Nuclear Power Plant Accident）　2011 年 3 月 11 日 14 时 46 分（日本时间），太平洋地震引发海啸，造成位于日本东北部地区的福岛第一核电厂发生多机组堆芯熔化、氢气爆炸、多处厂房被摧毁、大量放射性物质释放的严重事故。该事故是继美国三英里岛核电厂事故、苏联切尔诺贝利核电厂事故之后，人类利用核能历史上又一次严重的核事故，该事故被评定为 7 级，事故持续的时间和影响的范围都是史无前例的。

事故原因、过程 该事故的诱因是日本海域发生特大地震，引发海啸，海啸袭击了东京电力公司的福岛第一核电厂和福岛第二核电厂。由于海啸高度超过电站对于洪水的设防能力，使大量海水越过防波堤，造成厂址内所有供电能力丧失，导致反应堆余热长时间不能排出，多机组发生堆芯熔化、氢气爆炸。该事故的诱因虽然是外部自然灾害，但核电厂的设防能力不足，以及事故后的应对措施不当也是造成本次事故的重要原因。

福岛核电厂发生事故前是世界上装机容量最大的核电厂之一，由福岛第一核电厂、福岛第二核电厂组成，共 10 台机组（一厂 6 台，二厂 4 台），均为沸水堆。本次主要造成了福岛第一核电厂 6 台机组发生事故。事故发生前 6 台机组的基本参数见下表。

福岛第一核电厂 6 台机组主要参数

机组号	堆型	安全壳	热功率/MW	电功率/MW	投入商运时间	堆芯燃料组件数量	乏池燃料组件数量
1	BWR-3	MARK-Ⅰ	1 380	439	1971.3	400	292
2	BWR-4	MARK-Ⅰ	2 436	760	1974.7	560	587
3	BWR-4	MARK-Ⅰ	2 436	760	1976.3	560	514
4	BWR-4	MARK-Ⅰ	2 436	760	1978.1	0	1 331
5	BWR-4	MARK-Ⅰ	2 436	760	1978.4	560	946
6	BWR-5	MARK-Ⅱ	3 293	1 067	1979.1	764	876

沸水堆核电厂工作流程是：冷却剂从堆芯下部流进，在沿堆芯上升的过程中，从燃料棒获取热量，使冷却剂变成蒸汽和水的混合物，经过堆芯上部汽水分离器和蒸汽干燥器，由分离出的蒸汽来推动汽轮发电机组发电。沸水堆所用的燃料和燃料组件与压水堆类似，均为低浓缩铀棒束燃料组件，沸腾水既作慢化剂又作冷却剂。沸水堆与压水堆不同之处在于：①冷却水保持在较低的压强［约为 70 个大气压（1 大气压=1.013×10^5 Pa）］下，水通过堆芯变成约 285℃的蒸汽，并直接被引入汽轮机。所以，沸水堆只有一个回路，省去了容易发生泄漏的蒸汽发生器，因而更简单。②采用抑压池式安全壳，安全壳内容积较小。③在正常运行工况下，冷却水中不含硼。④反应堆控制棒从堆底部插入堆芯。

福岛第一核电厂建造时的最大设计基准海啸浪高为 3.1 m。2002 年，根据日本土木工程师协会推荐的日本核电厂海啸评估结果，日本东京电力公司提高福岛第一核电厂设计基准海啸的浪高至 5.7 m。但是，这次海啸的浪高达到了 14～15 m，导致福岛第一核电厂整个厂区被淹，反应堆厂房和汽轮机厂房区域最大水淹深度达到4～5 m，导致1—4号机组的所有交流供电系统丧失，只有应急柴油发电机6B能向5号和6号机组提供应急电源。

3月11日地震前福岛第一核电厂的1、2、3号机组处于满功率运行状态，4、5、6号机组处于定期检修状态。4号机组压力容器内的所有燃料均已移到乏燃料水池。11日14时46分，地震导致福岛第一核电厂所有的厂外供电丧失，三个正在运行的反应堆自动停堆，应急柴油发电机按设计自动启动并处于运转状态。此后，由于海啸造成海水冷却泵、应急柴油机和配电盘被水淹没，导致除6号机组外其他机组均失去交流电源，这致使利用海水冷却带走反应堆余热的余热排出系统和用海水冷却带走设备运行中产生热量的辅助冷却系统均失去其原有功能。此外，核电厂的直流供电系统也由于受水淹而遭受严重损坏，仅存的一些蓄电池最终也由于充电接口损坏而导致电力耗尽。直流供电系统丧失导致核电厂仪控系统全部失灵，操纵员失去了在主控室对核电厂进行操控的手段。由此可见，由于地震和海啸的联合作用，导致福岛第一核电厂系统大范围受损，电厂状态远远超出了核电厂已经编制的严重事故管理指南的覆盖范围。由于1—3号机组丧失了把堆芯余热排出的有效手段，导致核电厂设置的具有非能动安全特性的隔离冷凝器、由堆芯产生的蒸汽驱动的堆芯隔离冷却系统和高压堆芯注入系统也不能长期维持运行，加上由于未能及时降低反应堆冷却剂系统压力和安全壳压力导致临时注入管线不能向堆芯有效注水，最终导致1、3、2号机组堆芯相继恶化，燃料包壳的锆和水蒸气的化学反应产生大量氢气。此外，燃料包壳破裂致使放射性物质扩散到反应堆压力容器内。更严重的是，在反应堆压力容器降压过程中，氢气和放射性物质首先扩散至安全壳内，然后由于安全壳泄漏或安全壳卸压排放进入反应堆厂房。泄漏出来的氢气在反应堆厂房顶部发生爆炸，1号和3号机组的操作楼层遭到破坏。事故发生后，大量放射性物质进入大气。3号机组的构筑物遭到破坏后，4号机组的反应堆厂房也发生了爆炸，上部结构遭到破坏。

事故影响 最初根据对放射性物质释放可能性的评估，日本政府确定福岛第一核电厂周围半径20 km范围内78 000人应进行撤离，20～30 km范围内的62 000人需要在室内隐蔽。之后，2011年4月，由于地面放射性核素水平升高，日本政府又要求位于电厂东北部区域的10 000人进行撤离。

根据放射性物质释放的水平，事故被评定为7级，为最高级别，与切尔诺贝利核电厂事故同级。此次事故导致大量放射性物质向大气释放，其中碘-131、铯-137的总释放量分别为1×10^{17}～5×10^{17} Bq和6×10^{15}～20×10^{15} Bq。并且很大一部分进入大气的放射性物质扩散到北太平洋而不是进入日本本土，估计碘-131、铯-137分别约为6×10^{16} Bq和5×10^{15} Bq，估计只有一小部分（约5%）放射性物质沉积在福岛核电厂周围80 km海域内。此外，也有大量的放射性物质通过污染的水在有意或无意情况下进入北太平洋，其中铯-137的总释放量为3×10^{15}～6×10^{15} Bq，而碘-131的释放量约为铯-137的3倍。

事故释放持续了相当长的时间，由于大气环流的作用，世界各国先后测量到了碘-131和铯-137核素，认定为福岛核事故的释放。

截至2012年12月底，约有24 500名工作人员进入现场，其中15%受雇于东京电力公司（TEPCO），其余受雇于承包人或分承包人。2012年11月，TEPCO指出约34%的工作人员受到的累积总有效剂量超过10 mSv，约0.7%的工作人员（167人，主要是TEPCO人员）受到的累积总有效剂量超过100 mSv，有6名TEPCO人员受到的累积总有效剂量超过250mSv。报道的最高有效剂量是679 mSv，约90%是来源于内照射。报道的最高外照射剂量是199 mSv。

公众受到照射剂量最高的区域是20 km撤离区和有意撤离区。2011年3月12日撤离的人群中成年人受到的总有效剂量（包括外照射和吸入照射）估计平均小于5 mSv，而后来撤离的人员估计平均小于 10 mSv。这些人群中 1 岁龄婴儿甲状腺受到的平均剂量估计小于 50 mGy。第二高区域是福岛市区，第一年的总有效剂量成年人和 1 岁龄婴儿分别平均是 4 mSv 和 7.5 mSv（主要包括三种照射途径：外照射、吸入和食入）。而福岛所辖其他区域以及周边区域公众受到的平均剂量成年人和婴儿分别小于 3 mSv 和 4 mSv。但是所有的剂量均只是平均值，由于各种因素，对于任何人群的真实剂量均会围绕平均值有显著的波动。截至 2012 年 12 月 31 日，事故发生后进入现场工作的约 25 000 名工作人员没有发现与辐射相关的死亡。由于所受剂量均低于发生确定性效应的阈值，不可能发生与确定性效应相关的健康效应。由于进入放射性污染的积水中，3 名工作人员的腿部皮肤受到短期伤害。对于这些事故后进入现场工作的人员已经建立了长期健康监测。大部分（99.3%）工作人员的有效剂量小于 100 mSv，因此辐射诱发癌症的概率会很低。12 名工作人员甲状腺受到的剂量为 2～12 Gy，但是在正常医疗防护下，这群人发生一例甲状腺癌的概率为 10%。第二批人员包括 155 名，主要是受到超过 100 mSv 的外照射。对于公众，联合国原子辐射效应科学委员会（UNSCEAR）估算在福岛所辖非撤离区域 1 岁龄婴儿平均终身剂量约为 50 mGy。在这一水平下，世界卫生组织（WHO）估算事故诱发甲状腺癌的危险是 100 例中约 0.05 例（附加于 0.2 例的基线水平）。

福岛核事故反映出以下几个方面情况：它是由自然灾害引发的一起严重事故，地震和海啸摧毁了附近大范围区域内的社会基础设施，如电力供应、通信和运输系统；频繁发生的余震阻碍了各种事故响应活动；事故造成了核燃料、反应堆压力容器和安全壳等损伤，涉及多个反应堆事故同时发生。总之，此次事故有许多方面与过去的三英里岛核电厂事故和切尔诺贝利核电厂事故是不同的。这起事故严重影响了公众对核电的可接受性，并警醒了那些对核安全过度自信的核能从业人员。因此，必须从这起事故吸取必要的教训，更加重视核安全保障的纵深防御原则。

经验教训 日本政府给出了五类经验教训：第一类教训是基于该事故是一起严重事故，可以从审查严重事故预防措施的足够性角度吸取的教训。第二类教训是可以从审查对该严重事故响应的适当性角度吸取的教训。第三类教训是可以从审查对该事故的核灾难应急响应的适当性角度吸取的教训。第四类教训是可以从审查在核电厂中建立的安全设施的可靠性角度吸取的教训。第五类教训是可以从审查在总结所有教训的过程中安全文化的彻底性角度吸取的教训。

福岛核电厂事故发生后，国际原子能机构（IAEA）派出了一个专门调查组，对福岛第一核电厂的核事故进行了调查，形成了 15 个调查结论和 16 个经验教训，主要有以下几方面：①福岛核事故表明，外部事件灾害的严重程度超出了以前人类的认知水平，应进一步考虑其对目前电站的影响。共性原因导致的故障应作为一站多堆和多个电站的重点考虑内容，要保证独立的机组恢复可以使用所有的厂内资源。②对于严重事故情况下可能丧失功能的应急设施设备，应为其考虑简单易用的功能替代。③核电厂内要有抗震性能高、适当屏蔽和通风、装备精良的厂房，以容纳应急响应中心（与福岛第一核电厂和第二核电厂的性能类似），并能够抵御其他外部灾害，如洪水。它们需要充足的资源准备，必须保证事故管理人员身体健康并提供辐射防护。④应急响应中心应该有根据可靠的仪表和线路获得的特别重要的安全相关参数，如冷却剂液位、安全壳状态、压力等，并有充足可靠的通信线路与控制室和其他厂内厂外设施保持通信。⑤外部事件有可能影响多个电站或同时影响一个电站的多台机组。这需要有充足大量的资源，包括经过培训的有经验的人员、设备、物料补给和外部支持。应确保有充足的有经验人员团队，能够应对不同类型的机组，并可随时支持受影响的电站。⑥日本有组织良好的应急准备和响应体系，这体现在福岛核电厂事故的处理过程中。但是复杂的结构和组织体系可能导致紧急决策的拖延。

（岳会国　王中堂）

Fute Qiche Huanbao Jiang

福特汽车环保奖　（Ford Conservation and Environmental Grants）　于 1983 年由福特汽车在英国发起的环保奖项评选活动。该奖项是福特“更美好的世界”公益项目的重要组成部分，旨在鼓励各阶层人士积极参与有助于保护本地环境和自然资源的活动，现已成为世界上规模最大的环保奖评比活动之一，参与者遍及全球五大洲的 62 个国家和地区。

该奖项支持具有系统性思维的优秀民间环保力量，协助他们持续、深入地开展优秀实践和引领性探索；同时，推广获奖机构或团体的知识和经验，促进环保公益行业的共同发展。该奖项的奖金可以自主灵活使用，既可用于获奖机构或团体增强可持续发展能力，如人才培养及研发能力，也可用于项目资金。此外，该奖项还为获奖机构或团体建立交流网络，并与获奖机构或团体合作推动相关议题的发展，为其后续发展提供有价值的支持。

该奖项于 2000 年首次进入中国。

（楚春礼　王小虎）

G

Gedeman Huanjing Jiang

戈德曼环境奖 （Goldman Environmental Prize） 旨在表彰在基层为环保做出重大贡献的个人，以鼓励公众积极参与保护生态系统、反对破坏性开发、维护环境公正的奖项。设立于 1990 年，设立者为慈善家理查德·戈德曼（Richard N. Goldman）及其妻子萝蒂·戈德曼（Rhoda H. Goldman）。戈德曼环境奖是世界上奖金最为丰厚的环境奖之一。该奖项候选人由世界各地的环保团体和个人提名，由国际评委会选出。

（楚春礼　王小虎）

Geyaniya Se-137 Shijian

戈亚尼亚铯-137 事件 （Goiania Accident of Caesium-137）　1987 年发生在巴西戈亚尼亚的由于人为原因导致铯-137 辐射造成核污染和人员伤亡的事件。

1987 年 9 月 30 日，在巴西的戈亚尼亚，两个清洁工人进入一家私人放射治疗研究所乔迁后留下的建筑，拆卸了该治疗所未通知主管部门而留在原地的铯-137 远距离治疗装置。他们将源组件从机器的辐射头上拆下来并带回家进行拆卸，造成源盒破裂，产生污染，导致 14 人受到过度辐射，4 人在 4 周内死亡，约 11.2 万人接受检测，其中 249 人被发现受到核污染，近百间房屋也受到了污染，应急响应和房屋、建筑物与场地的清理工作持续了 6 个月，在社会上引起强烈反响。这是巴西最大的一次核灾难，戈亚尼亚一个建有废物处置库的边远乡村把象征放射性的三叶符号做成村旗，以纪念这场事故。

（楚春礼　叶頔）

《Gongye Shui Chuli》

《工业水处理》 （Industrial Water Treatment） 由中海油天津化工研究设计院主办、国家工业水处理工程技术研究中心协办的学术性刊物，主要报道国内外工业废水、工艺用水、循环冷却水、锅炉水、中水回用、再生水回用、废水处理及回用、市政污水、海水淡化、水污染控制、水处理工程自动化、水资源综合利用等领域的技术动态、研究报告、工程案例、专题述评、经验总结、科学管理及行业快讯等，对水处理行业的发展具有导向性，是行业内最具权威性的杂志之一。

创刊于 1981 年，为月刊，是中国期刊全文数据库（CNKI）、《中国学术期刊（光盘版）》等收录期刊，被美国《化学文摘》（CA）、俄罗斯《文摘杂志》（AJ）、美国《剑桥科学文摘（自然科学）》（CSANS）收录。设置的栏目有：专论与综述，侧重应用技术及基础理论；试验研究，专门报道新的研究成果和高新技术；分析与检测，为讨论水质分析方法及水质检测技术的专栏；经验交流，充分反映水处理技术推广应用的现场实践；水处理工程，主要报道水处理工程设计实践及经验；水处理动态，及时报道国内外有关水处理的新技术、新工艺、新产品及行业新动向。读者对象主要是从事水处理工作的科研、设计、教学、生产、管理等单位的专业技术人员。订户遍及化工、石油、冶金、钢铁、电力、电子、纺织、印染、造纸、制药、机械、食品、饮料酿酒、交通、造船、矿业、环保、海水淡化等系统，自来水公司、污水处理厂、水处理设备工程公司，以及大专院校等。国际标准刊号为 ISSN 1005-829X，国内统一刊号为 CN 12-1087/X，邮发代号为 6-61。

（楚春礼　张士秋）

Guangdao He Changqi Yuanzidan Shijian

广岛和长崎原子弹事件　（The Atomic Bombings of Hiroshima and Nagasaki）　第二次世界大战期间，美国用原子弹轰炸日本的广岛和长崎，造成几十万人死亡，都市遭到毁灭性打击，并留下严重的长久伤害的事件。

背景　1945 年 5 月 8 日，第二次世界大战的罪魁祸首德国法西斯宣布无条件投降。7 月 26 日，美国、英国和中国三国发表《波茨坦公告》，敦促日本迅速无条件投降，但日本政府置之不理。为了尽快让日本投降并以此抑制苏联，1945 年 8 月 6 日上午 8 时 15 分（日本时间），美国在日本广岛市投下原子弹。广岛遭到核攻击后，日本政府仍然拒绝同意《波茨坦公告》，盟军认为登陆日本本土作战仍将付出惨重的代价，因此美军于 8 月 9 日上午 11 时 02 分（日本时间）在日本长崎市投下另一颗原子弹。

广岛原子弹事件　为迫使日本迅速投降，1945 年 8 月 6 日，美军一架 B-29 轰炸机飞临日本广岛市区上空，投下一颗代号为“小男孩”的原子弹。“小男孩”是一颗铀弹，长 3 m，直径 0.7 m，内装 60 kg 高浓铀，重约 4 t，TNT 当量为 1.5 万 t。炸弹在距地面 580 m 的空中爆炸，即发出令人眼花目眩的强烈的白色闪光，爆炸声震耳欲聋。能量通过冲击波、热线、放射线等方式爆发出来，顷刻之间，城市突然卷起巨大的蘑菇状烟云，接着便竖起几百根火柱，广岛市马上沦为焦热的火海。在巨大冲击波的作用下，爆炸中心的风速大约是 440 m/s，相当于 12 级台风风速的 10 倍，导致广岛市 7.6 万幢建筑物中的 4.8 万幢被完全毁坏，2.2 万幢严重毁坏。在巨大能量的热线的作用下，爆炸中心的温度超过 3 000℃，导致周围的房屋纷纷“起泡”，木质房屋自燃。此外，爆炸还发射出大量的α射线、β射线、γ射线和中子，产生大量的核辐射尘。据估计，广岛市全市约 34 万人，原子弹爆炸导致其中的 8.8 万人当日死亡，负伤和失踪 5.1 万人，死伤总人数达 20 余万，城市化为一片废墟。这是人类历史上首次将核武器用于实战。

长崎原子弹事件　1945 年 8 月 9 日，美军一架 B-29 轰炸机将代号为“胖子”的原子弹投到长崎市。“胖子”是一个钚弹，长约 3.25 m，直径 1.52 m，重约 4.5 t，TNT 当量为 2.1 万 t。炸弹在距地面 503 m 的空中爆炸，造成长崎市 23 万人中约 4 万人当日死亡，2.5 万人受伤，城市 60%的建筑物被毁，并有数万人死于放射引起的后遗症。这是人类历史上第二次对人类使用核武器，也是至今为止的最后一次。长崎原子弹事件后，日本于 8 月 15 日迅速投降。

影响　虽然两次原子弹事件促使了日本的投降，加速了第二次世界大战的结束进程，但是核武器攻击给人类带来了巨大的灾难。原子弹爆炸不仅在当时造成重大伤亡，其后来遗留的危害也相当严重，幸存者饱受癌症、白血病和皮肤灼伤等辐射后遗症的折磨，造成的人员死亡总数达数十万。（楚春礼　叶頔）

Guoji Aihu Dongwu Jijinhui

国际爱护动物基金会　（International Fund for Animal Welfare，IFAW）　全球最具影响力的动物福利组织之一，倡导人与动物和谐共处的爱护动物理念，推广人与动物共同受益的动物福利和保护政策。成立于 1969 年，总部设在美国马萨诸塞州。

IFAW 的宗旨是通过减少对动物的商业剥削和贸易、保护野生动物的栖息地以及救助危难中的动物来提高野生动物和伴侣动物的福利。IFAW 通过环境教育、工作培训和消除人类与动物的矛盾等方式，来帮助各地社区与野生动物和谐共处，已经在全球 40 多个国家开展了动物救援项目。

IFAW 于 1994 年成立中国办公室，致力于同当地政府、民间组织和科研机构合作，通过支持资金、设备、技术和理念来帮助中国进行野生动物和伴侣动物的保护工作。从关注伴侣动物的福利和亚洲黑熊遭受活熊取胆的残酷状况开始，此后通过对藏羚羊、麋鹿、黑颈鹤、斑海豹、老虎等动物的保护，逐渐扩大在中国的项目范围和影响。IFAW 在中国开展的项目主要包括：保护野生亚洲象及其栖息地，缓解人象冲突，寻求人与野生动物和谐共处的解决方案，提倡终止象牙贸易；拯救亚洲黑熊，鼓励弃用熊胆制品；救助猛禽，帮助猛禽重返蓝天，建立野生动物救助标准；支持多家国内的伴侣动物救助组织提高管理能力和动物救护水平，并对公众开展教育，提倡“做负责的伴侣动物主人”的理念，倡导人道对待伴侣动物的政策；减少对野生动物的商业剥削和贸易，教育消费者不使用野生动物制品；紧急救助受到自然及人为灾害影响的动物；制止残酷虐待动物的行为，提倡加强动物保护立法；提高公众意识，推广爱护动物的理念。 （楚春礼　姜贵梅）

Guoji Baohu Chouyangceng Ri

国际保护臭氧层日 （International Day for the Preservation of the Ozone Layer） 联合国为保护臭氧层，纪念 1987 年 9 月 16 日签署的《关于消耗臭氧层物质的蒙特利尔议定书》（以下简称《蒙特利尔议定书》）而设立的节日，为每年的 9 月 16 日。

臭氧层能有效过滤紫外线，保护人类，但现已发现一些常用的化学品可对臭氧层造成极大损害。造成臭氧消耗的人造化学品有甲基溴、甲基氯仿、四氯化碳、被称为哈龙的化学品家族、全氯氟烃和含氢氯氟烃。

科学研究对于臭氧层消耗的确认，促使国际社会开始建立合作机制，采取行动保护臭氧层。1985 年 3 月 22 日，28 个国家通过并签署了《保护臭氧层维也纳公约》，正式做出臭氧层保护规定。1987 年 9 月 16 日，《蒙特利尔议定书》通过，期望通过控制臭氧消耗物质的全球生产总量与消费总量，保护臭氧层，最终目标是通过科学知识和技术信息的发展，彻底淘汰这些物质。1994 年，联合国大会通过决议，为纪念《蒙特利尔议定书》的签署，将每年的 9 月 16 日设置为国际保护臭氧层日。历年国际保护臭氧层日的主题见下表。

历年国际保护臭氧层日的主题

年份	主题
2002	拯救蓝天，保护臭氧层：保护自己，保护臭氧层
2003	拯救蓝天，保护臭氧层：为了我们的后代
2004	拯救蓝天，保护臭氧层：善待我们共同的星球
2005	善待臭氧层，安享阳光
2006	保护臭氧层，拯救地球生命
2007	2007，颂扬卓有成效的 20 年
2008	《蒙特利尔议定书》：全球利益的伙伴关系
2009	共同参与：团结一致保护臭氧层
2010	保护臭氧层：治理与遵守的最佳典范
2011	淘汰氟氯烃：绝佳机会
2012	为子孙后代保护大气层
2013	一个健康的大气层是我们想要的未来
2014	保护臭氧层——仍然任重道远
2015	共同修复臭氧层 30 年——臭氧层：你与紫外线之间的唯一隔离
2016	臭氧和气候：团结世界恢复臭氧层
2017	呵护阳光下的生命
2018	Cool 住，继续前行
2019	32 年，不断修复
2020	守护生命的臭氧：臭氧层保护 35 周年

（楚春礼　叶頔）

Guoji Diquan-Shengwuquan Jihua

国际地圈-生物圈计划 （International Geosphere-Biosphere Programme，IGBP） 国际科学联盟理事会（ICSU）发起和组织的关于人类居住的地球环境的重大国际科学计划。该计划以生物地球化学循环子系统及其与物理气候子系统的相互作用为主要研究对象，旨在了解和阐述控制整个地球系统的关键的物理、化学和生物相互作用过程，了解和阐述支持生命的独特环境，以及出现在地球系统中受人类活动影响的重大全球变化，特别是那些时间尺度为几十年至几百年、对生物圈影响重大、对人类活动最为敏感、具有可预测性的重大全球变化问题。

产生背景 1972年，联合国在瑞典斯德哥尔摩召开第一届人类环境会议，表达了人类对日益恶化的地球环境的关注，同时也促进了环境科学研究在世界范围内的迅速发展。随着地区性环境污染问题得到不同程度的控制，全球性环境问题开始进入国际科学界的研究范畴。1987年，IGBP启动，以推动国际和区域层面关于生物、化学、物理过程及其与人类社会关系的研究。

研究内容 以提供地球系统基础知识和发挥基础科学领导力为目标，IGBP旨在引导全球在快速发展变化的过程中逐步走上可持续发展的道路。IGBP主导的大量研究揭示了全球重要的生物、化学和物理过程都发生着前所未有的变化，特别是20世纪50年代以来，全球变化进程更为剧烈，决策者需要更多社会、生态和物理系统之间联系的知识，来发现全球变化的规律，寻求可持续发展路径。IGBP的研究主要集中在地球系统、地球系统压力及其变化、快速全球变化下的应对策略三个方面。

①地球系统。以探索地球适合人类生存的复杂系统的运营规律为核心目标，具体研究内容包括：地球的生态系统过程、社会系统以及生物地化循环是如何联系在一起的，未来将如何变化；地球系统的边界、关键要素及阈值；地球的海洋、大陆、大气以及冰层之间的相互联系；建立全球观测系统以监控自然和社会经济系统。

②地球系统压力及其变化。以揭示人类行为如何影响地球生物地化循环，以及地球生物地化循环改变又反过来如何影响人类社会为核心目标，优先领域包括：地球系统运行的关键社会生态要素及其阈值；社会系统与生态系统的相互影响；面临威胁最严峻的生态系统；人类活动可能导致的最严重的环境变化；全球环境变化如何影响人类健康；人类社会如何适应及应对全球环境变化。

③快速全球变化下的应对策略。该应对策略以探索全球变化研究成果如何能够最有效地指导当地、国家、区域以及全球各层面制定和采取适应方案为核心目标，优先领域包括：IGBP研究如何能够更多地服务于可持续性及消除贫穷；应对气候变化乃至其他全球环境变化的最优情景；地球资源可持续管理及其障碍；提高全球可持续性的最佳变革；改变和适应战略的效果，及其对当地、区域乃至全球的影响；最具潜力的地质工程项目可能对地球系统产生的影响。

2010年，IGBP提出进一步深化对地球系统过程复杂联系和反馈的理解，聚焦社会经济驱动力的目标。为此，IGBP积极寻求学科内部不同领域之间，以及不同学科之间的合作，推动多方参与，探索实现整个社会转型的有效方案；积极与国际组织和金融机构开展合作，优先为联合设计项目和合作促进计划提供资金支持；协助组建为更深理解地球系统提供基础支持的观测系统，在地球系统数据有效存储、无障碍利用等方面提供支持。

IGBP由若干个核心计划构成，具体包括地球系统分析、综合及模拟（AIMES），全球土地项目（GLP），国际全球大气化学计划（IGAC），土地生态系统、大气过程综合研究（ILEAPS），海洋生物地球化学过程与海洋生态系统综合研究（IMBER），海岸带陆海相互作用（LOICZ），全球变化历程（PAGES），海洋表面-低大气层研究（SOLAS）等。

国际地圈-生物圈计划中国全国委员会（CNC-IGBP） 1987年，中国科学院资源环境科学与技术局向中国科学技术协会申请成立国际地圈-生物圈计划中国全国委员会，加入IGBP。1988年5月28—29日，得到中国科学技术协会批复后，国际地圈-生物圈计划中国全国委员会筹委会在北京组织召开CNC-IGBP成立大会，并加入IGBP。

CNC-IGBP的主要任务包括：①代表我国参加IGBP的有关活动，促进国际合作交流；

②推动并协调国内各有关单位开展全球变化的研究和学术交流活动；③为国家全球变化研究部署，为国家的资源、环境管理和可持续发展战略等提供科学咨询服务；④协助有关部门委托的国内重大项目和国际合作项目论证；⑤加强科普宣传，促进社会公众环境保护意识的增强。

作用和意义 IGBP 面对全球环境变化的挑战和可持续发展的共同需求，注重全球变化科学应用研究，关注全球变化区域响应，探索人类社会对全球变化的适应和应对策略，倡导集成研究的方法与途径，是人类为保护其赖以生存的环境和推进可持续发展进程而做出的重大努力。（楚春礼 张清）

Guoji Haishi Zuzhi

国际海事组织（International Maritime Organization，IMO） 联合国系统内保护海运安全、预防海上污染的专门机构。其前身为政府间海事协商组织，成立于 1959 年，1982 年更名为国际海事组织，总部位于英国伦敦。

IMO 的宗旨为促进各国间的航运技术交流与合作，鼓励各国在促进海上安全、提高船舶航行效率、防止和控制船舶海洋污染方面采取统一的标准，处理有关的法律问题。截至 2019 年，IMO 有 174 个成员和 3 个联系会员。

组织机构 IMO 大会为最高权力机构，每两年召开一次，负责选举理事国，制订工作计划和财务预算，讨论 IMO 职权范围内的技术和法律问题。设理事会和秘书处，以及海上安全、法律、海上环境保护、技术合作、便利运输 5 个专门委员会。IMO 大会休会期间，由理事会行使大会职权。理事会由理事国组成，每年召开两次会议。秘书处负责保存 IMO 制定的公约、规则、议定书和记录、文件等，并负责处理日常事务。秘书处内设有法律司、行政司、会议司、技术合作司、海运安全司、海运技术司和对外关系司。秘书长为 IMO 的行政负责人。

主要活动 自成立以来，IMO 积极发挥职能作用，制定和修改有关海上安全、海上运输、防止海洋受船舶污染、提高航行效率及与之有关的海事责任方面的公约，交流实际经验，为会员国提供该组织所研究问题的情报和科技报告，利用联合国开发计划署等国际组织提供的经费和捐助国提供的捐款为发展中国家提供一定的技术援助。

IMO 与中国 中国于 1973 年恢复在 IMO 中的成员国地位。1989 年第 16 届大会上，中国当选为 A 类理事国并连任至今。中国一贯重视并积极参与 IMO 的合作活动，为其他发展中国家提供力所能及的技术援助和资金支持，并认真履行在保障海上航行安全、保护海洋环境等方面肩负的国际责任。（楚春礼 姜贵梅）

Guoji Huanjing Jiaoyu Jihua

国际环境教育计划（International Environmental Education Program，IEEP） 根据 1972 年联合国人类环境会议的提案，由联合国教育、科学及文化组织和联合国环境规划署制定，1975 年开始在全球推广实施的有关环境教育的国际性计划，旨在促进各国交流在环境教育的实践中所取得的经验，并对各国环境教育的师资培训提供帮助，在课程和教材的发展方面加强国际合作等。

产生背景 1970 年，世界自然保护联盟在美国内华达会议上提出了环境教育的定义：“环境教育是认识价值和澄清概念的过程，它培养人们理解和评价人类及其文化与生物物理环境之间的相互关系所必需的态度和技能。”并指出，在有关环境质量问题的决策和行为规范的自我形成中，环境教育起着不可替代的作用。1972 年，在瑞典斯德哥尔摩召开的联合国人类环境会议上发表了《人类环境宣言》，提出“发展”和“环境”必须相互协调，同时还指出，为改善日趋严重的环境问题，教育不可欠缺。此后，一些国际组织及各国政府将普及和发展环境教育提上日程，促进了国际环境教育事业的发展。1974 年，芬兰国家委员会受联合国教育、科学及文化组织的委托，在查米召开了环境教育讨论会，会上环境教育被定义为“达到环境保护目的的一种途径”。根据 1972 年联合国人类环境会议通过的“人类环境行动计划”第 96 条建议，1975 年 1 月，联合国环境规划署和联合国教育、科学及文化组织联合发起了“国际环境教育计划”协作项目。

主要目的、原则及内容 IEEP 主要帮助政府和国际、国家以及地区的机构将环境教育纳入正规或非正规的教育系统中，其主要目的是提高人们对环境中经济、社会、文化和生态等各方面之间相互依赖性的认识，获得理解环境、保护环境和改善环境所需要的知识、价值观、态度、责任感和技能，修正个人、群体和社会的行为模式并强化道德责任，以保护和改善环境。

IEEP 的指导原则是要全面认识环境（包括自然、人工、技术、社会等各方面）；在地方、国家、区域和全球各个层次建立正规的和非正规的体系，开展终身教育，尤其要加强培养青少年的环境意识；结合专业特点进行多学科教育；出版各种环境书刊；制订发展规划时要重视环境影响。

IEEP 的主要内容包括：①观念与意识。帮助人们树立环境意识及对环境问题的敏感性。②知识与技术。教育人们认识环境，掌握解决环境问题的技术。③关心与参与。提供机会，鼓励人们关心并参与解决环境问题，改善和保护环境。

作用及影响 IEEP 通过出版印刷物、提供教育培训、促进国际合作等多种方式有效地促进了全球环境教育的进步与发展。IEEP 出版了多种环境教育出版物，建立了国际环境教育信息系统数据库。组建了跨国家、跨地区的师资培训机构，已向全世界上万个机构和个人提供了教育支持。多次组织国际专题研讨会，促进国际交流与合作，协调并帮助许多国家把环境教育纳入其教育计划和政策制定中。

（楚春礼　张清）

Guoji Huanjing Yu Fazhan Yanjiusuo

国际环境与发展研究所（International Institute for Environment and Development，IIED） 致力于全球更可持续和公平发展的非政府国际研究机构，旨在通过广泛合作，开展宣传、交流和研究，探求真正影响地方、国家和全球领域的政策和实践，以尝试改变未来、消除贫困、确保世界资源的公平和良好管理。成立于 1971 年，总部位于英国伦敦。

IIED 专注于根据地区特征应对全球挑战，协助伦敦、非洲、亚洲、拉丁美洲、中东以及太平洋地区表达关于影响他们的决策的意见。

IIED 的工作主要分为自然资源、人居、气候变化和可持续市场 4 个领域。具体工作可以进一步细分为 21 个主题，即生物多样性、气候变化、交流、旱地与放牧、经济、能源、渔业、粮食与农业、森林、性别、管理、绿色经济、土地权益、法律、监测评价与学习、自然资源管理、政策与规划、贫穷、可持续市场、城市化、水。IIED 围绕这些主题在全球开展推动项目，截至 2019 年，IIED 已经在全球开展了 150 多个相关项目，例如，在气候变化主题领域开展的最不发达国家有效适应和抵御能力提升项目，在城市化主题领域开展的东非城市住房供应项目，在粮食与农业主题领域开展的非洲农业社会与环境协同提升项目等。通过这些主题工作积极推动解决复杂和相互关联的全球问题，为从事这些主题的相关工作者提供有用的信息。

（楚春礼　姜贵梅）

Guoji Huanjing Ziliaoyuan Chaxun Xitong

国际环境资料源查询系统（International Referral System for Sources of Environmental Information，INFOTERRA） 联合国环境规划署下属的连接环境资料需求者和环境资料拥有者的国际环境资料交流专门机构，是一个由 170 多个国家及部门联络点组成的网络，以介绍“资料源”的方式为使用者查询在国内外可能连接的对口接点，以便进行资料交流。

国际环境资料源查询系统建立于 1975 年，是在 1972 年斯德哥尔摩联合国人类环境会议的建议下成立的，1977 年正式开始提供服务，总部设在肯尼亚的内罗毕。其宗旨是促进各国间环境资料的交流，鼓励和协助各国特别是发展中国家建立本国的环境资料系统并开展工作。

该查询系统通过联络点提供服务，联络点包括三种类型：国家联络点，由各国政府指定，负责协调本国查询系统的活动；区域联络点，由各国政府商定，负责协调本区域内各国的查询系统活动；专题联络点，由联合国环境规划署确定，负责处理国际上的具体环境问题。资料源是该查询系统的基础，凡有意愿加入系统的单位均可与国家联络点联系，办理手续后将信息录入查询系统。查询系统交流资料的范围大致包括以下26个方面：大气和气候，海洋和海湾，淡水，能源供给和使用，土地利用和滥用，食品和农业，化学和生物制剂及其加工，物理能量现象（噪声、振动与辐射），有毒物品，可再生和不可再生的资源，人类健康和福利，人口、人类住区和生境，娱乐和消遣，技术与工业，运输，管理与规划，社会经济效果，教育、培训与情报，法律与政策，学科主题词，污染，灾害，监测与评价，野生动植物，大自然保护，废弃物。该查询系统及其出版的《国际环境资料源概览》每两年更新一次。

我国于1979年6月加入该查询系统，我国的国家联络点设在中国科学院生态环境研究中心，于1981年7月开始为用户提供检索服务。

（楚春礼　蒋婧博）

Guoji Jihua Shengyu Lianhehui

国际计划生育联合会　（International Planned Parenthood Federation，IPPF）　关注计划生育和生殖健康的国际非政府组织。1952年成立，总部设在英国伦敦。

IPPF旨在在全球范围内推进性与生殖的健康和权利的服务，特别是服务极度不完善地区，其核心价值包括：寻求社会介入以保障大部分人获得服务权利；尊重多样性，尊重不同年龄、性别、地位、种族、性取向的差异；积极呼吁人们寻求社会公正和服务权利；坚持提供多种途径自愿服务，推动政府改善性与生殖健康的服务；坚守诚信，坚持高质量、高标准、透明的服务。

IPPF设秘书处，以及6个地区办公室，包括非洲办公室，阿拉伯国家办公室，东亚、东南亚和大洋洲办公室，欧洲网络办公室，南亚办公室以及西半球办公室，各办公室为所在地区成员机构申请和提供资金支持。截至2019年，IPPF成员组织达到134个，工作范围覆盖145个国家。此外，还与来自多个国家的26个机构建立了合作关系。

（楚春礼　姜贵梅）

Guoji Jianqing Ziran Zaihai Ri

国际减轻自然灾害日　（International Day for Disaster Reduction）　联合国为唤起国际社会对防灾减灾工作的重视，敦促各地区和各国政府把减轻自然灾害作为工作计划的一部分，推动国家和国际社会采取各种措施以减轻各种灾害的影响而设立的节日，为每年的10月13日。

1987年，第42届联合国大会通过决议，将1990—1999年这十年的时间定为“国际减轻自然灾害十年”，简称“国际减灾十年”。1989年，第44届联合国大会通过决议，指定每年10月的第二个星期三为“国际减轻自然灾害日”。“国际减灾十年”活动结束后，2001年联合国大会决定继续开展国际减轻自然灾害日活动，并借此在全球倡导减少自然灾害的文化，包括灾害防止、减轻和为可能发生的自然灾害备战。2009年，第64届联合国大会通过决议，将10月13日指定为国际减轻自然灾害日。

中国响应联合国“国际减灾十年”的倡议，于1989年成立了中国国际减灾十年委员会（2000年更名为中国国际减灾委员会），形成了较为完善的全民综合减灾运行机制和工作体制。

历年国际减轻自然灾害日主题见下表。

历年国际减轻自然灾害日主题

年份	主题
1991	减灾、发展、环境——为了一个目标
1992	减轻自然灾害与持续发展
1993	减轻自然灾害的损失，要特别注意学校和医院

续表

年份	主题
1994	确定受灾害威胁的地区和易受灾害损失的地区——为了更加安全的21世纪
1995	妇女和儿童——预防的关键
1996	城市化与灾害
1997	水：太多、太少，都会造成自然灾害
1998	防灾与媒体——防灾从信息开始
1999	减灾的效益——科学技术在灾害防御中保护了生命和财产安全
2000	防灾、教育和青年——特别关注森林火灾
2001	抵御灾害，减轻易损性
2002	山区减灾与可持续发展
2003	面对灾害，更加关注可持续发展
2004	减轻未来灾害，核心是如何“学习”
2005	利用小额信贷和安全网络，提高抗灾能力
2006	减灾始于学校
2007	防灾、教育和青年
2008	减少灾害风险，确保医院安全
2009	让灾害远离医院
2010	建设具有抗灾能力的城市：让我们做好准备！
2011	让儿童和青年成为减少灾害风险的参与者
2012	女性——抵御灾害的无形力量
2013	面临灾害风险的残疾人士
2014	提升抗灾能力就是拯救生命——老年人与减灾
2015	掌握防灾减灾知识，保护生命安全
2016	用生命呼吁：增强减灾意识，减少人员伤亡
2017	建设安全家园：远离灾害，减少损失
2018	减少灾害损失，创造美好生活
2019	加强韧性能力建设，提高灾害防治水平

（楚春礼　叶頔）

Guoji Jianqing Ziran Zaihai Shinian

国际减轻自然灾害十年　(International Decade for Natural Disaster Reduction)　由联合国大会通过的从1990年到2000年开展的减轻国际自然灾害的活动，旨在唤起国际社会对防灾减灾工作的重视，敦促各地区和各国政府把减轻自然灾害作为工作计划的一部分，推动国家和国际社会采取各种措施以减轻各种灾害的影响，并通过国际合作将当前世界上各种自然灾害造成的损失，特别是发展中国家因自然灾害造成的损失减轻到最低程度。

产生背景　自然灾害给人类造成了巨大的损失和伤亡，自然灾害造成的经济损失给发达国家和发展中国家都带来了巨大的打击。因此，广泛开展国际合作，通过技术转让和援助，推广行之有效的减轻自然灾害的科学技术，提高各国特别是发展中国家的防灾、抗灾能力，成为人类共同的目标。为此，美国科学院院长弗兰克·普雷斯博士（Dr. Frank Press）提出把20世纪的最后10年作为“国际减轻自然灾害十年”。1987年12月，第42届联合国大会一致通过第169号决议，确定1990—2000年在全球范围内开展“国际减轻自然灾害十年”的活动。1989年12月，第44届联合国大会通过了经济及社会理事会关于“国际减轻自然灾害十年”决议草案的报告，并通过了《国际减轻自然灾害十年国际行动纲领》。

主要目标　通过一致的国际行动，特别是在发展中国家，减轻由地震、风暴、海啸、洪水、滑坡、火山爆发、森林火灾、虫灾、旱灾和沙漠化以及其他自然灾害所造成的人员伤亡、财产损失和社会经济损失。具体目标包括：提高各国迅速有效减轻自然灾害影响的能力，特别注意发展中国家的需要，随时随地帮助他们评估潜在的灾害，建立早期警报系统和抗灾结构体系；在应用现有科学技术时，要根据各国文化和经济上的差异，相应地制定适当的原则和战略；鼓励为减轻生命财产损失在科学与工程方面做出的填补知识空白的努力；传播现有的和新开发的与评估、预报及减轻自然灾害措施有关的技术情报和信息；通过技术援助与技术转让、项目示范以及教育培训等计划，因灾、因地制宜地发展评估、预报、预防和减轻自然灾害的方法，并且要对这些计划的效果做出评价。

2000年各国要实现的目标包括：拟订国家减轻自然灾害方案，特别是发展中国家，将之纳入本国发展方案内；在“国际减轻自然灾害十年”期间参与国际减轻自然灾害共同行动，同科学界合作，设立国家委员会；鼓励本国地方行政当局采取恰当方式为实现“国际减轻自然灾害十年”的目标做出贡献；采取适当措施使公众进一步认识减灾的重要性，通过教育、培训及其他有效方式，提高社区防灾能力；重视自然灾害对健康的影响，特别注意减轻医院及保健中心受到的损失，同时关注自然灾害对粮食存储设施、避难所及其他社会经济基础设施的影响；鼓励金融机构、科技机构、工业界以及其他组织充分参与并支持国际社会开展的各种减灾活动。

技术内容和支持活动 《国际减轻自然灾害十年国际行动纲领》提出了七大类技术内容：①确认自然灾害的地区和对灾情的评价；②易损性和危险性评估，投入—收益分析；③提高决策者的防灾意识；④监测、预测和警报；⑤长期预防措施；⑥突发灾害应急及防灾；⑦临灾应急措施。此外，该行动纲领还提出以下五项行动支持，包括：①教育、培训地方和国家的专家；②公众教育与宣传；③技术转让；④推广经过验证的技术；⑤研究开发新技术和制定新的政策。

中国国际减灾十年委员会 为响应联合国的呼吁，做好减灾工作，经国务院批准，1989年我国成立了中国国际减灾十年委员会，负责有关减灾活动的协调、组织和服务工作。中国国际减灾十年委员会的宗旨为：响应联合国倡议，积极开展减灾活动，增强全民、全社会的防灾意识，提高我国防灾、抗灾、救灾工作的水平，减轻自然灾害带来的损失。

我国“减灾十年”活动的目标为：提高灾害评估、预报、预防水平，对一般灾害能做到灾前早知道、早准备；提高紧急救援水平，在中央建立救灾中心，在全国范围内建立健全灾情情报系统；提高救灾工作的水平，灾后能在最短时间内帮助灾区做出恢复、重建规划，并付诸实施；建立健全救灾法规，基本上做到依法救灾；建立起各种重大灾害的救灾预案；使全民、全社会的防灾意识普遍提高。

中国国际减灾十年委员会的工作任务包括：国内方面，根据联合国大会有关决议和有关文件精神，结合国情，制定我国“国际减轻自然灾害十年”活动的方针、任务和目标；贯彻国家防灾救灾的方针政策，组织协调有关单位、群众团体、新闻机构等共同完成“国际减轻自然灾害十年”的任务；挖掘、推广和运用现有的、有效的技术和经验，兴办防灾、抗灾、救灾工作的示范项目；广泛开展科学研究，探索灾害发生发展的规律，提出减灾对策，为经济建设的决策提供依据；开展业务培训，提高从事防灾救灾人员的素质；广泛开展宣传报道和科普工作。国际方面，通过广泛的国际交流，宣传我国防灾、抗灾、救灾方面的方针政策、成功经验和巨大成就；掌握联合国和各国政府开展“国际减轻自然灾害十年”的活动情况，与他们互通信息，借鉴其先进经验；积极而有选择地争取技术转让和各种物质援助；积极参加各种有关的学术活动和其他一切有益的活动。

2000 年，中国国际减灾十年委员会更名为“中国国际减灾委员会”，国务院明确其主要任务为：研究制定国家减灾工作的方针、政策和规划，协调开展重大减灾活动，指导地方开展减灾工作，推进减灾国际交流与合作。2005 年，更名为“国家减灾委员会”。2018 年 3 月，根据《深化党和国家机构改革方案》，国家减灾委员会职责并入新组建的应急管理部。

作用及影响 “国际减轻自然灾害十年”系列活动有效推动了天气警报系统的发展和人类对干旱、洪涝、高温热浪、低温冷害等发生规律的了解，唤起了国际社会对防灾减灾工作的重视，并有效促进各地区和各国政府把减轻自然灾害作为工作计划的一部分，推动国家和国际社会采取各种措施以减轻自然灾害的影响，使国际社会在减灾方面取得了显著成就。

（楚春礼　张清）

Guoji Quanqiu Huanjing Bianhua Renwen Yinsu Jihua

国际全球环境变化人文因素计划 （International Human Dimensions Programme on Global Environmental Change，IHDP） 是一项跨学科的、非政府的国际科学计划，旨在促进

和共同协调研究，侧重描述、分析和理解全球环境变化中的人文因素，主要研究由人类活动引起的环境变化、变化导致的结果，以及人类对这些变化的响应，尤其侧重研究全球环境变化背景下的人类安全，可持续性生产、消费系统，以及全球碳循环等重大问题。

产生背景 全球环境变化是由人类活动和自然过程相互交织的系统驱动所造成的一系列陆地、海洋与大气的生物物理变化，只有依靠全世界自然科学家和社会科学家的共同努力才能更好地对其加以理解，因而需要阐明人类—自然耦合系统，探索个体与社会群体如何驱动局地、区域和全球尺度上发生环境变化，研究这些变化的影响以及如何减缓和响应这些变化。所以，1990 年国际社会科学联盟理事会（ISSC）发起了该计划，当时称为“人文因素计划”（Human Dimensions Programme，HDP）。1996 年 2 月，国际科学联盟理事会（ICSU）联同 ISSC 成为项目的共同发起者，项目名称改为“国际全球环境变化人文因素计划”。IHDP 的组织结构由科学委员会、核心科学计划、联合科学计划、秘书处、国家委员会组成，秘书处设在德国波恩。

主要活动 科学研究、科研能力建设和国际科学网络建设是 IHDP 活动的主要内容。IHDP 强调自然与社会、科学与政策的跨学科交叉研究，与各个国家委员会和其他全球环境变化研究计划及研究团体共同确定全球环境变化最新的研究主题，通过一系列政策导向报告、网站建设、合作等多种方式为决策者提供参考，并组织研讨会、政策论坛、培训等活动来促进全世界范围内的研究网络的发展与壮大。

主要目标和行动计划 主要目标是推动、协调与全球环境变化和人类作用有关的自然科学和社会科学的研究活动，以描述、分析和认识人类因素在全球环境变化中的作用，更好地规范人类对地球系统的改造活动，实现人类和环境的协调发展。

IHDP 主要有五个核心科学计划：土地利用/土地覆盖变化（LUCC，与国际地圈-生物圈计划共同发起），全球环境变化与人类安全（GECHS），全球环境变化的制度因素（IDGEC），工业转型（IT），全球变化的分析、研究与培训系统（START，与国际地圈-生物圈计划和世界气候研究计划联合发起），同时还与其他三个地球系统科学联盟计划（国际地圈-生物圈计划、世界气候研究计划、国际生物多样性计划）共同实施了四个联合科学计划：全球环境变化与食物系统（GECAFS）、全球碳计划（GCP）、全球水系统计划（GWSP）、全球环境变化与人类健康（GECHH）。

为了促进国家、亚区域和区域的网络及科学家间的交流，IHDP 积极利用国家委员会和国家联络点结构，形成“网络的网络”，将其作为 IHDP 研究与能力建设的领导力量与驱动力之一。为了落实科学计划，IHDP 积极推进能力建设，包括：①联合主办全球环境变化（GEC）大型国际活动；②举办发展中国家人文因素研讨会、科学政策论坛等系列活动；③推动各国国家委员会与国家联络点能力建设，设立种子基金（Seed Grants），特别支持发展中国家和转型经济体国家委员会发展；④支持信息工具开发；⑤支持青年人文研究学者发展，2001 年专门发起青年人文研究者研究网络计划，促进青年人文研究学者发展建设；⑥推进“山地研究促进计划”，为自然、生态、社会、经济科学家与践行者提供联盟支持；⑦建立人与环境研究网络，通过提供全球性互联网联络机会，推动人口、发展、经济科研参与者与实践方共同合作。

国际全球环境变化人文因素计划中国国家委员会（CNC-IHDP） 2004 年 8 月在北京成立，是在中国科学技术协会的直接领导下推动和组织我国参加 IHDP 的学术性机构，其在促进我国开展全球环境变化人文因素研究、加快我国全球环境变化人文因素研究与国际的接轨、扩大我国在 IHDP 组织中的影响等方面发挥着巨大作用。 （楚春礼 张清）

Guoji Redai Mucai Zuzhi

国际热带木材组织 （International Tropical Timber Organization，ITTO） 以促进热带森

林保护、热带木材可持续生产和贸易为宗旨的政府间国际组织，是《国际热带木材协定》的实施与管理机构，成立于1986年，总部设在日本横滨，共36个生产（producing）成员国和38个消费（consuming）成员国。

组织机构 理事会是ITTO的管理机构，由成员代表组成，每年召开一次会议，制定相关政策、协议，审批项目。理事会下设4个委员会，即经济及市场委员会、森林资源恢复及森林管理委员会、森林产业委员会、财务与市场事务委员会。

主要活动 ITTO的主要工作为制定国际政策协议，促进森林可持续管理、可持续热带林木产业与贸易；协助热带地区成员国根据当地实际条件通过具体项目和行动实施可持续森林管理政策；搜集、分析、提供有关热带林业资源生产和贸易的数据信息；促进可持续热带林木资源供应链的完善；协助开发热带森林容量。

ITTO经过30多年的努力，已经资助或协助实施了1 000余个具体项目和行动，促进了森林恢复、提高木材使用效率、木业产品竞争力、市场完善、热带林木贸易和热带林木供应链透明性、森林法律执行与监管、非法采伐、生物多样性保护、森林支撑的种群群落等多个方面的森林可持续管理。

ITTO与中国 中国于1986年加入ITTO，此后签署了《国际热带木材协定》，获得了多个无偿援助项目，这些项目的实施对中国各级林业部门和有关科研机构引进国际先进的林业管理经验和技术、购置仪器设备、改善技术条件、培养技术人才和管理队伍起到了巨大的推动作用。 （楚春礼 姜贵梅）

Guoji Senlin Ri

国际森林日 （International Day of Forests） 为使人们更好地意识到森林对人类的重要性，推动森林可持续管理，2012年12月21日，联合国大会在其第A/RES/67/200号决议中宣布设定的节日，为每年的3月21日。

全球60%的森林资源集中在南美、俄罗斯、中非和东南亚，但是人类活动正在导致森林不断锐减。根据联合国粮食及农业组织（FAO）报告，全球每年消失近千万公顷森林。1971年，为引起各国对森林资源的重视，通过协调人类与森林的关系，实现森林资源的可持续利用，西班牙提倡设立世界森林日，后由FAO正式予以确认。国际社会一直致力于保护森林资源，1992年，联合国环境与发展大会上各国签署《森林问题原则声明》，1995年和1997年，在联合国可持续发展委员会下又成立了政府间森林问题工作组和政府间森林论坛，2000年，成立了联合国森林论坛，以推动唤醒各国人民更加珍惜弥足珍贵的森林资源，强化各国对林业工作的重视，促进发达国家向发展中国家提供先进的林业技术等，并利用国际立法的方式来规范林业活动，特别是伐木行为，拯救日益减少的森林资源。为进一步推动人们对森林的保护，联合国大会于2012年通过决议正式设置每年的3月21日为国际森林日，鼓励所有会员国组织相关活动，包括植树等社区层面的活动，艺术等方面的国家纪念活动，与社交媒体的外联活动；要求联合国森林论坛秘书处与FAO协作，一起推动落实国际森林日，同时与各国政府，各国际、区域和次区域组织以及有关的大型团体等进行合作。 （楚春礼 叶頔）

Guoji Shengtaixue Xiehui

国际生态学协会 （International Association for Ecology，INTECOL） 旨在促进生态科学发展以及将生态学的原理应用于全球的国际学术组织。成立于1967年，成立之初作为国际生物科学联合会（International Union of Biological Sciences，IUBS）的生态/环境学部（Ecology/Environmental Section），旨在加强全球生态学家的交流与合作，促进生态科学的发展，推动全球生态问题的解决。

INTECOL创办了具有重要影响力的刊物“Oecologia”，刊登生态学方面的研究成果，报道生态学的研究进展和前沿。1974年，INTECOL

在荷兰海牙召开了第一次国际生态学会议。除了生态学会议之外，各国际生态学机构也为INTECOL提供巨大支持，有效推进了生态学发展及植物保护研究进步。

INTECOL的主要活动包括：促进生态学的科学发展和生态学原则在全球问题中的应用；推动生态信息收集、评价以及传播；推动国际、国家、区域各层面的生态学研究、人员培训、成果出版，提高生态学在经济和社会领域的地位；推动组织报告会、研讨会、系列会议等各种形式的会议，鼓励新项目、新成果、新方法的应用和传播。（楚春礼　姜贵梅）

Guoji Shengwu Duoyangxing Ri

国际生物多样性日（International Day for Biological Diversity）　联合国为纪念1992年《生物多样性公约》的签署，提高人们对保护生物多样性重要性的认识，促进生物多样性的保护而设立的节日，为每年的5月22日。

生物多样性提供了大量支持人类生存的物质和服务。但是，由于人类活动范围和强度不断加大，全球生物多样性持续丧失，遭受严重威胁，物种正在以50倍于自然灭绝的速度消失，大量植物、动物濒临灭绝。生物多样性的丧失使生态系统生产力降低，从而威胁人类获得物质和服务的潜力。为了保护生物多样性，一些国际组织或机构相继制定了《国际捕鲸管制公约》《关于特别是作为水禽栖息地的国际重要湿地公约》《保护世界文化和自然遗产公约》《濒危野生动植物种国际贸易公约》《保护野生动物迁徙物种公约》。1992年，联合国环境与发展大会上153个国家共同签署了《生物多样性公约》，明确了人类共同为保护生物多样性而努力的责任。1994年联合国大会通过决议，将每年的12月29日定为国际生物多样性日，以纪念《生物多样性公约》的生效之日。2000年，第55届联合国大会通过决议，将国际生物多样性日改为5月22日，以纪念该公约的通过之日。历年国际生物多样性日主题见下表。

历年国际生物多样性日主题

年份	主题
2002	林业生物多样性
2003	生物多样性和减贫：对可持续发展的挑战
2004	生物多样性：全人类食物、水和健康的保障
2005	生物多样性：变化世界的生命保障
2006	保护干旱地区的生物多样性
2007	生物多样性与气候变化
2008	生物多样性与农业
2009	外来入侵物种
2010	生物多样性、发展和减贫
2011	森林生物多样性
2012	海洋生物多样性
2013	水和生物多样性
2014	岛屿生物多样性
2015	生物多样性助推可持续发展
2016	生物多样性主流化，可持续的人类生计
2017	生物多样性与旅游可持续发展
2018	纪念生物多样性保护行动25周年
2019	我们的生物多样性，我们的食物，我们的健康
2020	答案在自然

（楚春礼　叶頔）

Guoji Shiyou Gongye Huanjing Baohu Zhuanti Huiyi

国际石油工业环境保护专题会议（International Symposium on Petroleum Industry Environmental Conservation）　1986年3月3—7日在日本东京由日本石油工业开发合作中心组织召开的关于石油工业环境保护专题的国际讨论会。

石油工业发展带来的环境问题日益严重，影响范围越来越大，在这种背景下，日本石油工业开发合作中心组织召开了国际石油工业环境保护专题会议，对炼油厂的环境保护及其设施，石油贮运、分配和消费过程中的环境保护问题及防护措施，石油商业和环境保护等问题进行讨论。阿拉伯联合酋长国、阿尔及利亚、中国等13个产油国和11个日本炼油厂、工程公司的代表及40名来自日本政府、企业的来宾与观察员代表参加了会议。

会议提出，当前重要的课题是要进一步研究石油工业环境污染的污染源和污染构成，更有效、更经济的防止污染的方法，以及防止石油对海洋污染的方法、对策和措施。会议针对石油工业发展过程中的环境保护问题进行了专门讨论，把石油工业环境保护工作提上日程，在全球石油产业规模不断扩大的背景下，推动各地和全球重视和控制石油工业发展带来的环境问题，保护各地和全球环境。

（楚春礼　蒋婧博）

Guoji Yesheng Shengwu Baohu Xuehui

国际野生生物保护学会　（Wildlife Conservation Society，WCS）　致力于保护野生生物和自然栖息地的非营利性非政府组织。成立于1895年，原名纽约动物学会。总部位于美国纽约，目前在亚洲、非洲、南美洲及北美洲等的64个国家开展工作。

WCS旨在通过了解关键问题、制定科学解决方案、采取有利于大自然和人类的保护行动、建立战略同盟，应对全球自然保护领域的自然资源开发、可持续发展、野生动物健康以及气候变化四大挑战。

WCS于1996年在中国上海建立了中国项目办公室，2005年中国项目的总部转移到北京，此外还在拉萨、珲春和广州设立了办公室。目前，WCS中国项目在藏北实施草原大型哺乳动物保护和可持续管理的示范工作，在东北地区推动跨国界东北虎保护，在长江中下游地区参与扬子鳄的重新引入，在华南地区开展旨在减少野生动物消费和贸易的工作。此外，2008年起WCS设立“中国边境野生生物卫士奖”，2012年更名为“中国野生生物卫士行动”，旨在通过激励和资助在打击偷猎和非法野生生物贸易方面做出杰出贡献的集体和个人，促进相关部门以及执法人员的能力建设，提升全社会保护野生生物的意识和行动水平。（楚春礼　张清）

Guoji Yuanzineng Jigou

国际原子能机构　（International Atomic Energy Agency，IAEA）　专门致力于和平利用原子能的国际机构。成立于1957年，总部设在奥地利维也纳。其宗旨为：谋求加速和扩大原子能对全世界和平、健康及繁荣的贡献，并尽其所能确保由其本身，或经其请求，或在其监督或管制下提供的援助不用于推进任何军事目的。

组织机构　IAEA大会由全体成员国组成，截至2019年共有171个成员国，每年举行一次会议，审议和核准IAEA的预算，并对理事会、总干事和成员国提出的其他问题做出决定。理事会由13个指定理事国和22个选举理事国组成，下设行政预算委员会和技术援助与合作委员会等。理事会通常每年召开五次会议，负责审查IAEA的财务报告、计划和预算，并就此向大会提出建议，此外，理事会还负责审议成员资格申请，核准“保障监督协定”和发布安全标准，并经大会批准任命总干事。秘书处是执行机构，由总干事领导，根据大会和理事会决议或决定履行职责，下设直属总干事办公室、管理司、核科学和应用司、保障司、技术合作司、核能司、核安全和安保司。

主要活动　向成员国提供技术援助，帮助其开展和平利用核能的研究和应用；与有关国家和国际组织订立“保障监督协定”，对由IAEA本身或经其介绍提供的技术援助项目、对成员国或其他国际组织以及根据核不扩散义务委托监督的项目实施保障监督，以确保这些不用于任何军事目的；组织研究和制定有关核能利用的安全条例，并向世界各国推荐使用；与有关成员国或专门国际机构签订科学研究合同；召集各种科学会议，通过建立情报网、图书馆和出版书刊等方式组织关于原子能和平利用的资料交流。

自成立以来，IAEA在保障监督与和平利用核能方面做了大量工作。在保障监督领域，已与140多个国家和地区组织签订了全面保障监督协定及单项保障监督协定，分别与核武器国家缔结了自愿保障监督协定。1997年通过了《国际原子能机构保障监督协定》附加议定书，保障监督能力和范围从仅核查各国申报的核活动扩大到可探查无核武器国家的秘密核设施和核活动。在促进核知识和核技术的传播、加强核安全国际合作方面，IAEA 先后主持制定了一系列与核安全、辐射安全、废物管理安全标准有关的国际公约，如《及早通报核事故公约》《核事故或辐射紧急情况援助公约》《核安全公约》《乏燃料管理安全和放射性废物管理安全联合公约》《修订〈关于核损害民事责任的维也纳公约〉议定书》《补充基金来源公约》等。

IAEA 与中国 1984 年，中国成为 IAEA 正式成员国。1986 年，中国参与制定并签署了《及早通报核事故公约》和《核事故或辐射紧急情况援助公约》。1988 年，中国正式签署了《中华人民共和国和国际原子能机构关于在中国实施保障监督的协定》，加入了由 IAEA 主持制定的《核材料实物保护公约》。1990 年，中国签署了《中华人民共和国和国际原子能机构技术援助协定》。1994 年，中国签署了《核安全公约》。1998 年，中国签署了《中华人民共和国和国际原子能机构关于在中国实施保障监督的协定的附加议定书》，2002 年，附加议定书对中国生效。2006 年，中国加入《乏燃料管理安全和放射性废物管理安全联合公约》。2009 年，中国批准《核材料实物保护公约》修正案。

（楚春礼　姜贵梅）

Guoji Zhiwu Baohu Kexue Xiehui

国际植物保护科学协会 （International Association for the Plant Protection Sciences，IAPPS） 旨在通过国际植物保护大会促进植物保护的概念、信息、技术和政策的交流与传播的国际植物保护组织。

IAPPS 正式成立于 1999 年，其前身为国际植物保护大会（International Plant Protection Congresses，IPPC），自 1946 年首次召开会议以来每四年召开一次，在以色列召开的第 14 届会议上改名为国际植物保护科学协会。

理事会是 IAPPS 的领导机构，设执行委员会，负责执行理事会决议。

IAPPS 组织地区会议，推动合作研究和扩展项目，主办“Crop Protection”杂志。为了推进植物保护研究与实践，IAPPS 通过国际植物保护大会，交流世界范围内植物保护技术与信息，与区域植物保护组织建立合作关系，推动地区植物保护主题会议，建立植物保护网络平台，提供植物保护交流和培训机会，设置国际植物保护奖，鼓励为植物保护做出突出贡献的杰出人士。

（楚春礼　张清）

Guojia He'anquan Ju

国家核安全局 （National Nuclear Safety Administration） 生态环境部管理的负责全国核安全、辐射安全、辐射环境管理的单位。

国家核安全局于 1984 年设立，1998 年并入国家环保总局，设立核安全与辐射管理司，负责全国的核安全、辐射安全、辐射环境管理的监管工作。2003 年以后，国家环保总局对外保留国家核安全局牌子，国家环保总局副局长任国家核安全局局长。2008 年 3 月，国家环保总局升格为环境保护部，对外保留国家核安全局牌子，环境保护部副部长任国家核安全局局长。2018 年 3 月，生态环境部组建，对外保留国家核安全局牌子，生态环境部副部长任国家核安全局局长。

机构设置 内设核设施安全监管司、核电安全监管司以及辐射源安全监管司，设生态环境部华北核与辐射安全监督站、生态环境部华东核与辐射安全监督站、生态环境部华南核与辐射安全监督站、生态环境部西南核与辐射安全监督站、生态环境部西北核与辐射安全监督站、生态环境部东北核与辐射安全监督站等派出机构，设生态环境部核与辐射安全中心、生态环境部辐射环境监测技术中心等技术支持机构。

主要职责 负责核安全和辐射安全的监督管理，拟定与核安全、辐射安全、电磁辐射、辐射环境保护、核与辐射事故应急有关的政策、规划、法律、行政法规、部门规章、制度、标准和规范，并组织实施；负责核设施核安全、辐射安全及辐射环境保护工作的统一监督管理；负责核安全设备的许可、设计、制造、安装和无损检验活动的监督管理，负责进口核安全设备的安全检验；负责核材料管制与实物保护的监督管理；负责核技术利用项目、铀（钍）矿和伴生放射性矿的辐射安全和辐射环境保护工作的监督管理，负责辐射防护工作；负责放射性废物处理、处置的安全和辐射环境保护工作的监督管理，负责放射性污染防治的监督检查；负责放射性物品运输安全的监督管理；负责输变电设施及线路、信号台站等电磁辐射装置和电磁辐射环境的监督管理；负责核与辐射应急响应和调查处理，参与核与辐射恐怖事件的防范与处置工作；负责反应堆操纵人员、核设备特种工艺人员等人员的资质管理；组织开展辐射环境监测和核设施、重点辐射源的监督性监测；负责核与辐射安全相关国际公约的国内履约；指导核与辐射安全监督站相关业务工作。

（鞠美庭　楚春礼）

Guojia Liangshi He Wuzi Chubei Ju

国家粮食和物资储备局　（National Food and Strategic Reserves Administration）　国家发展和改革委员会管理的负责全国粮食流通宏观调控具体业务、行业指导和中央储备粮行政管理，组织实施国家战略和应急储备物资收储、轮换和日常管理的行政机构，为副部级。

2018 年 3 月，根据第十三届全国人民代表大会第一次会议批准的国务院机构改革方案，将国家粮食局的职责，国家发展和改革委员会的组织实施国家战略物资收储、轮换和管理，管理国家粮食、棉花和食糖储备等职责，以及民政部、商务部、国家能源局等部门的组织实施国家战略和应急储备物资收储、轮换和日常管理职责整合，组建国家粮食和物资储备局，由国家发展和改革委员会管理，不再保留国家粮食局。

机构设置　内设办公室（外事司）、粮食储备司、物资储备司、能源储备司、法规体改司、规划建设司、财务审计司、安全仓储与科技司、执法督查局、机关党委（人事司）、离退休干部办公室等机构。直属联系单位包括军粮供应服务中心、标准质量中心、中国粮食研究培训中心、国家粮油信息中心、粮食交易协调中心、科学研究院、《中国粮食经济》杂志社、国家物资储备调节中心、国家石油储备中心、中国粮食经济学会和中国粮油学会等。

主要职责　起草全国粮食流通和物资储备管理的法律法规草案、部门规章；研究提出粮食流通和物资储备体制改革方案并组织实施。研究提出国家战略物资储备规划、国家储备品种目录的建议；组织实施国家战略和应急储备物资的收储、轮换和日常管理，落实有关动用计划和指令。管理国家粮食、棉花和食糖储备，负责中央储备粮棉行政管理；监测国际国内粮食和战略物资供求变化并预测预警，承担全国粮食流通宏观调控的具体工作。拟定粮食和物资储备仓储管理有关技术标准和规范并组织实施；负责粮食流通、加工行业安全生产工作的监督管理。根据国家储备总体发展规划，统一负责储备基础设施建设和管理。负责对管理的政府储备、企业储备以及储备政策落实情况进行监督检查。负责粮食流通监督检查，负责粮食收购、储存、运输环节粮食质量安全和原粮卫生的监督管理。负责粮食流通行业管理，制定行业发展规划、政策，拟定粮食流通和物资储备有关标准、粮食质量标准，制定有关技术规范并监督执行。负责粮食和物资储备的对外合作与交流。

（鞠美庭　楚春礼）

Guojia Linye He Caoyuan Ju

国家林业和草原局　（National Forestry and Grassland Administration）　我国监督管理森林、草原、湿地、荒漠和陆生野生动植物资源开发利用和保护，组织生态保护和修复，开展造林绿化工作，管理国家公园等各类自然保护地等的机构，是自然资源部管理的国家局，副部级。

2018 年根据第十三届全国人民代表大会第一次会议批准的国务院机构改革方案，将国家林业局的职责，农业部的草原监督管理职责，以及国土资源部、住房和城乡建设部、水利部、农业部、国家海洋局等部门的自然保护区、风景名胜区、自然遗产、地质公园等管理职责整合，组建国家林业和草原局，由自然资源部管理，国家林业和草原局加挂国家公园管理局牌子，不再保留国家林业局。

机构设置 设湿地管理司（中华人民共和国国际湿地公约履约办公室）、生态保护修复司（全国绿化委员会办公室）、森林资源管理司、草原管理司、荒漠化防治司、野生动植物保护司（中华人民共和国濒危物种进出口管理办公室）、自然保护地管理司等司局单位，国家林业和草原局西北华北东北防护林建设局、国家林业和草原局林业工作站管理总站、国家林业和草原局科技发展中心（国家林业和草原局植物新品种保护办公室）、国家林业和草原局退耕还林（草）工程管理中心等直属单位。

主要职责 负责林业和草原及其生态保护修复的监督管理；组织林业和草原生态保护修复和造林绿化工作；负责森林、草原、湿地资源的监督管理；监督管理荒漠化防治工作；负责陆生野生动植物资源监督管理；监督管理各类自然保护地；推进林业和草原改革相关工作；拟定林业和草原资源优化配置及木材利用政策，拟定相关林业产业国家标准并监督实施，组织、指导林产品质量监督，指导生态扶贫相关工作；指导国有林场基本建设和发展，组织林木种子、草种种质资源普查，组织建立种质资源库，负责良种选育推广，管理林木种苗、草种生产经营行为，监管林木种苗、草种质量，监督管理林业和草原生物种质资源、转基因生物安全、植物新品种保护；指导全国森林公安工作；落实综合防灾减灾规划相关要求，组织编制森林和草原火灾防治规划和防护标准并指导实施，指导开展防火巡护、火源管理、防火设施建设等工作；负责林业和草原科技、教育和外事工作。 （鞠美庭 楚春礼）

Guojia Nengyuan Ju

国家能源局 （National Energy Administration）

国家发展和改革委员会管理的负责拟定并组织实施能源发展战略、规划和政策，研究提出能源体制改革建议，以及负责能源监督管理等的国家局。

根据第十二届全国人民代表大会第一次会议批准的《国务院机构改革和职能转变方案》和《国务院关于部委管理的国家局设置的通知》（国发〔2013〕15号），设立国家能源局，为国家发展和改革委员会管理的国家局，副部级。

机构设置 内设综合司、法制和体制改革司、发展规划司、能源节约和科技装备司、电力司、核电司、煤炭司、石油天然气司（国家石油储备办公室）、新能源和可再生能源司、市场监管司、电力安全监管司、国际合作司、直属机关党委（人事司）等机构。

主要职责 负责起草能源发展和有关监督管理的法律法规送审稿和规章，拟定并组织实施能源发展战略、规划和政策，推进能源体制改革。组织制定煤炭、石油、天然气、电力、新能源和可再生能源等能源，以及炼油、煤制燃料和燃料乙醇的产业政策及相关标准；按国务院规定权限，审批、核准、审核能源固定资产投资项目；指导协调农村能源发展工作。组织推进能源重大设备研发及其相关重大科研项目，指导能源科技进步、成套设备的引进消化创新，组织协调相关重大示范工程和推广应用新产品、新技术、新设备。负责核电管理，负责能源行业节能和资源综合利用，衔接能源生产建设和供需平衡。负责能源预测预警，参与能源运行调节和应急保障，拟定国家石油、天然气储备规划、政策并实施管理，监测国内外市场供求变化，提出国家石油、天然气储备订货、轮换和动用建议并组织实施，按规定权限审批或审核石油、天然气储备设施项目，监督管理商业石油、天然气储备。监管电力市场运行，监管油气管网设施的公平开放。负责电力安全生产监督管理、可靠性管理和电力应急工作，制定除核安全外的电力运行安全、电力建设工程施工安全、工程质量安全监督管理办法并组织监督实施。组织推进能源国际合作，参与制定与能源相关的资源、财税、环保及应对气候变化等政策，提出能源价格调整和进出口总量建议。承担国家能源委员会具体工作，负责国家能源发展战略决策的综合协调和服务保障，推动建立健全协调联动机制。

（鞠美庭　楚春礼）

《Guowuyuan Guanyu Huanjing Baohu Ruogan Wenti De Jueding》

《国务院关于环境保护若干问题的决定》

（Decision of the State Council on Several Issues Concerning Environmental Protection）　我国国务院颁布的关于中国环境保护工作重点内容以及政府职责和管理制度的政策文件。

为进一步落实环境保护基本国策、实施可持续发展战略、贯彻《中华人民共和国国民经济和社会发展“九五”计划和2010年远景目标纲要》，实现到2000年力争使环境污染和生态破坏加剧的趋势得到基本控制、部分城市和地区的环境质量有所改善的环境保护目标，国务院于1996年8月3日颁布了《国务院关于环境保护若干问题的决定》，明确规定了实行环境质量行政领导负责制，突出各地方政府及领导干部在控制与治理污染和环境保护工作中的责任。

该决定共包括十个方面内容：①明确目标，实行环境质量行政领导负责制；②突出重点，认真解决区域环境问题；③严格把关，坚决控制新污染；④限期达标，加快治理老污染；⑤采取有效措施，禁止转嫁废物污染；⑥维护生态平衡，保护和合理开发自然资源；⑦完善环境经济政策，切实增加环境保护投入；⑧严格环保执法，强化环境监督管理；⑨积极开展环境科学研究，大力发展环境保护产业；⑩加强宣传教育，提高全民环境意识。

（楚春礼　张清）

H

Hai He zhili xingdong

海河治理行动　(Haihe River pollution control action)　21 世纪初，中央针对海河流域水污染开展的治理行动。海河治理行动通过制定规划，落实工程项目，逐步实现了 2003 年、2004 年和 2005 年年度水质改善目标，最终达到 2005 年海河干流及主要支流水质进一步改善、饮用水水源地水质达到饮用水水源水质标准的目标。

海河治理行动是我国在“十五”期间开展“三河三湖”（淮河、海河、辽河、太湖、巢湖、滇池）水污染治理行动的组成部分，2002 年《中国环境状况公报》显示，海河是我国污染最严重的水系，近 79%的断面为Ⅴ类或劣Ⅴ类水质。海河治理行动在此背景下展开，具体行动包括城市污水处理工程、节流导污工程、农业面源治理、流域综合治理、饮水水库等。

指导思想　以《海河流域水污染防治“十五”计划》为依据，结合《南水北调东线工程治污规划》《21 世纪初期（2001—2005 年）首都水资源可持续利用规划》《渤海碧海行动计划》，以规划区和控制单元为基础，以产业结构调整为主线，加强工业污染治理，稳定达标排放，重点治理城市生活污水和垃圾，大幅削减水污染物排放总量，改善漳卫南运河水质。

实施原则　围绕 2005 年海河干流及主要支流水质进一步改善、饮用水水源地水质达到饮用水水源水质标准的目标，以规划区和控制单元为基础，重点监督跨界水质，落实治污项目和投资，明确治污责任主体，实施污染物总量控制。在体现流域治理和区域治污特点的基础上，完善水质目标管理机制。按照区域内各城镇对水质影响的程度、范围，结合各区域水质要求，优先实施重点区域治污项目，确保治污目标按期实现。

行动目标　到 2005 年年底前，海河干流及主要支流水质进一步改善，饮用水水源地控制断面水质达到饮用水水源标准，主要污染物排放总量在 2000 年基础上削减 20%～30%。在有天然径流和上游来水的情况下，24 个饮用水水源地保护断面，北京、天津、石家庄、秦皇岛 4 市的考核断面，以及 60 个枯水期断流的断面水质达到行动计划规定的标准。

根据海河流域水污染防治特点，治污工作可划分为三个阶段：2003 年、2004 年和 2005 年。2003 年，确保北京、天津饮水安全，官厅水库、南水北调东线河南控制区水质明显改善，密云水库水质继续保持Ⅱ类水质；2004 年，确保饮用水水源地达标，海河干流，南水北调海河流域山东、河北和天津控制区及石家庄、秦皇岛相应控制区水质明显改善（涉及断面 77 个）；2005 年，在有天然径流和上游来水的情况下，24 个饮用水水源地保护断面中，10 个达到Ⅱ类，14 个达到Ⅲ类，北京、天津、石家庄、秦皇岛 4 市的考核断面达到水环境功能分区要求，60 个枯水期断流的断面水质化学需氧量（COD）质量浓度低于 120 mg/L，其他指标基本满足农灌用水要求，其他断面水质比“九五”期间有所改善，在南水北调东线工程通水前，海河流域输水线路区山东控制区的 3 个控制断面水质达到Ⅲ类标准，水质改善区河南卫河龙王庙断面 COD 质量浓度低于 70 mg/L。

效果 根据国家环境保护总局通报的“三河三湖”污染防治“十五”计划进展，截至 2005 年 4 月，海河的 496 个计划项目中已完成 224 个；145 个在建，其中 47 个 2005 年年底前完工；127 个未动工。海河治理行动尽管取得了一定成效，但海河流域污染问题依然严峻，2005 年海河流域 65 个地表水国控监测断面中，Ⅰ～Ⅲ类、Ⅳ～Ⅴ类和劣Ⅴ类水质断面比例分别为 22%、24%和 54%，主要污染指标为氨氮、石油类和五日生化需氧量（BOD_5）。

（楚春礼 邵超峰）

Haiwan Zhanzheng Shiyou Wuran Shijian

海湾战争石油污染事件 （Oil Pollution Incident in the Gulf War） 1991 年初爆发的海湾战争导致大量原油涌入大海，造成的人类有史以来最严重的海洋石油污染事件，其给海洋生态环境和沿岸人民带来了巨大的灾难。

事件过程 海湾战争导致大量原油污染海洋，先后形成三片面积约 1 200 km^2 的油膜。1991 年 1 月 22 日，科威特南部的瓦夫腊油田被炸，原油顺海岸流入波斯湾，随后，为了抵御多国部队的海上攻击，伊拉克打开占领的科威特艾哈迈迪海港的油泵放油入海，当月，多国部队的空袭击中两艘伊拉克油轮，科威特南部的输油管也到处破裂，原油流入大海，导致海面形成约 56 km 长、16 km 宽的油带，以 24 km/d 的速度漂移，形成约 160 km 的溢油带。战争期间，伊拉克击中位于科威特—沙特中立区的沙特哈夫杰炼油厂，导致约 16 万 m^3 的原油泄入大海。1 月 28 日，伊拉克又打开了法奥港的海上终端阀门，将大量原油注入海湾北部水域，形成约 26 km^2 的海上油膜。据估计，海湾战争期间，先后有 150 万 t 石油泄入大海。

影响 此次战争中流入海洋的石油所造成的污染和破坏是惊人的。流入沙特海域的石油，导致沙特阿拉伯的捕鱼作业完全停止，浮油层对岸边海水淡化厂造成污染，导致以淡化海水作为生活用水的沙特阿拉伯面临水危机。此外，入海后的石油造成海洋中氧气减少，二氧化碳相对增多，阳光射入不足，导致大量藻类和微生物死亡，厌氧生物大量增长，破坏海洋生态系统的食物链，造成整个海洋生态系统的失衡。泄漏到海面的石油发生光化学反应，生成醌、酮、醇、酚、酸和硫的氧化物等，毒害海洋生物，鲸、海豚、海龟、虾、蟹等各种海洋生物被毒死或因窒息而亡，海鸟因为翅膀黏附石油而不能飞行，或者因捕食被石油污染的鱼虾而死亡。据世界环境监测中心的报道，原油污染给海湾生态环境造成了严重的恶果，100 多万只水鸟丧失了沿岸滩涂上的栖息地，数千只在油污中死亡，巴林湾的 600 多头世界稀有海象因海草污染而面临丧生的危险。由于浮游生物大大减少，海洋生物难以生存，海洋的生物多样性遭到严重破坏。

此外，战争期间，有 700 余口油井起火，每小时喷出 1 900 t 二氧化硫等污染物质，并飘到数千公里外的喜马拉雅山南坡、克什米尔河谷一带，造成了全球性污染，并造成地中海、整个海湾地区以及伊朗部分地区降“石油雨”，严重影响和危害人体健康。

污染治理 1991 年 3 月初，沙特及其他国家官员在巴林会晤，着重商讨清除海湾溢油的措施，沙特气象与环境保护局组建评估小组对沙特海岸线开展实地调查，并使用大批围油栏和撇油器，清除溢油。此外，美国、英国、日本、荷兰、澳大利亚、德国、挪威和中国也参加了清理工作。国际海事组织成立了专门的海湾油污灾难基金会，向全球发出援助该地区消除油污的倡议。

除油工作虽然使整个海湾沿岸的工业设施免遭特大溢油的侵害，但要从根本上消除海湾油污还需很长的时间。一些科学家预测油污对海洋生物的污染至少还要延续两年，治理油污起码需要 10 年，更多的专家则认为，油污对海洋生态的破坏上百年也难以恢复。

（楚春礼 叶頔）

《Haiyang Huanjing Kexue》

《海洋环境科学》（Marine Environmental Science） 由生态环境部主管，国家海洋环境监测中心和中国海洋学会主办的国内海洋环境科学领域最有影响力的基础性综合学术刊物之一，以报道海洋环境保护方面的基础和应用基础研究成果为主，特别重视刊载重要技术研发成果论文，内容涉及海洋环境范围内的生物学、化学、物理学、地质学等学科及其分支学科。

创刊于1982年，国内外公开发行，双月刊，大16开本，为海洋学类和环境科学类核心期刊。设有调查与研究、技术与方法、海洋环境管理与综述等栏目。该刊是中国期刊全文数据库（CNKI）、中国科学引文数据库（CSCD）、中国学术期刊综合评价数据库（CAJCED）等收录期刊，同时被美国《化学文摘》（CA）、美国《剑桥科学文摘》（CSA）、英国《动物学记录》（ZR）、俄罗斯《文摘杂志》（AJ）、联合国《水科学和渔业文摘》（ASFA）等刊物收录。荣获第二届全国优秀科技期刊三等奖，全国首届环境期刊评比一等奖，1998年被科技部评为“双效期刊”。国际标准刊号为 ISSN 1007-6336，国内统一刊号为CN 21-1168/X。 （楚春礼 张士秋）

Huai He zhili xingdong

淮河治理行动（Huaihe River pollution control action） 我国专门针对淮河的水污染治理行动。

背景 淮河流域地处中国东部，介于长江和黄河两流域之间，流域面积27万km^2，地跨河南、安徽、江苏、山东及湖北五省，是我国重要的农业和能源基地。1991年淮河发生流域性大洪水，淮河干流及支流洪汝河、潢河、竹竿河等河道出现了较大洪水过程，安徽、江苏和河南的淮河沿岸地区发生洪涝灾害，严重威胁到沿岸居民的生产生活和生命安全。1992年5月21日，国务院决定成立由副总理为组长、国务院有关部门和流域四省参加的国务院治淮领导小组，明确淮河治理任务为：“八五”期间要初见成效，“九五”期间基本完成，并提出治淮的关键问题是团结治水、互谅互商。1994年7月，淮河上游沈丘县槐店闸在暴雨的影响下开闸泄洪，以每天超过900万m^3的流量将已经污染的水向下游排放，泄洪总量达到2亿m^3，导致在淮河下游形成了一个长达约100 km的污染团带，这是我国有史以来在一条河流上形成的最长的污染团带。团带所经过的安徽、江苏部分市县都遭遇了严重的水污染，人们赖以生活的水源变成了酱油色，河水散发出刺激的恶臭气味，鱼虾几乎死光，污水进入洪泽湖后，导致洪泽湖遭到有史以来最严重的一次污染。下游一些地方居民饮用了虽经自来水厂处理但未能达到饮用标准的水后，出现恶心、腹泻、呕吐等症状，沿河各地自来水厂被迫停止供水达54天之久。由于水域严重污染，百万淮河民众饮水告急。淮河流域暴露出了防洪除涝标准低、河湖围垦、人为设障严重、排水出路不足、流域统一管理比较薄弱等问题，为此，中央政府决心开展淮河治理行动，完成治理淮河任务。

具体行动 1994年6月15日，由国家环境保护局、水利部和河南、安徽、江苏、山东沿淮四省共同颁布《关于淮河流域防止河道突发性污染事故的决定（试行）》，这是我国大江大河水污染预防的第一个规章制度。1995年8月8日，国务院颁布了我国第一部流域性法规《淮河流域水污染防治暂行条例》，规定自1998年1月1日起，禁止一切工业企业向淮河流域水体超标排放污染物。同年，国务院环境保护委员会审议《淮河流域水污染防治计划》，提出到1997年年底，向淮河排放的污染物总量削减40%，水质有较大改善，到20世纪末实现淮河干流水质基本变清。1995年9月，国务院要求1996年6月30日之前，关停淮河流域所有5 000 t以下的小造纸企业。1996年水利部淮河水利委员会编制了《淮河流域水质保护规划》和《淮河流域片水中长期供求计划报告》。1997年国务院在徐州召开第三次治淮治太工作会议，会议进一步落实了1991年国务院做出的《关于进一步治理淮河和太湖的决定》，明确到2000

年基本完成在建重点骨干工程，到2005年基本完成国务院确定的19项治淮工程，使淮河中下游防洪标准提高到百年一遇，沂沭泗河东调南下工程防洪标准达到50年一遇。1998年1月1日，国家有关部门实施“零点行动”，对限期没有完成治理的污染企业进行统一关停。1998年长江、嫩江、松花江特大洪水后，按照水利部的部署，水利部淮河水利委员会编报了《淮河流域治理近期专项工程建设规划》。“十五”期间，国家环境保护总局编制了《淮河流域水污染防治“十五”计划》，规划建设9类488个项目，总投资255.9亿元，建设污水处理厂39座，流域水污染治理以城镇污水集中处理为主。“十五”末，流域水质达标率有所提高。“十一五”期间，编制《淮河流域水污染防治“十一五”规划》，拟投入600亿元专项资金，用于削减污染物排放量，流域水污染治理由达标排放向总量控制转变。“十二五”期间，开展淮河水专项立项，通过治理技术与管理手段的集成与综合应用、重点行业高效低耗污染治理与资源化关键技术的产业化推广，实现流域点源污染负荷大幅削减及贾鲁河等重污染子流域水质达标；通过源头控制与集中治理的有机结合，因地制宜地实施面源污染负荷削减；重点突破工业毒害污染物全程控制技术、水生态修复技术、水质—水量—水生态联合调度以及地表与地下水氮源补排及防控关键支撑技术，构建淮河流域水污染治理技术体系，为提高流域水生态及水质安全保障提供技术支撑。

（楚春礼　邵超峰）

《Huanjing Baohu》

《环境保护》（Environmental Protection）由生态环境部主管、中国环境出版集团有限公司主办的国家级环境保护类期刊，是以环境保护及相关经济、文化、科技、产业等领域的政策阐述和科技传播为重点的媒体及政、产、学、研、用交流沟通的综合性平台，是生态环境部指定的机关工作指导性刊物。

创刊于1973年，为半月刊。常设栏目有聚焦、政策、深度、观察、业务、国际、一线等，处于生态环境部“一报一刊”中“一刊”的重要位置，在环境保护理论建构、政策解读、知识传播、地方经验交流等方面发挥了重要作用。该刊是中文核心期刊、中国人文社会科学核心期刊、中文社会科学引文索引（CSSCI）来源期刊、“中国人文社会科学期刊（AMI）综合评价”扩展期刊。2013年、2015年、2017年连续三届入选“中国百强报刊”，2016年获“中国最美期刊”称号，2018年荣获中国出版政府奖期刊奖提名奖。国际标准刊号为ISSN 0253-9705，国内统一刊号为CN 11-1700/X，邮发代号为2-605。

（楚春礼　张士秋）

Huanjing Baohu Kexue Jishu Jiang

环境保护科学技术奖（Environmental Protection Science and Technology Award）　由原国家环境保护总局和中国环境科学学会于2002年设立的环保类奖项，旨在充分调动环境科技工作者的积极性和创造性，鼓励环境科研单位和个人多出成果、出好成果，发现和培养环保科技人才，掌握重大环保科技成果，加速环保科技成果转化，推动环保事业发展，提高可持续发展综合国力。

该奖项面向全社会，凡涉及环境保护领域科学技术成果的完成单位、组织或个人均可申报，奖金主要根据自愿原则，向社会、企业等多方面筹集取得。奖励范围包括：在环境保护基础研究和应用基础研究领域中，发现或者阐明自然现象特征和规律的，具有重要科学价值并得到科学界公认的科学研究成果；应用于环境污染防治、自然生态保护和核安全等领域，具有创新性并取得显著效益的产品、技术、工艺、材料等科学技术成果；为推动环境综合决策，促进环境、经济和社会协调发展，实现决策科学化和管理现代化，在环境保护战略、政策、规划、环境影响评价、核安全审评、标准、监测、信息、环保科普等方面，具有前瞻性、前沿性和创新性并在实践中得到应用且取得良好效果的软科学研究成果；在应用、推广、转化具有重大市场价值的环境保护应用技术成果中，做出创造性贡献并且取得显著的环境、社会和经济效益的成果；对引进国外先进环保设备仪器的制造技术，已消化吸收，自主生产出产品，具有较强的示范、带动和推广能力的技术成果；在华注册的国际组织或机构与中国的组织或机构合作开展环境保护技术研究开发，取得的科学技术成果。

该奖项每年评审一次，以专家提名和单位提名两种方式征集，提名项目应属于生态环境领域科学技术或科学普及有关内容，设一等奖、二等奖及科普类奖。（楚春礼　王小虎）

huanjing baohu yundong

环境保护运动　（environmental protection movement）　全球环境保护的重要组成部分。狭义的环境保护运动是指由公众和组织实施的、以追求环境利益为目标的集体行动，其组织形式灵活多变，既有高度制度化的组织，也有非正式的形式，活动范围非常广泛，几乎扩展到全球，以保护环境、防治污染为主要议题，内容涉及环境领域的一切问题，随着环境保护运动的不断发展，其内涵和外延都不断扩展。广义的环境保护运动已不仅仅局限于环境保护领域，还扩展到人权、健康乃至社会形态各个领域，如绿色和平运动、反核运动、女权运动、生态社会主义运动等。

环境保护运动的早期形态是19世纪的自然保护运动，包括资源保护主义和自然保存主义两大流派。由于科技革命和工业化引起的人与自然的矛盾日益凸显，人类活动引起了巨大的资源需求压力和环境污染问题。在自然保护观念的影响下，19世纪西方兴起了近代资源保护主义思想，旨在利用自然资源为最大多数人长久地谋求最大福利，强调既要保护资源，又要有节制地使用资源，既要满足当代人发展经济的需要，又不以牺牲后代人的生存和发展为代价，认为资源控制权应该掌握在国家和民众手里，防止个人因缺乏科学知识而导致对资源的滥用。这一思想直接导致了美国罗斯福新政时期民间资源保护队的成立以及森林改造工程、土壤保护工程等一系列自然资源保护运动实践的兴起。与此同时，在19世纪后半叶，一部分人把环境保护的视野与目标投向具有原始特色的自然景观，自然保存主义由此兴起。自然保存主义者认为，人在自然界里面可以得到真正的自由与精神的满足，因而人也应承担对自然的某种道义上的责任，保存广大的原野不是为了储藏日后可以开发利用的资源，而是为了使人类从真正的自然中得到精神的享受和启发。在他们的推动下，各国政府纷纷建立自然保护区式的国家公园，著名的“塞拉俱乐部”也是在这一时期建立的。早期形态的环境保护运动为现代环境保护运动的产生和发展提供了群众基础和思想准备。

第二次世界大战结束以后，随着西方国家工业化进程的不断深入，环境污染问题日益突出，特别是震惊世界的“八大公害事件”，引起了人们对发展模式的反思，民众要求政府治理污染、保护环境的呼声越来越强烈，环境保护意识不断增强。在这种情况下，1962年，美国海洋生物学家蕾切尔·卡森（Rachel Carson）出版了《寂静的春天》一书，使得人们开始反思“人类中心主义”思想，并投身于反对工业化学品污染、保护环境的环境保护运动之中，该书被看作“现代环境保护运动的肇始”。随着环境保护运动的迅速发展，各类环境保护组织在世界各地纷纷建立，如罗马俱乐部、地球之友、绿色和平组织等。随着环境保护运动的深入，参与者逐渐意识到，单靠组织的力量难以达到预期的运动效果，要切实取得环境保护效果，必须联合各方力量，影响社会发展的方方面面，特别是政治领域，因此，环境保护运动的内容也逐步扩展，结合政治、经济、宗教、价值观等多种因素，涉及社会各个层面。20世纪80年代，环境保护运动的政治代言者“绿党”登上政治舞台，进入议会，参加政治选举，主张维护生态平衡，伸张社会正义，强调非暴力原则，尊重妇女权利，成为改写西方国家政治格局的“新政治党”。

现代环境保护运动取得了巨大的成就，推动了西方各国政府的环境保护工作。各种与环境保护相关的法律和法规被纳入原有国家法律体系。例如，美国早在1963年就制定了《空气污染防治法》，1970年制定了《清洁空气法》《资源回收法》，1972年制定了《水污染控制法》《噪声控制法》，1976年制定了《安全饮用水法》《资源保护与恢复法》。环境保护机构逐步建立，如美国环境保护基金会和动物保护基金会（1967年）、自然资源保护协会（1970年）、地球之友（1971年）、地球政策研究所（1974年）、美国世界观察研究所（1975年）等，有效地促进了各国环境质量的改善，大气污染、水体污染以及土壤污染等逐步得到控制。此外，环境保护运动还推动了许多新学科的产生和发展，环境社会学、环境政治学、环境经济学、环境伦理学、环境史学、环境法学应运而生，同时也促进了环境教育的迅速发展。

各环境保护组织针对出现的一系列环境问题，开展了丰富的环境保护运动，从最初的直接针对环境问题逐步扩展到将环境问题与社会问题及发展问题联系起来，活动主题包括反核、禁止捕鲸、酸雨、热带雨林、杀虫剂使用、气候变化、矿产、基因食品等方方面面。例如，针对气候问题，地球之友支持《京都议定书》提出的发达国家带头减排二氧化碳，积极帮助推动《京都议定书》生效。2001年，“欧洲地球之友”为抗议美国政府拒绝《京都议定书》，发动数千人向白宫发送电子邮件，其成员还加入了在瑞典哥德堡举行欧盟峰会时的大游行，要求欧盟承诺单方面批准《京都议定书》。自然资源保护协会多年来坚持开展对欧洲、美国和日本等国家有关防治土壤污染和土地修复法律机制的研究，为中国土壤污染防治立法提供国际经验，通过全国人大法工委的公众意见征询平台提交了对《土壤污染防治法》草案的建议，为土壤环境标准、石油和石油产品导致的土壤污染、重大土壤污染事故的应急反应机制、污染土地修复制度、土地修复主体及其法律责任确认、环境信息公开和公众参与机制等相关法律条款的完善提供了借鉴。

（鞠美庭　楚春礼）

推荐书目

蕾切尔·卡森. 寂静的春天.吕瑞兰，李长生，译. 上海：上海译文出版社，2011.

Paul R. Ehrlich.The Population Bomb. New York：Buccaneer Book，1995.

Barbara Ward，René Dubos.Only One Earth：The Care and Maintenance of a Small Planet. New York：W. W. Norton and Company，Inc.，1983.

《Huanjing Gongcheng》

《环境工程》（Environmental Engineering）由科技部批准、中冶建筑研究总院有限公司和中国环境科学学会环境工程分会主办的国内外公开发行的国家级环境保护科技期刊，旨在为各个行业从事环保科研、工程设计、环境管理的工程技术人员、管理人员以及高等院校相关专业师生提供一个技术、学术交流的平台。

创刊于1982年，现为月刊，大16开本，是国内跨地区、跨行业的环境应用型、工程技术类期刊。报道的内容包括水污染治理、烟气污染治理、固体废物处理、环境监测与评价、工程应用及实例、综合利用及清洁生产、环保信息（政策与资讯）等。该刊是中国自然科学类中文核心期刊、中国环境科学类核心期刊、中国科学引文数据库（CSCD）来源期刊、中国科技论文统计源期刊、中国期刊方阵双效期刊，入选国家科技图书文献中心数据库（NSTL）、中国期刊全文数据库（CNKI）、美国《化学文摘》（CA）等。国际标准刊号为ISSN 1000-8942，国内统一刊号为 CN 11-2097/X，邮发代号为82-64。

（楚春礼　张士秋）

《Huanjing Gongcheng Xuebao》

《环境工程学报》（Chinese Journal of Environmental Engineering）　由中国科学院主管、中国科学院生态环境研究中心主办、中国科技出版传媒股份有限公司（科学出版社）出版的环境工程类学术期刊，主要报道国内外环境污染治理新技术和新设备以及该领域的研究现状、最新进展和发展趋势，旨在促进国内外环境工程学领域高水平的学术交流，推动我国环境工程学科和环保事业的发展。

创刊于 1980 年，原名《环境科学丛刊》，1993 年更名为《环境科学进展》，2000 年更名为《环境污染治理技术与设备》，2007 年正式改为现名，为月刊。该刊是国内环境工程领域的重要学术期刊，以研究报告和学术论文为主，突出学术性与技术性，亦刊登少量高水平特约综述，所设主要栏目有：专论与综述、水污染防治、大气污染防治、土壤污染防治、噪声污染防治、固体废物处理与处置、环境监测技术、环境生物技术、生态修复工程和工程应用实例等。该刊是中文核心期刊、中国科技核心期刊，被中国科技论文与引文数据库（CSTPCD）、中国科学引文数据库（CSCD）、中国期刊全文数据库（CNKI），以及日本科学技术振兴机构数据库（JST）、荷兰爱思唯尔（Elsevier）公司的 Scopus 全学科引文文摘数据库等收录。曾荣获 CNKI 2014 年度“中国国际影响力优秀学术期刊”称号和科学出版社 2015 年度“期刊出版质量优秀奖”。国际标准刊号为 ISSN 1673-9108，国内统一刊号为 CN 11-5591/X，邮发代号为 82-448。（楚春礼　张士秋）

huanjing gongzheng

环境公正　（environmental justice）　指所有主体都拥有平等享有环境资源、清洁环境而不遭受资源限制和环境伤害的权利，即环境利益上的社会公正，其既包括所有人都应有享受清洁生态环境而不遭受不利生态环境伤害的权利，又指生态环境破坏的责任应与生态环境保护的义务相对称。环境公正的核心思想是在环境资源、机会的使用和环境风险的分配上，所有主体一律平等，享有同等的权利，负有同等的义务。环境公正包括地区之间、城乡之间、阶层之间、种族之间的环境公平问题。

起源　20 世纪 80 年代，美国北卡罗来纳州沃德输变电公司沿着 4 号州际公路一侧偷偷倾倒含有多氯联苯（PCB）物质的废变压器油而引发的一场环境维权运动，被看作环境公正的起源。北卡罗来纳州政府征用贫困的沃纳县的 57 hm^2 土地作为 PCB 填埋场，引发了沃纳县居民的忧虑，当地居民和人权组织强烈抵制 PCB 废物填埋，他们将州政府的行为诉诸法庭但被拒绝受理，这次事件引发了人们有关环境公正的讨论。1983 年，美国审计署提交国会的一份报告指出，危险废物填埋场的地理位置与其四周居民的生活质量及当地经济水平有内在联系，危险废物填埋场的设置存在不公正现象。1987 年，美国基督教联合会“种族公正调查”指出，美国大多数的废物填埋场均建在黑人社区或拉美裔社区附近，少数民族社区受到的有害废物的风险高于白人社区。1992 年，美国《国家法律杂志》中所载的《环境法中的种族问题》一文指出美国环境保护局（EPA）在执行环境法过程中存在种族问题。

内涵　1987年世界环境与发展委员会发布《我们共同的未来》报告，提出代内公正和代际公正原则，赋予了环境公正新的内涵。代内环境公正，是指当代所有人，无论国籍、种族、地域、群体、性别、经济发展水平和文化等方面的差异，都公平地拥有地球资源的使用权利，表现为机会公平、责任共担、合理补偿，平等地享有权利，公平地履行义务。代内环境公正包括国内环境公正和国际环境公正。国内环境公正是指一国范围内所有人在享受自然资源权益和承担环境责任上的平等。国际环境公正指所有国家公平地享有环境资源的使用权利、良好的居住环境权利、选择可持续发展的权利以及国际贸易规则的公平权利。代际环境公正，强调后代人公平地享有与当代人在发展和环境方面的需要相同的权利，既要保证当代人满足或实现自己的权益需要，又要保证后代人能够有机会满足他们的利益需要，当代人的发展不能以损害后代人的发展为代价，当代人与后代人之间享有公平的生存权和发展权。

环境公正运动的进展　环境公正运动自 20 世纪 80 年代在美国兴起之后，在欧洲、非洲和南美洲等地的国家也受到越来越多的重视，其在政策、金融、社区实践等方面都有一定程度的进展。

①环境公正政策。1994年2月，美国克林顿政府签发12898号执行令，要求联邦政府的工作必须重视对少数民族及低收入群体的环境公正，保护少数民族及低收入群体的环境健康水平。1998年，欧盟各国的环境部长在丹麦的奥胡斯市缔结了《奥胡斯协议》，确定了关于环境公正的内容，规定各国在涉及环境领域的规章制度的制定和环境保护司法过程中，必须保证公众有充分的知情权和参与权。2000年，英国国会的乡镇规划委员会提出，为保证环境公正，各级政府制订可持续发展计划时都必须举行听证会。英国皇家环境污染委员会指出，全球温室气体减排协定中排污定额应以各国的人口总量作为基数。欧盟出台政策支持非政府组织的环境公正运动，如黑人环境网、地球权利、环境法律协会、妇女环境网、牛津救济会等民间组织积极推进消除环境不公正现象。

②环境公正基金。EPA设置了环境公正事业基金，采用招标形式资助贫困社区的民间团体进行环境公正活动。

③开展环境公正实践。2002年，为落实环境公正理念，英国政府投资市政基础设施建设以提供更多的环境设施服务，推出帮助缺少燃料的贫困家庭的“温暖家庭法案”，出台道路交通法案以降低小汽车使用量，节约能源，减少道路污染。（鞠美庭　楚春礼）

推荐书目

孟繁明，李花兵，高强健. 环境概论. 北京：冶金工业出版社，2017.

杨持. 生态学：第3版. 北京：高等教育出版社，2014.

《Huanjing Huaxue》

《环境化学》（Environmental Chemistry）中国科学院生态环境研究中心主办的学术性刊物，主要刊登我国环境化学领域具有创新性的研究和技术成果以及国外环境化学研究趋势，范围涉及大气、水体、土壤、生态、工程等各个层面，具体包括大气、水和土壤环境化学，环境分析化学，环境与健康，污染生态化学，污染控制和绿色化学等内容。

《环境化学》为中文核心期刊，创刊于1982年，是我国环境化学学科的唯一科技期刊，发行范围遍及全国各个省（区、市），读者对象包括全国各大专院校，中国科学院和生态环境部下属的科研机构，疾病控制中心，环保公司，全国各级环保监测站和各种污染处理及化工、石油、印染、造纸等企业。该刊被美国《化学文摘》（CA）、中国科技论文与引文数据库（CSTPCD）、中国科学引文数据库（CSCD）、中文科技期刊数据库（维普）、数字化期刊全文数据库（万方）等收录。国际标准刊号为ISSN 0254-6108，国内统一刊号为CN 11- 1844/X，邮发代号为82-394。（楚春礼　张士秋）

《Huanjing Jiance Guanli Yu Jishu》

《环境监测管理与技术》（The Administration and Technique of Environmental Monitoring）由江苏省环境监测中心和南京市环境监测中心联合主办的集学术性与实用性于一体的环境科技刊物。该刊立足江苏，面向全国，以从事环境管理、环境监测、环境监察和环境科研、环境教学的专业技术人员、管理干部、教师及其他环境科技工作者为服务对象，设有管理与改革、环境监察、专论与综述、研究报告、调查与评价、标准化、监测技术、污染防治技术、争鸣与探索、工作经验、知识介绍、国外环境、动态与简讯等栏目，从多角度向读者介绍国内外环境保护的新成果、新技术、新动态、新经验。

创刊于1989年，1995年由季刊改为双月刊。该刊的内容范围包括：现代环境监测与环境监察管理的发展方向、体制改革和现代化建设，环境监测、环境监测科研等方面的新成果、新技术、新经验，环境监测信息化建设、实验室管理信息系统建设，自动监测系统研究（空气、水环境质量，噪声污染，污染源远程监控系统），土壤环境监测与技术，生态监测与生物监测，城市空气中有机污染监测分析，城市颗粒物污染监测研究，其他环境监测分析技术。该刊为全国中文核心期刊（2004）、江苏省一级期刊、中国科技核心期刊、中国科学引文数据库（CSCD）来源期刊、中国学术期刊综合评价数据库统计源期刊，入编中国期刊全文数据库（CNKI）、《中国学术期刊（光盘版）》、数字化期刊全文数据库（万方）、中文科技期刊数据库（维普），被《中国核心期刊（遴选）数据库》等收录。2000 年获第一届全国优秀环境期刊二等奖，2001 年获首届《CAJ-CD 规范》执行优秀奖，2008 年获江苏省科技期刊编校质量奖。国际标准刊号为 ISSN 1006-2009，国内统一刊号为 CN 32-1418/X，邮发代号为 28-341。

（楚春礼　张士秋）

《Huanjing Kexue》

《环境科学》（Environmental Science）　由中国科学院主管、中国科学院生态环境研究中心主办的环境科学和安全科学类学术刊物，是我国环境科学领域最早创办的学术性期刊，为国内核心期刊。该刊坚持“防治污染，改善生态，促进发展，造福人民”的宗旨，报道我国环境科学领域具有创新性的高水平、有重要意义的基础研究和应用研究成果，以及反映控制污染、清洁生产和生态环境建设等可持续发展的战略思想、理论和实用技术等。

创刊于 1976 年，现为月刊，国内外公开发行，被国外一些重要检索系统收录，如美国工程索引（EI）、美国医学索引（IM）、美国《化学文摘》（CA）、俄罗斯《文摘杂志》（AJ）、美国《生物学文摘（预评）》、日本科学技术情报中心数据库、英国《动物学记录》、美国《剑桥科学文摘》等，同时也被国内重要的检索系统收录，如中国科技论文与引文数据库（CSTPCD）、中文科技期刊数据库（维普）、中国期刊全文数据库（CNKI）、数字化期刊全文数据库（万方）、中国科学引文数据库（CSCD）、《中国生物学文摘》等。该刊入选中共中央宣传部、原新闻出版总署和科学技术部的“中国期刊方阵”，曾两次荣获中国科学院优秀期刊一等奖，在全国第一届和第二届自然科学优秀期刊评比中分别荣获一等奖和三等奖。2009 年荣获“新中国 60 年有影响力的期刊”称号，2002—2019 年连续 18 次荣获“百种中国杰出学术期刊”的称号，2012—2019 年连续 8 次荣获“中国最具国际影响力学术期刊”称号，2008—2018 年连续 4 届荣获“中国精品科技期刊”称号，2015—2018 年连续 3 届荣获“中国期刊数字影响力 100 强”称号，8 次荣获中国科学院科学出版基金资助。国际标准刊号为 ISSN 0250-3301，国内统一刊号为 CN 11-1895/X，邮发代号为 2-821。

（楚春礼　张士秋）

《Huanjing Kexue Da Cidian》

《环境科学大辞典》（Environmental Science Dictionary）　以环境科学为主的大型专业辞典，是为了适应环境科学发展的迫切需要，全面反映当代环境科学发展水平而编写的。第一版由中国环境科学出版社于 1991 年出版，2008 年进行修订。读者对象主要包括环境科学工作者，以及广大理、工、农、医、法律、经济、管理等专业工作者，同时也可供具有中等以上文化程度的读者释疑解惑。

该辞典全面收录了环境科学基本的、重要的、常见的名词术语，覆盖了环境科学所有的分支学科，体现了环境科学各学科、各专业知识的完整性和均衡性，同时，针对环境科学是一门新兴的综合性学科的特点，收录了极为丰富的环境科学新名词、新术语以及与环境科学密切相关的专业术语。全书定义明确，特点鲜明，充分反映了当代环境科学发展的最新成果，对推进环境科学体系创新和基础理论发展，以及环境知识普及和环境意识提高产生了积极影响，对促进我国环境科学技术的发展有重要意义。

2008 年的修订在原版基础上，纳入了原版中未能独立的或新兴的学科和知识门类，增补了环境科学领域新的发展和变化、新的事实和现象等词目，删减了偏专业、冷僻、内容空泛的词目，修正了一些内容不准确、资料陈旧的词目，对内容稳定、论述严谨、事实清楚、资料可靠且不过时的词目予以保留。修订从原版词目中删除 2 200 余条，增补 3 000 余条，共收词 8 300 余条。（楚春礼　蒋婧博）

《Huanjing Kexue Yanjiu》

《环境科学研究》（Research of Environmental Sciences）　由生态环境部主管、中国环境科学研究院主办的综合性学术期刊。

创刊于 1988 年，为国家一级刊物，是中文核心期刊、中国科技核心期刊，自 2009 年起由双月刊改为月刊。该刊面向国内外科研单位、大专院校、相关企业、国际组织、政府环境资源管理与规划部门，国家、社会和企业的高层领导、决策者、规划者、管理者、投资者、理论与科学技术工作者，以促进我国环境治理能力的提高、实现节能降耗指标、促进环境科学发展、支持社会经济可持续发展与和谐社会的建成、促进国内外环境科学领域的学术交流及合作为目标，旨在及时刊登反映国内外环境科学发展新动向，环境科学领域的新理论、新技术、新方法，国内与国际重大区域性环境问题的调查与分析，国家环境重大决策与管理的最新动向，国内外环境科学领域新的研究成果和热点问题的论文；国家重点环境科研项目最新科研成果论文；切中国家环境保护所需的集中关键及要害问题、有较强实用价值、分类或分体系的理论与实践的系统论述；以及有关国家环境保护宏观决策、大气环境、水环境、区域生态、土壤环境、生态毒理、环境治理工程技术、清洁生产技术和工艺、固体废物、环境监测与分析技术、环境经济、环境影响评价、环境管理等的最新研究成果。该刊已被多家国内、国际权威数据库收录，如中国科技论文与引文数据库（CSTPCD）、中国科学引文数据库（CSCD）、中国核心期刊（遴选）数据库、中国科技期刊精品数据库等，以及联合国水科学和渔业情报系统（ASFIS）、美国工程索引（EI）、美国《化学文摘》（CA）、美国《剑桥科学文摘（自然科学）》（CSANS）、英国《动物学纪录》（ZR）、日本科学技术振兴机构数据库（JST）、波兰哥白尼索引（IC）等。2012 年、2013 年、2015 年、2018 年、2019 年获评为中国国际影响力优秀学术期刊，荣获 2011 年度“中国精品科技期刊”、2011—2012 年度和 2015—2016 年度“RCCSE 中国权威学术期刊”、2017 年度“全国百强科技期刊”等称号。国际标准刊号为 ISSN 1001-6929，国内统一刊号为 CN 11-1827/X，邮发代号为 82-384。

（楚春礼　张士秋）

《Huanjing Kexue Yu Jishu》

《环境科学与技术》（Environmental Science and Technology）　由湖北省生态环境厅主管、湖北省环境科学研究院主办并公开发行的环境科学类学术期刊，旨在及时报道国内环境科学与技术领域新近取得的创新性研究成果，跟踪最新学术进展，推动我国环境保护事业的蓬勃发展。

创刊于 1978 年，为月刊，A4 开本，是中文核心期刊、中国科技论文统计源期刊、中国科学引文数据库（CSCD）来源期刊和中国学术期刊综合评价数据库来源期刊。曾获“湖北省优秀期刊”“湖北省优秀科技期刊”等荣誉。可供各级环保部门、科研设计单位、大中专院校、企事业单位的环保科技人员和关心环保的人士参阅。国际标准刊号为 ISSN 1003-6504，国内统一刊号为 CN 42- 1245/X，邮发代号为 38-86。

（楚春礼　张士秋）

huanjing waijiao

环境外交　（environmental diplomacy）　各种国际关系行为主体运用和平的外交方式调整国际环境关系的外交活动。

环境外交的主体除了主权国家以外，还包括政府间或非政府间国际组织、非政府组织、企事业单位和个人。根据主体的不同，环境外交可以分为双边环境外交、多边环境外交及全球性环境外交。环境外交的方式有谈判、征询、协商、调停、仲裁等形式。环境外交的根本目的是捍卫本国的环境主权，维护国际共同环境利益，实现全人类以及子孙后代的可持续发展。当代环境外交的内容涉及人口、能源、资源、大气、海洋、臭氧层、生物多样性、水土流失、沙漠化、有害废物越境转移、经济发展以及军事等诸多领域。

产生和发展 全球环境问题恶化、经济全球化以及全球环境意识的提高都是导致环境外交兴起和发展的重要原因。19 世纪末，环境问题开始进入国际关系领域，此后到 20 世纪 60 年代，一些为保护环境而签署的国际条约相继出现，关于环境保护的国际会议也开始召开，并成立了相关的机构，这一时期为环境外交的萌芽期，涉及的环境问题主要局限于地区性问题，注重眼前利益，较少涉及全球性问题，国际合作相对较少。直到 1972 年，联合国人类环境会议的召开，为各国合作共同解决环境问题以保护我们“唯一的地球”奠定了基础，成为国际环境外交的里程碑，被很多学者看作近代环境外交的真正开始。此后，成立了专门的促进国际环境合作的组织和机构，签订了诸多国际条约和公约，出现了一些为国际社会所普遍接受的原则和纲领性文件，国际环境外交开始初具规模。80 年代末，“冷战”结束后，环境问题一跃上升到世界问题的榜首，环境安全的理念开始进入国家安全的视野，可持续发展开始成为很多国家追求的目标，国际环境保护的公约、条约和法律条款逐渐系统化，形成了全球公约、区域条约、双边和多边协定、议定书、标准体系，初步提出了环境外交的概念和理论，环境问题被作为主要的问题单独讨论，越来越多的发展中国家开始进入国际环境外交的舞台，但未能掌握主动权和决定权。20 世纪末至今，环境问题全球化趋势越发明显，环境问题政治化特征显现，环境外交越发频繁，开始成为各国政治博弈的重要手段，甚至是追求经济目的的武器，联合国环境与发展大会、可持续发展问题世界首脑会议等国际性环境会议的影响范围更大，全球气候变暖、臭氧层破坏、外层空间、跨国酸雨等全球性环境问题成为国际社会关注的热点，环境科技、环境法律支撑下的环境外交专业化趋势加强，首脑环境外交已成为必然，非政府组织、跨国公司、公众成为环境外交的重要力量，南北之间、南南内部、欧美日等发达国家之间在环境问题上开始博弈，环境外交更加复杂。

中国的环境外交 中国的环境外交起步稍晚，1972 年，中国代表团参加了在瑞典首都斯德哥尔摩举行的联合国人类环境会议，标志着中国从此登上环境外交的舞台。

1979—1992 年是中国环境外交的深入发展期，在此期间，中国政府首次明确提出要开展环境外交，并积极参与国际环境事务，寻求多边环境合作，签订双边环境保护协定，加入国际环境公约，中国环境外交在国际舞台上具备了独特的地位。

1993—2005 年，中国环境外交进入第三阶段，即积极务实、维护权益、争取利益、拓展合作的阶段。以参与 1992 年联合国环境与发展大会为起点，中国的环保国际合作开始从被动“接纳”转为主动“参与”，多边、区域和双边环境合作取得了很大进展。随着中国经济实力的不断增强，国际影响力不断提升，中国的环保国际合作呈现出积极务实的特点。1997 年中国宣布要做“负责任大国”，在环境保护方面意味着要承担与自己国际能力相符合的大国责任，对外积极树立良好的环境保护国际形象，履行与中国发展水平和发展阶段相适应的环境保护责任；对内采取“以外促内”策略，继续加大引进国际资金、先进管理经验和技术的力度，促进国际环境保护工作与国内接轨，提升国内环境保护水平，加强能力建设。形成了“77 国集团+中国”的合作模式，共同提出的立场文件或决议草案成为南北双方谈判的基础性文件，在国际上引起了积极反响。

2006—2012 年，中国环境外交进入第四阶段，即新的历史阶段。以第六次全国环境保护大会为起点，以“历史性转变”和党的十七大提出的“相互帮助，协力推进，共同呵护”环保国际合作12字方针为标志，环保国际合作成为中国走和平发展道路和落实国家总体外交战略的重要组成部分。一方面，继续发挥发展中国家的中流砥柱作用，为发展中国家根据“共同但有区别的责任”原则争取国际援助；另一方面，通过加强国际合作，为环保中心工作服务，为实现历史性转变服务。积极与美、日、法、俄等国家签署双边环境合作及安全合作文件和合作框架，通过“10+1”、“10+3”机制加强与周边国家的环境合作。在多边合作领域，到2007年，中国加入了50多个涉及环境保护的国际条约；在联合国环境规划署列出的14个最具普遍性的国际环境公约中，中国签署了13个。2008年12月4日，中美两国在北京举行的第五次战略经济对话上就能源与环境合作达成五大共识。在加强环保国际合作的同时，中国还充分利用参加多边国际会议、双边会谈、区域合作等平台，宣传中国环境保护政策、措施和取得的巨大成就，将环境保护的历史性转变全面推向世界。

2012年至今，中国环境外交进入新时代中国特色社会主义环境外交阶段，坚持以维护党中央权威为统领加强党对对外工作的集中统一领导，坚持以实现中华民族伟大复兴为使命推进中国特色大国外交，坚持以维护世界和平、促进共同发展为宗旨推动构建人类命运共同体，全面参与全球环境治理，发挥大国性、变革性和引领性作用，成为全球生态文明建设的重要参与者、贡献者和引领者。首先，中国积极履行国际责任，展现大国担当，通过“一带一路”倡议、亚洲基础设施投资银行等贡献中国环境治理理念和方案，提供公共产品服务，逐步成为国际环境外交体系的重要参与方和塑造者。其次，积极推进全球环境治理理念创新，倡议树立人类命运共同体理念，坚持共商共建共享原则，构建以合作共赢为核心的新型国际关系。再次，积极构建全球环境合作伙伴关系，中国已经与100多个国家开展了环保交流合作，与60多个国家和国际组织签署近150项合作文件，与多个国家、国际或区域组织建立合作机制，积极将环境合作融入“一带一路”，促进沿线各国环境治理能力的提高。最后，积极发挥全球环境治理的行为示范作用，成为全球环境治理的重要引领者。加强国家环境治理，践行国际环境履约责任，制定落实2030年可持续发展目标的实施方案和低碳发展战略，坚定履行《巴黎协定》，与国际社会携手推进应对全球气候变化，利用中俄、中日韩以及中国—东盟、中国—上海合作组织、中国—非洲等多边和双边环境交流合作机制与平台，为全球环境治理机制发展做出新贡献。在2018年的中非合作论坛北京峰会上，习近平主席提出为非洲实施50个绿色发展和生态环保援助项目等，为非洲国家环境治理做出中国贡献。积极推动南南环境合作，推动新兴市场和发展中国家在全球环境治理方面不断取得进步。

（楚春礼　邵超峰）

《Huanjing Wuran Yu Fangzhi》

《环境污染与防治》（Environmental Pollution and Control）　由浙江省生态环境厅主管、浙江省环境保护科学设计研究院主办的中国自然科学类核心期刊，旨在宣传环境保护基本国策，刊登有关环境污染防治技术的研究报告和综述等学术文章，交流各级政府部门及企事业单位环境管理经验，报道国内外环境保护的新动态，致力于弘扬先进的环境文化、发展环境科学、探讨环境理论、促进环境保护工作，以实现人才素质的完善化和环保技术的市场化。

创刊于1979年，现为月刊，国内外公开发行，主要报道环境污染治理技术、资源综合利用、清洁生产、环境监测分析、环境管理、节能减排等方面的研究报告和综述，是我国环境科学领域较早创刊的学术性期刊。该刊是中文核心期刊、中国科技论文统计源期刊、RCCSE中国核心学术期刊、中国科学引文数据库（CSCD）来源期刊，被中国核心期刊（遴选）数据库、数字化期刊全文数据库（万方）、日本科学技术振兴机构数据库（JST）等收录。2000年荣获第一届全国环境类期刊评比一等奖，多次荣获浙江省优秀科技期刊精品奖和优秀科技期刊一等奖。国际标准刊号为 ISSN 1001-3865，国内统一刊号为 CN 33- 1084/X，邮发代号为 32-15。（楚春礼　张士秋）

Huanjing Zhengce Weiyuanhui

环境政策委员会（OECD Environmental Policy Committee）　经济合作与发展组织（OECD）的环境计划和项目的执行机构。成立于 1971 年，由 OECD 的成员代表组成，大约每四年召开一到两次会议。

环境政策委员会下设七个独立工作组，分别为生物多样性、水和生态系统工作组，气候、投资与发展工作组，环境信息工作组，环境绩效工作组，环境与经济综合政策工作组，资源生产力与废弃物工作组，以及化学品、杀虫剂和生物技术工作组；下设贸易与环境联合工作组和农业与环境联合工作组两个联合工作组，以及税收与环境专家联合会议组。

环境政策委员会在 OECD 的各工作组及其附属机构的支持下开展工作，工作范围包括国家述评、指标与展望、气候变化、自然资源管理、政策工具与评价、环境与发展、资源效率与废弃物。此外，环境政策委员会还积极与 OECD 的其他委员会就环境与发展问题开展合作。

环境政策委员会在寻求应对环境压力与挑战的有效的经济策略方面发挥了重要的作用，在促进经济工具在环境政策中的使用方面发挥了引领性作用，在其推动下，OECD 建立了多项环境法律性文件。例如，与国际能源机构合作开展的气候变化分析为《京都议定书》的温室气体排放交易奠定了基础；发起的绿色增长战略为寻求新的经济增长机会开辟了一个实现清洁社区的可能方案；关于撤销化石燃料补助金的事项在 G20 峰会上引起了广泛的讨论。

（楚春礼　姜贵梅）

J

《Jishui Paishui》

《给水排水》（Water & Wastewater Engineering）由住房和城乡建设部主管，亚太建设科技信息研究院有限公司、中国建筑设计研究院、中国土木工程学会共同主办的综合性期刊，全面报道给水排水行业的新技术、新设计、新工艺、新设备、新规范、新标准以及国家有关技术政策和法规。设置水业导航、城镇给排水、工业给排水、建筑给排水、计算机技术、给排水管网、标准规范交流园地、行业综合信息、科技信息综述等栏目，读者对象主要为建筑设计院、市政设计院、工业设计院、自来水公司、排水公司、水务管理部门、科研院所、大专院校、工程总承包单位、建设安装单位、房地产开发企业、设备制造厂商以及其他相关单位的工程技术人员、管理人员和研究人员。

创刊于1964年，原名《建筑技术通讯·给水排水》，月刊，以面向生产、注重应用，为促进我国给水排水事业发展服务为办刊宗旨，以实用、新颖为主，交流、导向兼顾，提高、普及结合为办刊方针。该刊是中文核心期刊、中国期刊方阵期刊、中国科技核心期刊，中国科学引文数据库（CSCD）、中国学术期刊综合评价数据库（CAJCED）、中国核心期刊（遴选）数据库、中国期刊全文数据库（CNKI）等收录期刊。曾获建设部优秀期刊一等奖等。国际标准刊号为ISSN 1002-8471，国内统一刊号为CN 11-4972/TU，邮发代号为2-757。

（楚春礼　张士秋）

《Jijing De Chuntian》

《寂静的春天》（Silent Spring）　一本描述因过度使用化学药品和肥料而导致环境污染、生态破坏，最终给人类带来不堪重负的灾难的著作，被认为是最早广泛引发人类关于环境污染与工业发展矛盾的反思、具有环境保护运动里程碑意义的著作，其作者蕾切尔·卡森（Rachel Carson）被认为是人类环保运动的发起者之一。

20世纪初到中叶这一阶段，工业快速发展，导致世界范围内多次出现环境公害事件。例如，1930年比利时马斯河谷烟雾事件，1931年日本的痛痛病事件，1943年美国洛杉矶光化学烟雾事件，1948年美国多诺拉烟雾事件，1952年英国伦敦烟雾事件，1961年日本四日市哮喘事件，以及20世纪30年代开始一直持续到60年代的日本水俣病事件……人们开始反思，由工业化带来的人定胜天的“人类中心主义”思想是否是正确的，在这样的背景下，《寂静的春天》一书无疑为环境保护运动注入了动力。该书由美国海洋生物学家和作家蕾切尔·卡森撰写，于1962年6月开始在《纽约客》杂志上连载，后于1962年9月27日由霍顿·米夫林（Houghton Mifflin）公司出版。该书出版以后，很快就登上了“每月读书会”（Book-of-the- Month Club）和《纽约时报》的畅销书排行榜，从而被广泛阅读。此后，该书多次被译成法文、德文、中文等十几种语言，在全世界范围内传播。

作者在书中描述了一个虚拟的小镇从“总是让人心情愉悦”到“被奇怪的寂静所笼罩”的转变，以此为例，从科学的视角，用大量的实例为证，描述了以滴滴涕（DDT）为代表的杀虫剂对野生动植物、环境以及人类自身所带来的危害，以及未来可能发生的可怕结果。美国20世纪40年代大量生产和使用剧毒杀虫剂，在提高粮食产量、促进经济发展方面取得了巨大成功，值此之际，该书的出版对公众来说无异于一声惊雷，使得人们开始从欢欣鼓舞中冷静下来，反思“人类中心主义”思想，并投身于反对工业化学品污染、保护环境的运动之中。美国前副总统阿尔·戈尔（Al Gore）在为该书写的序言中认为“该书的出版应该被看作现代环保运动的肇始”。

在该书的影响下，美国政府对剧毒杀虫剂展开了调查，出台法律政策限制甚至禁止某些杀虫剂的使用，世界上很多国家和地区也进一步明确了滴滴涕的使用程序和要求。鉴于该书对于环境保护方面的贡献，1963年，蕾切尔·卡森被授予“奥杜邦奖章”，1970年，在美国缅因州成立了以“蕾切尔·卡森”命名的美国野生动物保护地，1980年，蕾切尔·卡森被美国授予“总统自由奖”。　　（楚春礼　蒋婧博）

《Jieneng Jianpai Zonghexing Gongzuo Fang'an》

《节能减排综合性工作方案》（Comprehensive Work Plan for Energy Conservation and Emission Reduction）　我国2007年出台的明确到2010年全国节能减排的目标任务和总体要求及其实现模式的指导性文件。

为了落实《中华人民共和国国民经济和社会发展第十一个五年规划纲要》提出的“十一五”期间单位国内生产总值能耗降低20%左右，主要污染物排放总量减少10%的约束性指标，2007年5月国务院发布了由国家发展和改革委员会会同有关部门制定的《节能减排综合性工作方案》，明确了我国实现节能减排的目标和总体要求，提出了节能减排的重点战略和落实模式，为各地确定节能减排目标、制订行动方案和实施计划提供指导，从而促进我国节能减排任务的落实和目标的实现。此后，我国又于2011年和2016年分别发布了《“十二五”节能减排综合性工作方案》和《“十三五”节能减排综合工作方案》，以指导“十二五”和“十三五”期间的节能减排工作。

主要内容　《节能减排综合性工作方案》共十个部分，45条。第一部分明确了到2010年实现节能减排的目标任务和总体要求；第二部分提出控制增量、调整和优化结构的五个重要方面，包括控制高耗能高污染行业过快增长、加快淘汰落后生产能力、完善促进产业结构调整的政策措施、积极推进能源结构调整、促进服务业和高技术产业发展；第三部分提出加大投入，全面实施重点工程，包括加快实施十大重点节能工程、加快水污染治理工程建设、推动燃煤电厂二氧化硫治理、多渠道筹措节能减排资金等；第四部分提出创新模式，加快发展循环经济，包括深化循环经济试点、实施水资源节约利用、推进资源综合利用、促进垃圾资源化利用、全面推进清洁生产等；第五部分提出依靠科技，加快技术开发和推广，包括加快节能减排技术研发、加快节能减排技术产业化示范和推广、加快建立节能技术服务体系、推进环保产业健康发展、加强国际交流合作等；第六部分提出强化责任，加强节能减排管理，包括建立政府节能减排工作问责制、建立和完善节能减排指标监测体系和考核体系、建立健全项目节能评估审查和环境影响评价制度、强化重点企业节能减排管理、加强节能环保发电调度和电力需求管理、严格建筑节能管理、强化交通运输节能减排管理、加大实施能效标识和节能节水产品认证管理力度、加强节能环保管理能力建设等；第七部分提出健全法制，加大监督检查执法力度，包括健全法律法规、完善节能和环保标准、加强烟气脱硫设施运行监管、强化城市污水处理厂和垃圾处理设施运行管理和监督、严格节能减排执法监督检查等；第八部分提出完善政策，形成激励和约束机制，包括积极稳妥推进资源性产品价格改革、完善促进节能减排的财政政策、制定和完善鼓励节能减排的税收政策、加强节能环保领域金融服务等；第九部分提出加强宣传，提高全民节约意识，包括将节能减排宣传纳入重大主题宣传活动、广泛深入持久开展节能减排宣传、表彰奖励一批节能减排先进单位和个人等；第十部分提出政府带头，发挥节能表率作用，包括政府机构率先垂范、抓好政府机构办公设施和设备节能、加强政府机构节能和绿色采购等。

作用和意义 在《节能减排综合性工作方案》的指导下，各地区、各部门认真贯彻落实党中央、国务院的节能减排决策部署，"十一五"时期，全国单位国内生产总值能耗降低 19.1%，二氧化硫、化学需氧量排放总量分别下降 14.29%和 12.45%，基本实现了"十一五"规划纲要确定的约束性目标。

《"十二五"节能减排综合性工作方案"》 为了充分认识做好"十二五"节能减排工作的重要性、紧迫性和艰巨性，全面加强对节能减排工作的组织领导，严格落实节能减排目标责任，确保实现"十二五"节能减排目标，2011 年 8 月 31 日，国务院印发了《"十二五"节能减排综合性工作方案》。方案提出，到 2015 年，全国万元国内生产总值能耗下降到 0.869 t 标准煤（按 2005 年价格计算），比 2010 年的 1.034 t 标准煤下降 16%，比 2005 年的 1.276 t 标准煤下降 32%；"十二五"期间，实现节约能源 6.7 亿 t 标准煤。2015 年，全国化学需氧量和二氧化硫排放总量分别控制在 2 347.6 万 t、2 086.4 万 t，比 2010 年的 2 551.7 万 t、2 267.8 万 t 分别下降 8%；全国氨氮和氮氧化物排放总量分别控制在 238.0 万 t、2 046.2 万 t，比 2010 年的 264.4 万 t、2 273.6 万 t 分别下降 10%。

《"十三五"节能减排综合工作方案》 为落实节约资源和保护环境基本国策，加快建设资源节约型、环境友好型社会，确保完成"十三五"节能减排约束性目标，2016 年 12 月 20 日，国务院发布《"十三五"节能减排综合工作方案》。方案提出，到 2020 年，全国万元国内生产总值能耗比 2015 年下降 15%，能源消费总量控制在 50 亿 t 标准煤以内。全国化学需氧量、氨氮、二氧化硫、氮氧化物排放总量分别控制在 2 001 万 t、207 万 t、1 580 万 t、1 574 万 t 以内，比 2015 年分别下降 10%、10%、15%、15%。全国挥发性有机物排放总量比 2015 年下降 10%以上。　　（楚春礼　张清）

Jinzhi Huaxue Wuqi Zuzhi

禁止化学武器组织 （Organisation for the Prohibition of Chemical Weapons，OPCW）

为监督《禁止化学武器公约》的实施情况，推动全面禁止化学武器而成立的国际组织。成立于 1997 年，总部位于荷兰海牙。

组织机构 缔约国大会为 OPCW 的最高决策机构，由所有缔约国组成，每年召开一次会议。执行理事会为执行机构，向大会负责，成员由大会选出，任期两年。技术秘书处是常设办事机构，协助缔约国大会和执行理事会行使其职能，并负责包括执行视察任务在内的履约日常工作，下设行政管理司、法律司、对外关系司、国际合作与援助司、核查司和视察局等。OPCW 设置了科学咨询委员会，审查可能影响公约实施的科学和技术发展情况并使总干事在履行其职务时能够向大会、执行理事会或各缔约国提供与公约有关的科学和技术领域的专门咨询意见。

主要活动 OPCW 的任务是实现《禁止化学武器公约》的宗旨和目标，对公约的遵守情况进行核查，确保公约的各项规定得到执行，并为各缔约国提供一个开展协商、进行合作的平台。

OPCW 的责任在于禁止发展、生产、获取、保有、储存、转让和使用化学武器。它要求缔约国销毁其管辖和控制下的化学武器和化学武器生产设施，以及可能遗留在另一缔约国领土上的所有化学武器。缔约国不得为使用化学武器进行任何军事准备；不得协助或鼓励他人从事《禁止化学武器公约》禁止的任何活动；不得使用控暴剂作为战争手段。缔约国应最迟于《禁止化学武器公约》对其生效后 30 天，向

OPCW 提交有关化学武器以及化学武器生产设施的详细情况，其中应列明准确地点和数量，并提供有关销毁的总体计划。各缔约国还应宣布其为控暴目的保有的化学品。

OPCW 通过武器调查、指派视察组、视察设备、采样分析、现场视察、技能培训等方式开展工作，具体包括：在《禁止化学武器公约》规定的核查措施的监督下清除化学武器存量和化学武器生产设施，防止化学武器扩散；以《禁止化学武器公约》规定的核查和执行措施为手段，这些措施也有利于建立缔约国之间的信任；在化学武器及其使用或威胁使用方面的援助和防护；推动非《禁止化学武器公约》禁止目的的化学活动领域的国际合作；积极推动各国普遍加入《禁止化学武器公约》；促进《禁止化学武器公约》在各缔约国的充分、有效实施。2013年，OPCW 因其为消除化学武器做出了诸多努力获得诺贝尔和平奖。2014 年，OPCW 与联合国建立合作协议，与联合国组成禁止化学武器使用叙利亚联合特派团，共同推动消除叙利亚化学武器使用、销毁化学武器生产设施和库存。

OPCW 与中国 1993 年 1 月 13 日，中国签署《禁止化学武器公约》，1997 年 4 月 29 日该公约生效，中国为其原始缔约国之一。中国在海牙设有常驻 OPCW 代表团，代表由中国驻荷兰大使兼任。 （楚春礼 姜贵梅）

Jingji Hezuo Yu Fazhan Zuzhi

经济合作与发展组织 （Organisation for Economic Cooperation and Development，OECD）简称经合组织。通过搭建合作平台，推动改善世界经济与社会民生的政策，共同应对全球化带来的经济、社会和政府治理等方面的挑战，把握全球化带来的机遇，促进各国经济和社会发展的政府间国际经济组织，由 36 个成员国组成。

1948年，为了执行美国马歇尔计划（Mashall Plan），恢复战后经济，欧洲经济合作组织（Organisation for European Economic Cooperation，OEEC）成立。1960 年，美国与加拿大加入 OEEC，推动其进入全球化阶段。1961 年，《经济合作与发展组织公约》生效，经济合作与发展组织正式成立，总部位于法国巴黎。

理事会为 OECD 最高权力机构，由每个成员国的一名代表和一名欧盟代表组成，是 OECD 的决策机构，由秘书长主持。理事会每年举行一次部长级会议，讨论 OECD 核心问题，确定工作的优先事项。理事会决议由秘书处执行。专业委员会包括来自 36 个 OECD 国家成员的代表，共同提供在专业政策领域，如经济、贸易、科学、就业、教育、金融市场等领域的建议，或者最新进展。OECD 共设大约 250 个委员会、工作组和专家组，在秘书处领导下工作，委员来自各国政府部门，为秘书处提供各国交流信息。秘书处由秘书长领导，执行理事会决议，支持委员会活动。

OECD 以客观、开放、勇于挑战、不断开拓、恪守道德为核心价值，其宗旨为：促进成员国经济和社会的发展，推动世界经济增长；帮助成员国政府制定和协调有关政策，以提高各成员国的生活水准，保持财政的相对稳定；鼓励和协调成员国为援助发展中国家而努力，帮助发展中国家改善经济状况，促进非成员国的经济发展；在多边、平等的基础上促进世界贸易的发展。OECD 的出版物有《经合组织活动》《经合组织观察家》《经合组织经济调研》以及各种专业报告、工作报告等。

中国于 1995 年与 OECD 建立对话合作关系，2002 年成为科技政策委员会的观察员。2015 年 7 月 1 日，中国加入 OECD 发展中心。

（楚春礼 姜贵梅）

K

Kadizi Hao Youlun Shijian

卡迪兹号油轮事件 （Cadiz Oil Tanker Incident） 1978 年美国卡迪兹号油轮因触礁沉没造成原油泄漏导致的英吉利海峡污染、生态破坏的事件。

1978 年 3 月 16 日，美国 22 万 t 超级油轮"阿摩科·卡迪兹号"满载伊朗原油，从波斯湾驶向荷兰鹿特丹，3 月 24 日航行至法国的布列塔尼海岸时，触礁沉没，22 万 t 原油泄漏，污染了 350 km 长的海岸带，导致仅牡蛎就死掉超过 9 000 t，海鸟死亡约 2 万 t。海事本身损失 1 亿多美元，污染的损失及治理费用则高达 5 亿多美元，而给被污染区域的海洋生态环境造成的损失更是难以估量。事发几个月之后，英吉利海峡的油污才被清除干净。

（楚春礼　叶皕）

Kailuo Guoji Renkou Yu Fazhan Dahui

开罗国际人口与发展大会 （Cairo International Conference on Population and Development） 继 1974 年布加勒斯特世界人口会议和 1984 年墨西哥国际人口会议之后，1994 年由联合国经济及社会理事会主持召开的关于人口问题的国际会议。

背景 在 1994 年之前的 20 年，通过各国和国际社会的努力，人类福祉在许多领域有了长足进步，但是发展中国家仍面临严重的经济困难和不利的国际经济环境，赤贫人口数量在许多国家有所增加，世界各地子孙后代的生存和福祉所依赖的许多基本资源在枯竭，环境退化在加剧……这一系列问题都是无法持续的生产和消费模式、人口数量空前增长、贫困普遍和持续以及社会和经济不平等造成的。和平与发展成为世界各国所关注的焦点，社会发展问题，特别是人口、环境保护、消除贫困、提高妇女地位、普及教育等问题引起了各国政府和国际社会的普遍重视。同时，世界人口持续剧增，给资源和生态环境带来了巨大压力和威胁，特别是发展中国家，人口增长过快严重阻碍了发展中国家的经济发展。在人口方面，在 1974 年布加勒斯特世界人口会议和 1984 年墨西哥国际人口会议形成的广泛共识背景下，人口、持续的经济增长、可持续发展、妇女教育、提高经济地位和妇女权利等大的问题及其之间的相互关系有待审议，必须在可持续发展理念下加强开展有关人口问题的国际合作已经成为全球共识。

在此背景下，1994 年 9 月 5—13 日，联合国在埃及开罗召开了国际人口与发展大会，共有 182 个国家和地区，以及联合国有关机构、其他国际组织和非政府组织的一万余名代表出席了会议。

主要内容 会议以"人口、持续的经济增长与可持续发展"为主题，总结交流了过去 20 年各国执行《世界人口行动计划》所取得的成就与经验。通过了《国际人口与发展大会行动纲领》（以下简称《行动纲领》），提出各国应尽快采取措施满足人们在自愿基础上实行计划生育的需要，呼吁各国加强在人口与发展领域的合作，解决人类面临的共同问题。《行动纲领》共16章，包括原则，人口、持续的经济增长和可持续发展之间的相互关系，男女平等、公平和妇女权利，家庭及其作用、权利、组成和结构，人口增长和结构，生殖权利和生殖健康，保健、发病率和死亡率，人口分布、城市化和内部迁移，国际迁徙，人口、发展和教育，技术、研究与开发，国家行动，国际合作，与非政府组织的伙伴关系等部分。《行动纲领》确定了未来20年世界人口发展的战略目标，指出随着国际和区域紧张关系的缓解，人们日益认识到全球经济和环境的互相依赖关系，采取适当的社会经济政策以促进经济的持续增长和可持续发展，调动人力和财政资源解决全球问题出现了前所未有的机会。《行动纲领》认为，人类所依赖的基本资源正在枯竭，环境污染正在加剧，导致这一情况的原因是人口数量的空前增长、普遍和长期的贫穷、社会和经济的不平等以及不合理的消费。《行动纲领》提出，到2015年人口控制的目标是要使世界人口增长接近联合国的预测低值，并认为人口、持续的经济增长和可持续发展是实现这一目标的途径。《行动纲领》强调，促进男女平等和妇女权利是有关人口和发展方案的基石。最后，《行动纲领》要求增加人口与发展领域的国际财政援助，支持发展中国家完成人口方案。

会议关于人口的议题范围更加广泛，覆盖人口、贫困、生产和消费、环境及其相互之间的关系各个方面。大会提出的国际社会承担的一系列重要人口和发展目标，以及具体指标，为人类共同应对人口与发展问题提供了纲领和行动指南。（楚春礼　蒋婧博）

Kubatang “Siwanggu” Shijian

库巴唐“死亡谷”事件（Cubatao “Valley of Death” Event）　巴西库巴唐地区由于工业发展造成环境污染、环境风险突发，影响人们的生活和健康，从而导致该地区人烟稀少而被称为“死亡谷”的事件。

位于巴西圣保罗以南 60 km 的库巴唐市，占地 142 km^2，位于山谷之中，为了发展经济，于20世纪60年代引进炼油、石化、炼铁等外资企业300多家，城市人口剧增至15万，成为圣保罗的工业卫星城。为了获取更大的经济利益，一些工厂任意排放废气、废水，使城市浓烟弥漫、臭水横流，导致该市有 20%的人患上呼吸道过敏症，医院挤满了接受吸氧治疗的儿童和老人。1984年2月25日，由于一条输油管破裂，10万加仑（1加仑=4.546 09L）原油熊熊燃烧，导致100多人死亡，400多人烧伤。1985年1月26日，一家化肥厂泄漏 50 t 氨气，导致30人中毒，8 000人撤离，同时造成市郊 60 km^2 森林陆续枯死，山岭光秃，以致遇雨后常常发生滑坡事故，大片贫民窟被摧毁。在污染的影响下，库巴唐的膀胱癌患病率比其他城市高出6倍，神经系统的癌症患病率是其他城市的4倍，肺癌、咽喉癌、口腔癌和胰腺癌的患病率也是其他城市的 2 倍，此外，更是出现了患有先天性器官缺陷的新生儿。虽然当地政府采取了大量措施，投入大量资金想改善库巴唐的污染状况，但是一直未能成功。联合国将库巴唐列为世界上污染最严重的城市之一，库巴唐成为不适宜居住的地方，因而被称作“死亡谷”。

从1983年开始，库巴唐政府全面开展环境治理，调查所有污染源，制订长期环境治理计划，要求所有企业都安装并使用污染物处理设备，严控污染。随后的10年，当地政府集中对城市进行再绿化，各大企业共计投资10亿美元用于建造过滤设施和打造企业生态园，到20世纪90年代，库巴唐的污染得到较大改善，并被联合国授予环境改造奖，生物陆续回归，人们也逐渐重回家园。（楚春礼　叶頔）

L

Lafu Yunhe Huaxue Laji Wuran Shijian

拉夫运河化学垃圾污染事件 （US Love Canal Disaster of Chemical Refuge Pollution） 20 世纪中叶发生在美国纽约州拉夫运河的由于有毒固体废弃物无控填埋威胁居民乃至后代健康的一起环境污染公害事件。

拉夫运河位于美国纽约州，是一条早已干涸并废弃不用的运河。1942 年，美国胡克化学公司买下这条运河，向其中倾倒了大量化学垃圾，此后的 11 年间，该公司向河道中倾倒的各种垃圾总量达到 800 万 t。1953 年，该公司填平河道后又将其转赠给当地的教育机构。纽约市政府并未意识到其潜在的危害，在上面建造屋舍，后来逐渐发展为一个拥有几百户居民和一所学校的居民点。从 1977 年开始，当地居民不断得各种怪病，孕妇流产、婴儿畸形、癫痫、直肠出血等病症频频出现。1978 年，一次夏季暴风雨使许多早已锈蚀破损的化学毒物桶露出地面，并且地面开始渗出黑色液体，致使草木发黑枯萎，在室外玩耍的孩童皮肤呈现灼伤症状，引起了人们的恐慌。后经有关部门检测分析表明，共有 82 种化学物质散溢在地表，其中仅致癌物就有 11 种，黑色液体中含有氯仿、三氯酚、三溴甲烷等多种有毒物质。

在当地居民的强烈抗议下，时任美国总统卡特宣布封闭当地住宅，关闭学校，并将 200 多户居民迁离。之后，当地居民纷纷起诉，但没能胜诉。直到 20 世纪 80 年代，美国通过《综合环境反应、补偿和责任法》之后，胡克化学公司和纽约政府才被认定有罪，赔偿受害居民经济损失和健康损失费 30 亿美元。 （楚春礼　叶頔）

Laiyin He Hangyun Zhongyang Weiyuanhui

莱茵河航运中央委员会 （Central Commission for Navigation on the Rhine，CCNR） 依据 1815 年维也纳会议《最后文件》的规定而成立的负责保障莱茵河及其支流的航运自由与平等、促进莱茵河航运的繁荣与安全的组织。其总部位于法国斯特拉斯堡，是世界上历史最长的国际组织，主要工作是制定和修改有关莱茵河航运的规定，如《危险商品运输条例》、《检查条例》（包括船只的技术标准和对船员的有关规定）、《检疫条例》和《警察条例》等。

莱茵河航运中央委员会包括 5 个成员国，分别为荷兰、比利时、德国、法国和瑞士。莱茵河航运中央委员会下设一个常务秘书处，负责确保会议决议得到执行，公布决议、分发文件、组织会议、制作文件和翻译等工作。莱茵河航运中央委员会设预算委员会、行政小组委员会、筹备委员会、经济委员会、法律委员会、治安管理委员会、检查条例委员会、危险物质委员会、基础设施与环境委员会及社会问题、就业和职业培训委员会 10 个专门委员会和若干工作组，分别负责法律、经济和技术事务。莱茵河航运中央委员会每年召开两次全体会议，不定期召开专门委员会会议。

自成立以来，莱茵河航运中央委员会在以下方面发挥了重要作用：管理莱茵河通航行为；维护莱茵河通航环境；推动生态内陆通航；制定内陆通航政策；推动船员保护的国家政策；经济问题；其他事项。（楚春礼　姜贵梅）

Laiyin He Wuran Shijian

莱茵河污染事件　（Pollution Incident of the Rhine）　1986 年 11 月 1 日，瑞士巴塞尔市一个化学公司的仓库着火爆炸，大量污染物进入莱茵河并污染了数百公里河段，导致大量鱼类死亡、饮用水无法饮用、莱茵河生态系统受到破坏的污染事件。

背景　莱茵河是西欧第一大河，发源于瑞士阿尔卑斯山圣哥达峰下，自南向北流经瑞士、列支敦士登、奥地利、德国、法国和荷兰等国，于鹿特丹港附近注入北海，全长 1 360 km，流域面积 22.4 万 km^2。自 19 世纪末期开始，随着流域内人口的增加和工业的发展，莱茵河水质日益恶化。到 20 世纪 20 年代，由于污染物的影响，莱茵河下游的渔民不断抱怨鱼肉的味道越来越差。直至 20 世纪中叶，莱茵河的污染还在加重。在第二次世界大战后的重建中，莱茵河流域逐渐发展成为欧洲最主要的经济命脉，成为繁忙的水上交通线，同时，也吸纳了大量污染物。以鲁尔工业区为代表的多个工业区分布在河流沿岸，这些企业不仅从莱茵河取水用于工业生产，还将大量工业废水排入莱茵河。生活污水、工业废水以及大量的工业垃圾源源不断排入莱茵河，使莱茵河变成了“欧洲的下水道”和“欧洲的公共厕所”。

1950 年 7 月 11 日，瑞士、法国、卢森堡、联邦德国和荷兰在瑞士巴塞尔成立了保护莱茵河国际委员会，试图保护莱茵河。但是，出于发展经济的需要，工业生产仍占据主导地位，因此，到了 70 年代，工业生产向莱茵河排放的污染物仍在持续增加，莱茵河含氧量不断降低，河流中的鱼和其他水生动物大量死亡，最具代表性的鲑鱼也开始死亡。

事件过程　1986 年 11 月 1 日深夜，位于瑞士化学工业中心巴塞尔市的桑多兹（Sandoz）化学公司的一个化学品仓库发生火灾，装有约 1 250 t 剧毒农药的钢罐爆炸。由于巴塞尔位于莱茵河湾和德法两国交界处，灭火用水将逾千吨化学品冲入莱茵河。杀虫剂、除草剂、除菌剂、溶剂和有机汞等物质在莱茵河形成 70 km 长的微红色带顺流而下。11 月 21 日，德国巴登市的苯胺和苏打化学公司又因冷却系统故障导致 2 t 农药流入莱茵河。

事故过后，莱茵河约 160 km 范围内的鱼类大量死亡，约 480 km 范围内的井水受到污染不能饮用，事故还导致位于下游的瑞士、德国、法国、荷兰四国的沿岸城市沿河自来水厂关闭。事故使得已经投资 300 多亿马克的莱茵河治理工程前功尽弃。

后续处理　1986 年 12 月 19 日，法国环境部长要求瑞士政府赔偿渔业、航运业、生态和莱茵河水坝建设损失 3 800 万美元。桑多兹公司采取一系列改进措施帮助恢复因这次事件而受到破坏的生态系统，成立了“桑多兹—莱茵河基金会”，向世界野生生物基金会捐款 730 万美元，资助历时三年的莱茵河动植物恢复计划。此外，法国、瑞士、德国成立了联合工作组，以完善信息交换系统和紧急联系机制，并达成了防止莱茵河污染事故和减轻污染损害需要采取的必要措施的协议。（楚春礼　叶頔）

Lanse Xingqiu Jiang

蓝色星球奖　（Blue Planet Prize）　于 1992 年地球问题首脑会议期间由 Asahi Glass 基金会设立，旨在奖励为全球环境问题提供解决方案的组织或个人的奖项。该奖项每年评选一次，每次评选两位获奖者。

1999 年，全国人大环境与资源保护委员会主任曲格平因其为中国环保事业做出了突出贡献而获此奖项。（楚春礼　王小虎）

《Leshan Xuanyan》

《乐山宣言》　（Declaration of Leshan）　2002 年 9 月 2 日，来自 29 个世界遗产地的代表

以及中外致力于世界遗产保护的专家和各界人士，在中国四川乐山召开的世界遗产保护论坛国际会议上发布的全世界遗产地的第一个地方性保护世界遗产的宣言。

《乐山宣言》的主要内容包括：保护世界遗产是全社会的共同义务，是各级政府的首要任务，也是履行《保护世界文化和自然遗产公约》的组成部分；各级政府应加强对自然与文化遗产的保护和管理，建立健全权威、全面、科学的世界遗产决策机构，建立权威的世界遗产保护专家委员会；要长期不懈地开展世界遗产的保护与宣传，提高政府、公共机构、公众的环保意识和参与程度，形成全民保护世界遗产的自觉行动；要正确处理好遗产保护与开发利用的关系，坚定不移地贯彻执行“严格保护、统一管理、合理开发、永续利用”的方针，任何开发建设都必须无条件地服从于保护；彻底消除城市化、人工化、商业化对世界遗产地的负面影响；通过共同的努力，使更多的世界遗产万代长存、永世流传、造福人类。

（楚春礼　张清）

Li'aobode dadi lunli sixiang

利奥波德大地伦理思想　（Leopold's land ethic）　以美国学者奥尔多·利奥波德（Aldo Leopold）关于人与自然关系的大地伦理学说为核心的思想体系。

解决工业革命以来人类面临的一系列发展与资源、环境的矛盾问题，不仅需要科学技术的发展和进步，同时还需要人们转变价值观念，寻求与自然的和谐相处。利奥波德大地伦理思想为人们正确认识和处理人与自然的关系、肩负起对自然的道德责任、实现与自然和谐共处提供了全球性的生态图景和整体性的方法论，推动了环境伦理学这一新学科的形成和发展，利奥波德也被称为“现代环境伦理学之父和开路先锋”。大地伦理思想是利奥波德于1935年在《大地病理学》这篇论文中首次提出的，1949年在《沙乡年鉴》中得到进一步完善。

主要内容　利奥波德大地伦理思想认为，土地、河流、一切动植物，甚至整个地球生态系统组成了“大地共同体”，应该建立人与大地之间平等、相互尊重的伦理关系，即大地伦理，大地伦理应纳入伦理学的研究范畴。

①伦理关怀对象的扩展。利奥波德大地伦理思想认为，伦理规范的演变经历了三个阶段。第一阶段：最早的伦理规范主要处理人与人的关系，伦理关怀的对象仅仅限于个人，但不包括在奴隶社会中的奴隶。第二阶段：伦理规范开始用来处理人与社会的关系，伦理关怀的对象范围扩大到了整个社会。第三阶段：伦理规范用来处理人与土地、动植物的关系，伦理关怀的范围进一步扩大到自然世界中的非人类存在，土壤、水、植物和动物也被包含其中，这些都成为大地共同体的一部分，人类与其他共同体是平等的关系，与其他成员是互相尊重的关系。

②自然本身的内在价值。利奥波德大地伦理思想认为，自然界具有内在价值，人类中心主义遮蔽了自然界的内在价值，自然界的价值不能仅仅通过经济价值来衡量，自然界内在价值还体现在维持自然界的稳定性等方面。

③审美与伦理的统一。利奥波德大地伦理思想认为，人类从自然界获得的审美感受应该脱离感官的快适，不要带有任何目的，感受自然的内在美，即对自然形式的一种无功利、无目的的静观。人类应该用这种审美态度重新审视自己与自然界的关系，从而形成对自然发自内心的尊重和热爱，与自然世界和谐共处。大地共同体是人类的“家”，人类对大自然负有责任和义务。

④大地伦理原则。利奥波德大地伦理思想提出评判共同体内各种事物价值的大地伦理原则，即“当一件事情有助于保护大地共同体的和谐、稳定和美丽的时候，它就是正确的；当它走向反面时，就是错误的”。大地伦理后来被贝尔德·克利考特（J.Baird Callicott）等人宣称为“伦理整体主义”的最高原则，其也是利奥波德对环境伦理学的最大贡献。大地伦理认为，和谐、稳定和美丽是大地共同体不可分割的三

个元素。其中，和谐是指这个生态系统的完整性和物种多样性及其协调关系；稳定是指维持生态系统的复杂结构，使其能够具有发挥自我调节和更新作用的功能；美丽则是指一种超越了经济利益的更高的审美意识。据此观点，人类可以猎杀野生动物，但应以不破坏生物群落的动态平衡关系为限；人类可以干预、改造自然及其运动过程，但应以不破坏自然界物质循环和能量有序流动为限。保持生态系统的完整稳定和生物物种的多样性，以及保持土地完整无损是大地伦理的基本道德规范，需要综合运用法律、经济、公众舆论手段，督促人们遵守大地伦理道德规范。

意义 利奥波德大地伦理思想将人与大地共同体之间的伦理关系纳入伦理范畴，提出环境问题上的道德伦理诉求，强调自然价值和人类与自然的平等关系，对环境伦理学的发展具有巨大影响。

利奥波德大地伦理思想提倡摒弃人类中心主义思想，构建一个以和谐、稳定和美丽为基本道德原则的大地共同体，使环境伦理和环境保护成为一种新的文明在世界范围普及和发展，为可持续发展战略提供了哲学理论基础，对树立环境伦理意识，规范人类开发利用自然的行为，缓和人与自然的矛盾，进而实现人与自然的和谐共存起到了促进作用。

随着人与自然的矛盾日益尖锐，以及20世纪60年代新环境保护运动的兴起，利奥波德大地伦理思想越来越受到人们的关注，产生的影响也越来越大，它促使人们重新思考人与自然界的关系，促进了人们行为方式的改变，也为以后的生态伦理学提供了一种范式。

（鞠美庭　楚春礼）

Lianheguo Fangzhi Shamohua Huiyi

联合国防止沙漠化会议　（United Nations Conference on Desertification）　鉴于耕地土壤沙化、沙漠迅速扩展并已经威胁到人类的生存，联合国于1977年8月29日至9月9日在肯尼亚内罗毕召开的以防止沙漠化为主题的国际会议。有102个国家和30个国际组织的1 000余人参加了会议。

沙漠化对人类构成巨大威胁，解决沙漠化问题刻不容缓。该会议围绕沙漠化进程及原因和防止沙漠化行动计划两个议题开展讨论。世界沙漠化图和会议报告揭示了世界沙漠化的规模、分布、成因及可能造成的影响，提出干旱地区生态系统不稳定是沙漠化的直接原因，而人类活动则间接导致了沙漠化。会议通过了“防止沙漠化行动计划”，该计划提出26项建议，要求各国及国际组织通过国际合作，采取计划提出的各项措施，投入资金，积极与沙漠化作斗争，消除沙漠化对人类安全的威胁。

（楚春礼　蒋婧博）

Lianheguo Haiyangfa Huiyi

联合国海洋法会议　（United Nations Conference on the Law of the Sea）　联合国为了解决海洋法中的各种问题以及缓解各国间的海洋利益矛盾而召开的国际性会议，分别于1958年、1960年在瑞士日内瓦，1973年在美国纽约召开了3次联合国海洋法会议，其中第三次会议从1973年持续到1982年，历时9年。

背景 第二次世界大战以后，随着国际关系的变化、科学技术的进步，一些国家相继宣布了新的海域制度，如“大陆架”“专属经济区”“国际海底制度”等，海洋法进入了一个新的发展阶段。由于各国近海岸钻探能力、定位能力、捕鱼技术等方面的进步，以及深海海底锰结核勘探技术、大陆架底石油勘探技术的兴起，国际上要求扩大领海范围和解决渔区范围问题的呼声越来越高，海洋资源权益的单边声明使得海洋自由制度面临着严峻的挑战，领海宽度问题亟待解决。在这一背景下，联合国国际法委员会把海洋法规的编纂工作列为首要任务，于1958年2月24日在瑞士日内瓦召开了第一次联合国海洋法会议。

历次联合国海洋法会议 第一次联合国海洋法会议共有86个国家和地区的700个代表团参加，核心是讨论领海、公海、渔业和大陆架的问题。会议通过了《领海与毗连区公约》《公海公约》《大陆架公约》《捕鱼及养护公海生物资源公约》，奠定了现代海洋法的基础。

由于第一次联合国海洋法会议没能就领海宽度和毗连渔区这两个至关重要的问题达成协议，联合国于 1960 年 3 月 17 日在日内瓦召开了第二次海洋法会议。许多国家在会上提出了自己的提案，就争论的领海宽度和毗连渔区两个核心问题发表态度。第二次会议经过了 6 个星期的讨论，由于争论过于尖锐和激烈，未能达成一致意见，因而未能通过任何有关领海宽度和毗连渔区的决议。

第三次联合国海洋法会议于 1973 年 12 月 3 日在美国纽约召开，共有 167 个国家的代表团、50 多个国际组织和其他团体参加了会议。会议历时 9 年，围绕着领海、海峡、大陆架、专属经济区（又称“排他性经济海域”）、群岛国、岛屿制度等一系列问题展开了讨论，直到 1982 年 12 月 10 日签订《联合国海洋法公约》，才宣布会议的结束。其间先后共召开 11 期 16 次会议，是以往国际关系史上参加国最多、规模最大、时间最长的会议，也是国际法编纂史上所拟公约条文最多的一次会议。《联合国海洋法公约》对内水、领海、毗邻海域、大陆架、专属经济区、公海等重要概念做出了界定，对当前全球各地的领海主权争端、海上自然资源管理、污染处理等问题具有重要的指导和裁决作用。

（楚春礼　蒋婧博）

Lianheguo Huanjing Guihuashu

联合国环境规划署（United Nations Environment Programme，UNEP）　简称环境署，是联合国系统内负责全球环境事务的牵头部门和权威机构，发挥着催化剂、倡导者、教育者和推动者的作用，力求促进全球环境的合理利用和可持续发展。

UNEP 成立于 1973 年，总部设在肯尼亚内罗毕。UNEP 旨在激励、推动和促进各国及其人民在不损害子孙后代生活质量的前提下提高自身的生活质量，为建立关爱环境的伙伴关系提供指导和帮助。

组织机构　UNEP 设高级管理团队，由执行主任、执行副主任、首席科学家、各司和区域办事处的主任组成，是 UNEP 的管理机构，由执行主任领导。UNEP 设多个业务司。新闻司主要负责开发并传播 UNEP 核心信息，包括通过数字及传统渠道，将信息传播至政府及公民、利益相关方、合作伙伴及媒体，宣传环境问题，与公众进行接触，影响环境政策与行为。行政司主要负责为 UNEP 提供高效实用的管理方案与方法，管控机构风险，维护机构利益；确保 UNEP 工作符合联合国核心价值、相关管理规定及问责机制。经济司主要负责为政策决策者提供环境解决方案，通过提供对话与合作平台、创新政策建议、前沿项目与创新市场机制，来改善商业环境。生态司主要负责支持推动各国对陆地、淡水及海洋生态系统的保护、修复与可持续管理，支持对这些生态系统中生物多样性及其为人类福祉及繁荣所需提供的产品和服务的保护、修复与可持续管理；负责解决灾害与冲突中的环境问题；帮助成员国减少陆源活动污染，增强气候变化适应性，并负责环境规划与减贫协同。政府事务办公室主要负责协助成员国、主要组织及利益相关方（如私营部门等）参与 UNEP 工作；服务联合国环境大会及常驻代表委员会，承担相关会议管理工作；协助加强联合国环境大会作为环境领域权威机构的权威性和影响力。法律司主要负责引领国际社会推进环境法律发展进程，推动完善司法、立法与政策领域相关能力、透明度与问责机制的建立；与成员国开展合作，打击环境犯罪、履行国际环境承诺，推动全球立法者开展合作以保护环境。政策与战略规划司主要负责制定 UNEP 相关政策、规划等，并保证其连贯性与协调沟通工作有效进行，以及 UNEP 对联合国系统和主要国际进程（如《2030 年可持续发展议程》等）的参与工作。科学司主要负责提供及时、有科学可信度、与政策相关的环境评估与数据，为政策制定者及可持续发展行动规划提供相关信息；检测、分析与报告全球环境状况，政策与趋势评估，并发出潜在环境问题的早期预警。此外，UNEP 设非洲区域办事处、亚太区域办事处、欧洲区域办事处、拉丁美洲及加勒比海区域办事处、北美区域办事处、西亚区域办事处六个区域办事处。UNEP 通过各业务司，区域、国家联络处和办事处以及不断壮大的合作中心网络开展工作。UNEP 为加强各国和环保团体的联系，共同应对重大环境挑战，设置了多个多边环境协议秘书处，如臭氧秘书处、东亚海洋共同体秘书处、《生物多样性公约》秘书处、《巴塞尔公约》和《斯德哥尔摩公约》秘书处、《濒危野生动植物种国际贸易公约》秘书处、《野生动物迁徙物种保护公约》秘书处、《水俣公约》秘书处等。

主要活动 UNEP 通过与国家以及地方政府建立稳固的战略合作伙伴关系，推动环境、气候变化和科学技术领域的政策制定，为将环境问题纳入国家战略提供技术援助。目前，UNEP 确定了以下七个优先领域，包括气候变化、生态系统管理、环境治理、资源效率、有害物质和危险废弃物、灾害管理和环境审查，以及新兴和交叉议题，如污染和健康、海洋、环境安全、城市化、野生动植物、绿色金融和经济。

UNEP 在全球和区域两级处理环境事务，其任务是通过持续审查全球环境状况并向各国政府和国际社会介绍新出现的环境问题，促使各方采取行动，从而协调制定环境政策的共识。UNEP 的具体责任包括：开展工作解决重大环境威胁；监测全球的环境状况并且公布环境信息；协调联合国各类事务中的环境保护问题；通过合作、联络和参与来确保环境因素纳入各国政府的政策考量；帮助各国，尤其是发展中国家和经济转型国家的环境部或者其他政府环境机构制定和实施环境政策；协助制定国际环境法；就环境保护概念以及工具的开发和使用提供专家意见；制定区域环境保护方案。其各类活动的主要成果包括：通过国际协约向各国政府、多边组织和其他机构提供环境保护和政策建议，并将环境保护纳入可持续发展进程中；通过定期评估和科学合理的预测，支持重大环境威胁和响应措施的决策制定，并促进国际共识的达成；更有效地协调联合国系统内部的环境事务问题。

1995 年，UNEP 开始发布《全球环境展望》系列报告，分析环境的变化、变化的原因、影响和对策，在全球范围内为决策者提供信息，有助于各国提高预警能力，提升人们对于环境问题的认识。

UNEP 还设置了“地球卫士奖”“笹川环境奖”“绿色之星奖”“种子奖”等奖项，表彰那些在环境保护方面做出贡献的企业、组织和个人。

中国与UNEP 中国自1973年起为UNEP成员国，1976 年开始向 UNEP 派出常驻代表，2003 年，UNEP 在北京设立驻华代表处。中国驻 UNEP 代表处是中国政府派驻的多边外交机构，负责中国与 UNEP 的日常联络与协调；作为中国政府的常设外交机构参加 UNEP 常驻代表委员会会议、联合国环境大会及其他相关会议；承担中国环境保护及对重要国际环境问题立场的宣贯工作。

长期以来，UNEP 与中国在环境保护领域开展了一系列合作，在环境治理、生态保护、国际履约、环境执法、能力建设和公众宣传教育等领域均有项目开展。UNEP 以项目为载体，通过合作为中国引进了环境保护资金和技术，推行了重要的环境政策、环境标准以及先进的管理理念，培养了一批环境保护骨干力量，推动了中国环境事业的发展。2012 年 6 月，时任国务院总理温家宝出席“里约+20”联合国可持续发展大会，并宣布向 UNEP 信托基金捐款 600 万美元，用于开展南南环保合作。2015 年，中方再次宣布向该信托基金捐赠第二期 600 万美元捐款。2017 年 5 月，在“一带一路”国际合作高峰论坛上，UNEP 和中国环境保护部共同发起“一带一路”绿色发展国际联盟，推动南南合作绿色发展。

中国对全球环境事业的卓越贡献得到了 UNEP 的高度认可。曾有多个集体和个人获得

UNEP 颁发的奖项，如笹川环境奖、地球卫士奖等。（楚春礼 姜贵梅）

Lianheguo Huanjing Yu Fazhan Dahui

联合国环境与发展大会 （United Nations Conference on Environment and Development） 为了促进发展中国家和发达国家在环境保护领域进行全球合作，1992 年 6 月在巴西里约热内卢召开的讨论环境与发展主题的国际性会议，共有 180 多个国家参加。

背景 1972 年联合国人类环境会议的召开，虽然有力地推动了环境保护运动的发展，但是从总体来看，全球环境依旧在持续恶化，臭氧层破坏、热带雨林面积锐减、气候变暖、沙漠化扩大等的影响越来越突出，甚至威胁到人类的发展，特别是 1984 年印度博帕尔毒气泄漏事件、1985 年非洲撒哈拉以南地区的严重饥荒、1986 年苏联切尔诺贝利核电厂事故等，让人们更加清晰地认识到环境和污染事件带来的巨大威胁。另一方面，寻求环境、经济与社会永续发展，为当代人和后代人留下同等的生存权利的可持续发展理念日益深入人心。1983 年，联合国大会通过第 38/161 号决议决定设立世界环境与发展委员会，重新审视环境和发展的问题。1987 年，世界环境与发展委员会发表《我们共同的未来》报告，分析了环境与发展的相互联系，提出发展不能以破坏环境资源基础为条件，必须要寻求可持续的发展模式。1989 年 3 月，在伦敦召开了拯救臭氧层世界大会，以动员发展中国家加入《蒙特利尔议定书》，增进人们对臭氧层破坏危害的认识。1989 年 5 月，第 15 届联合国环境规划署管理理事会讨论通过了《关于可持续发展的声明》，提出必须要通过加强国内合作和国际合作才能达到可持续发展的目标。同年，《控制危险废物越境转移及其处置巴塞尔公约》签订，环境问题成为发达国家和发展中国家政治和外交上的重要内容之一。在此背景下，1989 年 12 月 22 日，第 44 届联合国大会经过各方特别是南方国家和北方国家之间的协商讨论，通过了第 44/228 号决议，决定在 1992 年 6 月召开联合国环境与发展大会。经过 1990 年在内罗毕、1991 年两次在日内瓦、1992 年在纽约召开四次筹备会议之后，1992 年 6 月 3—14 日，联合国环境与发展大会在巴西里约热内卢国际会议中心隆重召开。

主要内容 大会就大气层保护（防止气候变暖、臭氧层损耗、跨国界空气污染），土地资源保护（防止森林砍伐、水土流失、沙漠化和干旱），生物多样性保护，淡水资源保护，海洋及海岸地区生物资源保护、开发和合理利用，无害废弃物无害化管理，有害化学品和有害废物非法国际运输的防止，人类健康条件和生活质量的改善，消除贫穷并制止环境恶化从而改善贫民的生活条件及劳动条件 9 个课题进行了讨论，提出了人类"可持续发展"的新战略和新观念。会议认为人类应与自然和谐一致，可持续地发展并为后代提供良好的生存发展空间；人类应珍惜共有的资源环境，有偿地向大自然索取；人类为此应改变现有的生活和消费方式，与自然重修旧好，建立新的"全球伙伴关系"。大会通过了《里约环境与发展宣言》（又称《地球宪章》）、《21 世纪议程》和《关于森林问题的原则声明》，签署了《联合国气候变化框架公约》和《生物多样性公约》。《里约环境与发展宣言》旨在为各国在可持续发展领域采取行动及开展国际合作规定基本原则和一般义务，围绕可持续发展和国际合作两个核心理念，提出了 27 条原则。《21 世纪议程》则为可持续发展和国际合作制订了行动计划，反映了世界各国在可持续发展问题上的基本共识和政治承诺。

意义和影响 联合国环境与发展大会是继联合国人类环境会议之后，全球环境保护史上的第二座里程碑。此次大会高举"可持续发展"这面旗帜，从此成功地把世界各国聚集在一起，开启了人类共同探寻实现可持续发展目标之路。此外，会议就森林资源保护、防止气候变暖、减缓濒危动植物灭绝等几个重点问题开展了激烈讨论，达成了基本共识和政治承诺，促进了这些方面的行动实践。

（楚春礼 蒋婧博）

Lianheguo Jiaoyu、Kexue Ji Wenhua Zuzhi

联合国教育、科学及文化组织（United Nations Educational，Scientific and Cultural Organization，UNESCO） 简称联合国教科文组织，是各国政府间讨论关于教育、科学和文化问题的国际组织，旨在通过教育、科学、文化与信息促进各国间的合作，促进建设和平、消除贫困、可持续发展和文化间对话，以增进对正义、法治及《联合国宪章》所确认的世界人民不分种族、性别、语言或宗教均享人权与基本自由的普遍尊重。

成立 1942年，第二次世界大战尚未结束，欧洲各国政府在英国召开了同盟国教育部长会议，共同思考战后教育体系重建的问题，该计划迅速得到广泛支持，包括美国在内的许多国家都参与到这一计划之中。战争刚一结束，在同盟国教育部长会议的提议下，1945 年 11 月 1—16 日在伦敦召开了联合国会议，专门讨论建立一个教育与文化的专门组织，44 个国家的代表出席了此次会议，一致同意建立一个象征着真正的和平文化的组织，这个新的组织应推动“人类智慧与道德的共同提升”，从而防止爆发新的世界战争。UNESCO 成立于 1946 年，总部设在法国巴黎，其总体目标为实现高质量的全民教育和终身学习；宣传可持续发展方面的科学知识和政策；应对新出现的社会和伦理挑战；促进文化多样性、文化间对话与和平文化；通过信息与传播，建立包容性的知识社会。

组织机构 主要设大会、执行局和秘书处三大部门。大会为该组织最高权力机构，由各会员国代表组成，每两年召开一次会议，参加者包括成员国、准成员以及非成员国的观察员、政府间组织和非政府组织。所有国家均有投票权。大会负责制定 UNESCO 的政策及主要工作路线，同时还负责落实项目、制定预算。大会选举确定执行局成员，每隔四年任命一任总干事。大会以阿拉伯语、中文、英语、法语、俄语和西班牙语为工作语言。执行局是 UNESCO 的工作机构，负责筹备大会，并确保大会决议的实施。执行局须遵守《联合国教科文组织宪章》的规定和大会的要求，此外，还需要完成来自 UNESCO 与联合国、联合国专属机构以及其他政府间组织协议规定的任务。执行局共 58 个成员，由大会选举产生，具有广泛的代表性。执行局每年举行两次会议。秘书处是 UNESCO 的日常工作机构，由多个部门组成，分别负责教育、自然科学、社会科学、文化和交流等各领域业务。此外，UNESCO 还在多个成员和准成员国家或地区设有全国委员会，作为常设机构，辅助开展工作。

截至 2018 年，UNESCO 共有成员国 193 个，准成员国或地区 11 个，教科文组织全国委员会 199 个，合作院校 11 000 个。UNESCO 在其所涉及的领域与众多合作伙伴建立了广泛的合作关系。

主要活动 UNESCO 积极发展教育手段，消除仇恨、倡导包容，培养全球公民，致力于确保每个公民都享有接受优质教育的机会。通过保护文化遗产、倡导文化平等来加强各国之间的联系。促进科学计划与教育支持政策，并以此作为发展与合作的平台。支持言论自由，帮助各国落实国际准则，管理各项促进思想自由交流和知识共享的计划。发展教育是 UNESCO 的工作重心，生态保护和自然资源管理是 UNESCO 在科学技术领域的优先计划。UNESCO 的主要活动形式包括制定国际准则性文件（如公约、议定书、建议书、宣言等），召开各类政府间国际会议，组织开展各类专业学术研究活动，出版各类图书、期刊、报告、文献、音像制品及电子制品，以专家咨询、设备支助等形式向会员国提供技术援助，举办培训、研修、实习等活动，向非政府国际组织提供支持和帮助，与会员国和地区性机构合作开展业务活动。

UNESCO 与中国 中国是 UNESCO 创始国之一，自 1972 年恢复在该组织合法地位以来，一直当选为执行局委员。中国与 UNESCO 开展良好互动与合作，UNESCO 在推动中国教育事业发展上做出了积极贡献。1993 年，UNESCO 第 27 届大会上一致表决，同意由中国政府提出的在中国建立UNESCO国际农村教育研究与培训中心的建议，这是UNESCO首次将研究机构设在发展中国家，中国开始深度参与UNESCO工作。随着改革开放的不断深入和综合国力的持续增强，中国积极承担国际责任，派出政府官员与精英，与UNESCO展开合作，在全球范围内推广教育理念，共同推动包括青年工作在内的国际文化教育事业向前发展。中国深圳、上海、北京、成都、顺德、杭州、景德镇、苏州、长沙、青岛、武汉等城市加入UNESCO创意城市网络，成为UNESCO创意城市网络最活跃的国家之一。进入2000年以来，中国不断提高在UNESCO的影响力，增加参与国际合作的人才数量，开始承担UNESCO高级官员等职位，为UNESCO的活动和推广贡献智力支持。

中国联合国教科文组织全国委员会是由教育部牵头领导的跨部门政府机构，归口负责中国与UNESCO之间的合作事务，其具有以下基本职能和职责：协调和协助中央和地方政府各部门和各机构参与 UNESCO 各业务领域的活动；执行中国与UNESCO合作开展的部分活动；就中国参与UNESCO活动和与之在正常计划、参与计划和预算外财源计划项下开展合作事宜进行对外联络；负责与UNESCO亚太地区总办事处和东南亚地区科技办事处，UNESCO驻北京办事处及各国教科文组织全国委员会的联络；为中国出席UNESCO大会做准备工作，就参与有关论题讨论、提交决议草案、机构选举等事宜向政府提供咨询建议；协助UNESCO执行局中国委员准备和参与执行局届会；对UNESCO总干事寄发的关于编制起草UNESCO中期战略（C/4文件）、双年度计划与预算（C/5文件）、国际法规性文件及其他重要文件的征询意见函进行书面答复，并参与有关问题的磋商会议；组织出席亚太地区国家教科文组织全国委员会会议和分地区会议，与本地区和其他地区国家教科文组织全国委员会开展UNESCO主管领域内的交流与合作；宣传UNESCO开展的重要业务活动和中国与UNESCO的合作情况，传播有用和有参考价值的新的思想、观点、知识、经验。 （楚春礼 姜贵梅）

Lianheguo Kaifa Jihuashu

联合国开发计划署 （United Nations Development Programme，UNDP） 联合国技术援助计划的管理机构，成立于1965年，为联合国技术援助扩大方案和联合国特别基金合并而成，总部位于美国纽约。

组织机构 UNDP的核心机构为执行局，设有联合国发展业务协调办公室、人类发展报告办公室、评估办公室、审计和调查局、道德操守办公室，以及伙伴关系局、发展政策局、预防危机与恢复局、管理局和南南合作特设局，在非洲、阿拉伯国家、亚太地区、欧洲和中亚、拉丁美洲和加勒比地区设有国家办事处。执行局成员由联合国经济及社会理事会按地区分配原则和主要捐助国、受援国代表性原则选举产生，任期三年。执行局每年举行两次常会、一次年会。秘书处在署长领导下处理日常事务，在177个国家和地区设有常驻代表处。

主要活动 UNDP的宗旨是帮助发展中国家加速经济和社会发展，提供系统的、持续不断的援助，以解决这些国家面临的民主治理、减少贫穷、危机预防与恢复、环境与能源、艾滋病毒/艾滋病五个方面的挑战。UNDP主要提供无偿援助，包括提供专家，资助国内外培训、考察及购买有限的硬件。UNDP的援助也从传统的以加强国外先进技术的吸收和转让为主转向以扶贫为中心、以环保和社会发展为重点的可持续发展。UNDP全球发展网络遍及170多个国家和地区，协调全球及各国为达到千年发展目标所做的努力，为支持千年发展目标的国家提供基于千年发展目标的分析与投资规划、扩大政策选择、加强国家自身能力三个支柱领域的服务。

加强法治和促进人权是UNDP实现人类可持续发展及消除极端贫困工作的基石，UNDP通过法治和人权援助促进整个发展背景下建设和平和民主治理的任务。UNDP的主要法治和人权工作领域包括：增加获得司法救助和救济的机会，帮助人们享有权利；帮助各国政府建立有能力的司法系统，包括在危机或冲突过后迅速恢复司法服务和争端解决机制（特别针对从前被边缘化的群体）；增进社区安全，减少武装暴力现象，包括通过控制小武器和轻武器扩散来实现此目的；应对性暴力和性别暴力侵害，增进（特别是在建设和平及重建背景下增进）妇女在司法和安全机构中的参与及领导权；支持增进和保护人权，包括加强国家人权机构的工作，支持与国际人权机制交往，促进运用以人权为基础的方法拟订发展方案和国家规划进程；支持过渡司法，以纠正以往的暴力和侵犯人权行为，使社会摆脱暴力的遗留后果。

全方位减贫是 UNDP 的主要工作目标之一。UNDP 减贫方面的主要工作包括：聚焦贫穷现状及动态分析，掌握贫穷和不公平状况，力求使行动覆盖所有人；贫穷及减贫机会研究；推动减贫决策及相关支持的发展进程，消除各类形式和维度的贫穷；推动全球和当地跨部门联合响应。

危机应对能力建设也是 UNDP 的主要工作目标之一。UNDP 在该方面的主要工作包括：支持各国政府采取措施推进高效的风险管理、预防、响应以及从危机中恢复的能力建设；支持各国促进性别公平、保护妇女及儿童权益；提高满足公众需求的能力。

UNDP 与中国 中国于 1972 年开始参加 UNDP 的活动，1979 年 UNDP 在北京设立代表处，促进和协调联合国在我国开展各项活动。UNDP 充分利用全球发展经验帮助中国寻求应对发展挑战的方法，主要在减贫与社会包容性发展、法治与治理、能源与环境以及应对气候变化四个领域为中国提供帮助。

（楚春礼　姜贵梅）

Lianheguo Kechixu Fazhan Gaojibie Zhengzhi Luntan

联合国可持续发展高级别政治论坛（United Nations High-Level Political Forum on Sustainable Development，HLPF）　联合国推动可持续发展领域工作的政府间机制。

2012 年 6 月，为应对可持续发展新的问题和挑战、指导可持续发展进程，联合国可持续发展大会决定成立联合国可持续发展高级别政治论坛，取代可持续发展委员会。联合国可持续发展高级别政治论坛属于政府间机制，联合国 193 个会员国均为论坛正式成员。

联合国可持续发展高级别政治论坛的宗旨为：政治上领导并指导可持续发展进程，提出相应工作建议；跟进并审议可持续发展目标落实进展，在监督全球的后续落实和评估工作方面起核心作用；在各层级、各领域工作中全面加强整合经济、社会和环境三大支柱；制定重点突出、具有灵活性的、以行动为导向的工作议程；应对可持续发展领域的新挑战和新问题。

联合国可持续发展高级别政治论坛在联合国大会和联合国经济及社会理事会（以下简称联合国经社理事会）框架下分别举行会议。每四年在联合国大会召开期间举行高级别会议，与会代表级别为国家元首和政府首脑，当年联合国大会主席担任会议主席，会期两天，会后形成简短的政治宣言提交联合国大会。在联合国经社理事会框架下每年举行一次会议，会期 8 天，包括在联合国经社理事会实质性会议期间举行为期 3 天的部长级会议，会后形成部长级宣言，纳入联合国经社理事会向联合国大会提交的报告。自 2016 年起，每年举行自愿性质的定期审议，即国别自愿陈述，主要审议可持续发展目标落实情况。

中国参加了联合国可持续发展高级别政治论坛的各项筹备活动。2013 年，外交部长王毅出席了论坛首次会议。2016 年，李保东副部长出席论坛部长级会议，并代表中国政府参加了落实《2030 年可持续发展议程》国别自愿陈述。2018 年 7 月 9—18 日，联合国可持续发展高级别政治论坛在纽约联合国总部举行，主题为“向可持续和有韧性的社会转型”，中国常驻联合国代表马朝旭大使在部长级会议上发言。

（楚春礼　姜贵梅）

Lianheguo Liangshi Ji Nongye Zuzhi

联合国粮食及农业组织　（Food and Agriculture Organization of the United Nations，FAO）旨在提高各国人民的营养水平和生活标准，提高所有粮农产品的生产和分配效率，改善农村人口的生活状况，促进世界经济的发展，并最终消除饥饿和贫困的联合国专门机构。成立于1945年10月16日，总部设在意大利罗马。

组织机构　FAO有194个成员国、欧洲联盟1个成员组织和法罗群岛、托克劳群岛2个准成员，在全球130多个国家开展工作。大会是FAO的最高领导机构，负责审议世界粮农状况，研究重大国际粮农问题，选举、任命总干事，选举理事会成员国和理事会独立主席，批准接纳新成员，批准工作计划和预算，修改章程和规则等；每两年举行一次会议，全体成员国参加。理事会隶属大会，在大会休会期间在大会赋予的权力范围内处理和决定有关问题；由大会按地区分配原则选出的49个成员国组成，任期3年，可连任，每年改选1/3；在大会两届例会期间至少举行4次会议。秘书处是执行机构，负责执行大会和理事会有关决议，处理日常工作，负责人是总干事，由大会选出，任期4年，在大会和理事会的监督下领导秘书处工作。秘书处下设农业与消费者保护，经济和社会发展，林业，渔业及水产养殖，气候、生物多样性、土地及水利，计划支持及技术合作等部，在亚洲及太平洋、非洲、拉丁美洲及加勒比、近东及北非、欧洲及中亚5个区域设有办事处，另设有10个分区域办事处、6个联络处和为数较多的国家办事处。

主要活动　FAO的活动和工作主要集中在四大领域：发挥智囊团的作用，利用农艺学家、林业工作者、渔业和畜牧业专家、营养学家、社会科学家、经济学家、统计员和其他专业人员的专业知识，收集和分析有助于消除饥饿的资料，通过新闻通讯、报告、书籍、杂志、光盘、电子论坛等形式发布这些信息；向各成员国提供在设计农业政策和规划、拟定有效法律及制定实现乡村发展和脱贫目标的国家战略方面多年积累的经验，分享政策专业知识；为各国提供会议场所，就重大的粮食和农业问题开展讨论，达成一致意见，促进各国交流与合作；为各国实践提供技术支持与援助，同联合国世界粮食计划署以及其他人道主义机构合作，应对世界粮食方面可能出现的危机，维持农村人民的生计并帮助他们建设家园。

FAO与中国　中国是FAO创始成员国之一，自1973年恢复在该组织席位以来，一直是理事会成员国。FAO于1983年在北京设立驻华代表处。FAO积极支持中国农村改革和农业发展。1978年至今，FAO在华实施了200多个援助项目。中国积极履行成员国义务，广泛参与和支持FAO活动。2008年9月，时任国务院总理温家宝在联合国千年发展目标高级别会议上宣布向FAO捐款3 000万美元设立特别信托基金，用于帮助发展中国家提高农业生产能力的项目和活动。（楚春礼　姜贵梅）

《Lianheguo Quanxitong Zhongqi Huanjing Fang'an》

《联合国全系统中期环境方案》　（System-Wide Medium-Term Environment Programme of United Nations）　联合国制定的要求联合国全系统于1990—1995年实施的环境方案，于1988年3月由联合国环境规划署在肯尼亚内罗毕召开的特别会议审议通过。

制定背景　罗马俱乐部发表的《增长的极限》，世界环境与发展委员会发表的《我们共同的未来》，以及20世纪80年代以来的环境保护运动，使人们逐渐确立了可持续发展理念，寻求解决人类社会经济发展与环境保护矛盾问题的根本出路。可持续发展要实现“既满足当代人的需求，同时又不损害后代人满足其发展需求的能力”的目标，需要世界各国的共同努力，将环境问题纳入经济发展过程中，并落实到具体的社会经济活动实践中。在这样的背景下，联合国编制了《联合国全系统中期环境方案》，旨在促进全球环境与发展的协调，提出寻求解决环境问题的目标以及所能采取的主要措施。

主要内容　《联合国全系统中期环境方案》

（以下简称《方案》）分九章，共 413 条，主要内容包括环境问题的性质与重点、当前人类环境和努力目标、主要措施三个方面。

环境问题的性质与重点 《方案》指出，在发展中国家和发达国家，人类的很多活动都导致或加剧了环境问题，如果要避免这个问题就必须把环境问题纳入发展规划的各个方面；实现可持续发展是所有活动的立足点，有效的环境管理将有助于实现可持续发展；环境问题的挑战是人类社会有史以来面临的最艰难、最关键的挑战，解决环境问题需要各国际组织以及各国的共同努力；解决环境问题同时也需要跨学科的合作与努力；到 21 世纪，全球普遍关注的环境问题可以分为两类，一是造成生物圈生产能力降低的滥用自然资源问题，二是威胁到人类福利、健康甚至生命的污染问题。为了应对这两类问题，《方案》确定的工作重点为：审慎评价并综合规划、管理陆地及海洋生态系统以形成持续的生产能力；审慎评估大气污染、臭氧层破坏、气候变化对环境和社会经济的可能影响；持续评估有毒有害物质以及各类危险物质的产生和影响；发展低废、高效和生态上可接受的技术，以促进工农业发展；规划、管理、教育、培训等措施和工具应用于具体实践。

当前人类环境和努力目标 从十个方面概述了全世界和各国政府所面临的实质性环境问题，提出了期望达到的目标，确定了 1990—1995 年联合国系统与各国政府协作应对这些问题时应采取的战略。

①大气。包括大气的组成、过程和空气污染，气候及气候变化两个方面。

大气的组成、过程和空气污染方面的一般目标：采用综合处理方式来减轻人类活动对大气过程和大气组成的不利影响。联合国系统的主要活动：监测和评价城市空气污染，扩充发展中国家的监测网；转让减少空气污染物排放技术及生产环境监测、预警、预报、测量仪器技术；空气污染输送模式研究优化；继续监测大气中的臭氧和其他痕量气体；研究臭氧层变化对人类健康和生态系统的影响等。

气候及气候变化方面的一般目标：充分了解、利用并发展气候及气候变化的现有知识，保障生命和财产的安全、经济福利，以及环境可持续的发展。联合国系统的主要活动：协助各国改善气候数据管理系统和保护已有数据集；确定特定气候应用的用户资料规格；评价二氧化碳和其他温室气体对气候变化的影响；发展全球气候模式；利用监测，提供各种环境组成部分——冰川、海洋、热带森林、植物、地表反射、水资源、火山活动等与气候系统及其变化的相互影响关系，扩大气候应用范围，支持设立区域中心等。

②水。包括水资源和淡水生态系统，以及饮水供应和卫生两个方面。

水资源和淡水生态系统方面的一般目标：把环境问题纳入水资源管理，以确保淡水系统的持久发展。联合国系统的主要活动：推动水文仪器标准化和数据检索与存储；水资源评价，利用遥感、数学模型、水文学理论，借鉴化学等领域的方法，核算地下水，分析水供需平衡关系；开展人类活动对淡水生态系统的综合影响研究；开发单一用途和多用途水资源；国家、区域和地方各层面的水资源全面开发；区域水资源利用价值识别；构建供水系统需求管理资料库，并建立准则；开展水污染环境卫生技术合作；制定原则，减少和控制内陆地表水和地下水污染风险等。

饮水供应和卫生方面的一般目标：继续加快推进国际饮水供应和卫生十年的工作，为所有人提供、维修和管理饮水和卫生设施。联合国系统的主要活动：开展饮水供应和卫生的全球监测和评估；评估海平面升高对供水，特别是对卫生的潜在影响；开展水资源评价和水文预测；开展某些国家饮水供应和卫生状况评估；支持某些国家的相关方案和活动；编制和分发关于农村饮水供应和卫生的低费工艺材料；拟定饮用水质量准则，通过合作推进各国政府提高饮用水管制能力；提供脱盐和污水处理技术援助等。

③陆地生态系统。包括土壤，干旱地和沙

漠，热带雨林和林地生态系统，温带和寒带生态系统，高山和高原生态系统，生物多样性和保护区，微生物资源和有关生物技术，农业土地和农业化学品等内容。

土壤方面的一般目标：保持土壤生产力，防止土地和土壤退化，养护土地和土壤。联合国系统的主要活动：继续推进新方法研发和应用，评价全球土壤退化状况和侵蚀威胁，评价土地和土壤提供生态农业支持的潜能，通过土壤过程调控来改善或维持热带土壤肥力；推进同位素技术应用于土壤过程、生物固氮作用研究，改进受盐分影响的土壤的作物生产，推进热带森林行动计划，推广适合农村系统与提供氮素的树种；协助各国政府拟定国家土壤政策等。

干旱地和沙漠方面的一般目标：管理干旱和半干旱生态系统，保持可持续的生产力；防止沙漠化蔓延，推进沙漠化土地改造用于生产。联合国系统的主要活动：沙漠化过程评价和监测方法的应用，沙丘与干旱、半干旱热带牧地退化勘测方法的应用；沙漠化（包括旱灾）气候研究及评价；技术援助和建议，减少风雨侵蚀，稳定沙丘和保持土壤湿润；干旱和半干旱地的综合研究；防风林和防沙林，沙丘固定，农村和林牧管理，水源开发和薪柴栽植，防治沙漠化和干旱地管理的教育培训等。

热带雨林和林地生态系统方面的一般目标：推动热带雨林和林地生态系统永续保护，发挥水源和气候调节、生物多样性保障作用，为当地居民提供食物和服务。联合国系统的主要活动：制定热带雨林覆盖的监测方法；开展热带雨林资源评价及培训；研究热带雨林在全球碳循环和全球气候中的作用；推动建立并资助热带雨林研究机构；支持各国机构林地永续管理能力提升计划；协助荒山造林、更新造林和生产工业用热带木料；就地养护热带雨林遗传资源；推进保护区设立和管理；改善和设立生物圈保育地；援助各国政府，保护林地资源，防治木柴砍伐和毁林造田导致的土壤退化；热带气候、生物和人类之间的相互影响研究等。

温带和寒带生态系统方面的一般目标：提高对土地的合理使用和管理水平，维持、恢复温带生态系统的环境质量，保护寒带生态系统及其种群，避免过度发展导致的不良后果。联合国系统的主要活动：对自然生态系统进行综合监测，评估污染物对温带和寒带的影响；开展空气污染和光氧化剂对森林威胁的全球性评价；改进温带和寒带生态系统管理；研究多发性压力对温带生态系统的影响；评价生态系统对扰乱的抵抗和复原能力；在温带和寒带设立生物圈保育地；研究并控制空气污染对古迹和建筑物的影响；执行关于评价和监测空气污染影响森林的国际合作协定等。

高山和高原生态系统方面的一般目标：确保对高山和高原生态系统的持久使用和综合管理，帮助稳定当地人口、提高生活条件并防止环境危害和退化。联合国系统的主要活动：制定新监测系统的世界冰川目录；继续推进已确定地区的冰雪监测；继续开展高山和高原生态系统土地使用的生态、社会、经济和文化特征调查；支持制订高山和高原生态系统综合管理区域行动计划等。

生物多样性和保护区方面的一般目标：养护生态系统和动植物的种际、种内多样性，保护人类天然遗产。联合国系统的主要活动：维护关于动植物和保护区相互影响的数据基准以供评价使用；野生动植物与生境的养护状况和趋势评估；鼓励关于物种生物多样性和种内遗传多样性与就地养护协调的基础性研究；发展森林基因资源就地评价与管理方法学；开展家畜物种灭绝风险、独特适应和珍惜品种调查研究；开发利用野生、驯化动物遗传资源；开展鱼类物种遗传多样性调查研究；提高水产养殖繁殖技术水平；支持选定生物圈保育地的植物物种的就地养护；在《世界自然资源保护大纲》、《生物圈保护区行动计划》和《热带森林行动计划》机制下，通过拟订和执行管理计划、改进立法来促进保护区的养护和发展；发展和改善现有的生物圈保护区国际网络；执行《保护世界文化和自然遗产公约》和《关于特别是作为水禽栖息地的国际重要湿地公约》；借助媒体，推动执行《世界自然资源保护大纲》和《世界大自然宪章》的各项原则等。

微生物资源和有关生物技术方面的一般目标：生物技术的安全使用。联合国系统的主要活动：建立提供科学援助、协调和推广微生物在环境方面的应用方案和技术资料的体制机制；强化发达国家和发展中国家现有的微生物中心网络；发展国际遗传工程和生物技术中心；推进微生物技术在污染控制和废物管理方面的应用实践；推进微生物在生物地球化学循环中的作用研究；提高发展中国家在微生物技术领域的研究水平和技术能力，包括专家培训和公众环境意识提高等。

农业土地和农业化学品方面的一般目标：在农业土地使用、作物和家畜生产，以及粮食损失等方面，制定和采用满足环境要求的方法和战略，维持土地生产力，尽可能减少农业化学品对环境和人类健康的影响。联合国系统的主要活动：对选定场址开展综合性监测，确定农业化学品对环境的影响；监测、评估农药和化肥对陆地和水生生态系统、农业用地和人类健康的影响；借助生物过程改进热带土壤生产力；评估毒性与危害响应关系，执行剧毒化学品管理方案，包括风险分析与评估、风险管理；继续加强执行病虫害综合管治方案，减少农药使用量；制造安全有效的化肥和农药；推进农业废料利用，开发农业副产品和废料的新用途；开展和加强国家粮食、饲料和渔场中农药残留和代谢的能力监测；推动关于农药和化肥使用知识的开发和传播等。

④沿海和岛屿生态系统。重点问题是高密度的居住和对空间和资源的密集使用给沿海和岛屿生态系统都带来环境问题。

一般目标：实现沿海和岛屿生态系统的综合性管理和持久发展，恢复退化的生态系统。联合国系统的主要活动：评价陆基污染源，查明来源，评估溢泄特征，评价健康影响；提高对沿海海洋系统的科学认识，服务于环境管理；建立沿海生态系统（红树林、潟湖、盐水沉降、珊瑚礁等）管理准则；建立沿海和海洋生物圈保育地；拟定沿海区域发展规划原则；开展海洋环境质量及其对沿海发展的影响评估；协助某些国家制订沿海环境管理计划，举办有关培训和讨论会等。

⑤海洋。海洋往往是世界废物的堆积场，海洋矿产开采管理不当，或船舶油污染，或陆上污染源径流，都造成了海洋污染，导致海洋提供的资源大量减少。

区域海洋环境方面的一般目标：维持和提高区域海洋环境质量，包括国家管辖范围之外的公海区域以及沿海岛屿生态系统，预防和治理区域海洋环境污染，实现海洋区域资源的永续利用。联合国系统的主要活动：向国家和区域机构提供技术援助和支持，推动监测系统建立及海洋污染保护与控制；为海洋污染测量质量保证提供支持；评价、预防和管制放射性核原料、航运、沿海勘探和开采溢出的化学品和陆源所造成的海洋污染；监测污染物在大气和海洋之间的迁移；制定污染物排放和废物处理、游泳场、贝类水域及食用海洋资源的质量指标和标准；组织处理油污染事故；海洋科普教育；海洋污染及污染控制培训和讲习班等。

全球海洋环境方面的一般目标：加强认识海洋在生物地球化学循环过程中的作用，积累关于海洋污染趋势和影响状况的知识，加强国际合作，防控各种污染源，鼓励对海床资源的永续利用。联合国系统的主要活动：制定大洋污染监测和评价综合方案；统一海洋污染研究分析方法；研究污染物对海洋环境、海洋生物和人类的影响，统一监测与评价方法，确定海洋污染物的毒性效应，制定国际标准；开展污染物对海洋生态系统的影响研究，制定生物效应测量方法；编制水中环境污染研究方法手册；监测鱼类和渔产品中的污染物，特别是汞、镉、多氯联苯等；向国家海洋污染防治机构提供技术援助和咨询服务，举办培训班等。

海洋生物资源方面的一般目标：保护和管理海洋和港湾生态系统保护区，提高持续生存能力，维持遗传多样性，加强海洋生物资源及其生境的永续利用管理。联合国系统的主要活动：发展和推广可靠的资源评价方法；使用监测系统的地理信息系统技术，发展水产养殖定址制度，收集海洋生物资源状况资料和数据，进一步完善海洋资源数据基准；为渔业管理和发展提供科学、经济、法律和机构指导，特别关注沿岸发展中国家的需要；执行“保护、管理和利用海洋哺乳动物全球行动计划”等。

⑥陆岩层。重点问题是采矿对环境产生重大影响，造成景观的退化、空气和水的污染、噪声、地面振动以及土壤和植被的破坏，陆岩层日益变成废物收纳场。

一般目标：保持陆岩层的生命维持功能，实现资源的环境无害使用（包括用于处理废物），减轻地球物理或地质作用导致的自然或人为灾害的影响。联合国系统的主要活动：管理涉及陆岩层资源与资源开发对环境影响的国际方案；研究地质对环境、土地使用规划和建设的影响；编制地震和火山研究报告和地图，预测、评价和减轻地质和地球物理作用导致的自然危害；提高对主要营养元素全球循环的科学认识；就管制采矿的立法提供技术援助；制定关于放射性废物处理和地下处置的规章准则；监测自然灾害，推广防灾减灾知识等。

⑦人类居住区和环境。人类居住区的规划和管理方面，重点问题是城市的迅速扩增，居民住房条件恶劣或无屋可栖，城市贫民区、棚户区居民的生活和工作条件较差，享受不到基本的公共设施，且深受疾病传染与害虫侵扰之苦。社会对自然和人为灾害的防备方面，重点问题是各种灾害造成的死亡与破坏程度正在增加。

人类居住区的规划和管理方面的一般目标：制定居住战略，提供基础设施和服务，以及开展人类居住区规划与管理时，充分考虑环境问题。联合国系统的主要活动：研究人类居住区自由发展对于环境、健康与福利的威胁预测；城市系统及其与环境的相互作用研究；城市系统规划中的生态方案，住房及人类居住区规划与设计中环境及卫生准则和标准制定；娱乐与休息区规划；针对城市低收入人类住区的固体废物管理和废水排放等开展政府合作的原则；改善低收入住区的环境卫生条件等。

社会对自然和人为灾害的防备方面的一般目标：预防与减轻自然灾害对社会的影响，提高社会应对灾害准备能力。联合国系统的主要活动：促进对导致灾害的基本现象的了解；加强国际合作，扩大早期警报系统的预报范围并提高有效性；向易受灾害影响的发展中国家决策者传播有关预防和减轻灾害的知识，促进公众教育与意识提升，全面提高社会各阶层群体对灾害预防和应对准备的持续关注；发展必要的、可行的准备措施，以最大限度地降低自然和人为灾害影响；在自然灾害发生后的重建过程中，引入最新的灾害预防措施；继续向易受灾害的发展中国家提供技术援助等。

⑧人类健康和福利。污染危害方面，重点问题是非工业化国家缺少较好的控制环境污染危害的方案。传染病方面，重点问题是传染病是发展中国家疾病和死亡高发的重要原因。工作环境方面，重点问题是工业安全和职业健康方面的现有知识尚需要在许多发展中国家加以利用。

污染危害方面的一般目标：将环境污染的危害减小到可接受的程度。联合国系统的主要活动：继续评估化学品对健康和环境的影响；制定与修订放射防护国际标准，以及放射性废物处理和处置准则，开展食品添加剂、食品污染物、农药残留物和食品中的兽药残留评估；制定食品标准和食物消费行为准则；监测和预报与健康直接相关的空气、水和食品的污染情况；推动危险废物处理和贮存的先进技术和恰当措施；更新危险废物运输规定；完善处理偶然性污染的管理方案等。

传染病方面的一般目标：防止与减少传染病造成的疾病和死亡。联合国系统的主要活动：开展传染病研究，执行流行病学监视；开展传染病或传播媒介控制采用的化学、生物学及环境方案的环境和健康影响评价；研究并制定安全使用杀虫剂的附加准则；传染病的环境管理国家能力建设；各种生态和流行病学条件下实现传播媒介便捷和低成本控制的高效办法演练；环境条件对食品安全的影响教育等。

工作环境方面，联合国系统的主要活动：定期修订现有暴露限度标准，编制工作环境有害物质、噪声和振动的技术准则与实施准则；开展政府间技术合作，促进改善工作环境的措施纳入国家发展政策和计划中；提供关于工作环境的情报、研究和训练；加强劳工组织主要公害管制系统建设，协助预防和控制化学品的意外释放；工厂事故的防备训练与演练，提供工业和工厂安全及应急规划系统技术支持；工业紧急事件的应急计划等。

⑨能源、工业和运输。能源方面，重点问题是薪柴过度采伐引起沙漠化；将农业废物和动物粪便作为燃料，影响其作为有机肥料回归土壤；在工业化国家各种形式的大气污染严重；核能利用存在潜在威胁。工业方面，重点问题是工业的环境影响复杂而广泛，需要跨部门、国家、区域有时甚至是全球一级的行动。运输方面，重点问题是公路和铁路建设侵占农田、破坏地形和干扰生态系统；江河和海上运输将环境影响远远扩大到污染地区之外，具体表现为污染空气，噪声污染，造成交通事故，船舶意外漏油、故意排油和其他有害物质污染等。

能源方面的一般目标：发展可持续的能源体系，减缓能源体系的不良环境影响。联合国系统的主要活动：替代能源的健康风险和环境风险的评估与管理；继续研究能源生产在气候变化中的作用；制定环境可持续的能源发展系统标准；提出能源节约政策，开发新的可再生能源；审查能源生产和利用中的职业健康和安全要求；制定健康标准；确定、研究和评估能源生产和利用的跨国影响；加强国际合作，推动针对能源体系制定能源政策，实施环境管理；研究与拟定家庭生物质燃烧的健康标准；发展适合发展中国家家庭使用的更有效的替代技术等。

工业方面的一般目标：实现环境无害的工业发展。联合国系统的主要活动：与捐助机构合作，将环境考虑纳入工业发展计划和项目评估；评价与审查技术风险、特定工业部门的产品及其管理和预防方案；推动危险废物处理与安全处置政策、管理措施和技术发展；发展和传播政策、经济、财务手段，将环境保护纳入工业发展因素；与政府合作，帮助提高产业与环境综合管理能力等。

运输方面的一般目标：在保证其他经济社会目标的情况下，降低运输体系危害，将危害减小到保护人类生命、健康和福利和保护环境所能接受的水平。联合国系统的主要活动：监测机动车排放造成的空气污染；制定机动车排放的健康和环境标准；安全运输放射性物质和恰当管制措施的知识传播；建立准则，将生态系统的保护作为公路、铁路和水陆等规划和运营的组成部分；拟定关于公路车辆排放、燃油结构、燃油替代方案发展和危险物品（包括危险废物）运输的国际协定；研究移动污染源引起的空气污染排放管制措施和技术；制定禁止船舶和固定或浮动平台向海洋故意排放油类和其他有害物质的国际协定、准则、手册、法规和标准等；制定关于危险物品海上运输和预防船舶引起海上污染的协定、法规和准则等。

⑩和平、安全与环境。应减少军备，以减少资源和资金的不合理利用，预防军事活动及其残留物对环境造成的破坏。

一般目标：停止和改变军备竞赛的局面，降低敌对和非敌对军事活动的强度、次数和可能性。联合国系统的主要活动：评估核武器、化学和生物武器、地球物理和环境武器对环境的可能影响；评估武器试验，特别是核武器试验的直接环境影响；评估生产、试验和使用武器及其他军事装备产生的环境污染；评估军备竞赛对自然资源的需求；制定军事活动的风险评估办法；战后地区恢复的技术知识传播；审查现代常规武器和战略对各种生境的影响等。

主要措施 《方案》推荐的主要措施涉及环境评价、环境管理以及环境意识三方面。①环境评价。利用环境科技资料以及监测和环境数据，分析环境特征，综合考虑社会与经济特征，提出适宜的政策和管理备选方案。②环境管理。主要环境管理措施包括通过法律和规章来管制人类活动，并通过政府计划和政策对其加以影响。管理活动一般是在评价之后，主要由政府执行，联合国系统提供支持和技术援助，推动国际环境法的发展和管理机构的建立。③环境意识。通过环境教育和培训，以及电影、电视、广播和各种出版物等新闻媒体的方式，加强环境宣传教育，使人们了解环境对其生活的意义，促使其对环境负责，支持重要的环境方案。

（楚春礼　张清）

Lianheguo Renju Jiang

联合国人居奖　（UN-Habitat Scroll of Honour Award）　全球人居领域最高规格的奖励，由联合国人居中心（现联合国人类住区规划署）于1989年设立，旨在鼓励和表彰世界范围内为人类住区发展做出杰出贡献的政府、组织、个人和项目。

随着人们的居住环境在人口迅速增长所造成的压力下不断恶化，人居问题越来越受到关注。发展中国家在人居领域面临着一些普遍性问题，包括人居拥挤、提供基本服务的经费不足、缺乏适当的住房、基础设施每况愈下、居住环境日益恶化等。为了使国际社会和各国政府对人类住区的发展和解决人居领域的各种问题给予充分的重视，并对为人类住区发展和解决人居矛盾做出杰出贡献的政府、组织、个人和项目进行鼓励和表彰，联合国决定在联合国系统内确立一个人居方面的奖项，即“联合国人居奖”。每年，申请者向联合国人类住区规划署提出申请，申请者可以是政府、组织、个人，或者是涉及人居领域的项目以及其他方面，如住房、基础设施、城市再建、可持续住区发展等。联合国人类住区规划署成立专家组对申请材料进行评选，最后选出获奖者，在每年的世界人居日为获奖者颁奖。

中国从1990年开始申报联合国人居奖。

（楚春礼　王小虎）

Lianheguo Renkou Jijin

联合国人口基金　（United Nations Population Fund，UNFPA）　联合国系统内倡导每个人都享有健康和公平生活的权利的国际机构。1966年第21届联合国大会通过第2211号决议，要求联合国系统的组织在人口方面向各国提供技术援助。1969年成立了“联合国人口活动基金”，1987年正式定名为“联合国人口基金”，为联合国经济及社会理事会下属机构，总部位于美国纽约。

组织机构　执行局是UNFPA的领导机构，由36个成员组成，其中亚洲7个、非洲8个、东欧4个、拉美5个、西欧和其他地区12个。执行局成员由联合国经济及社会理事会按地区分配原则和主要捐助国、受援国代表性原则选举产生，任期3年。执行局每年举行两次常会，一次年会，负责审核批准UNFPA的行政事务、财务预算等。秘书处在执行局的领导下负责处理日常事务。UNFPA在埃及、泰国、斯洛伐克、南非和巴拿马设有区域办事处，并设有6个次区域办事处和129个代表处。

主要活动　UNFPA的宗旨为加强成员国能力建设，以对人口和计划生育领域的需求作出反应；促进发展中国家和发达国家提高人口意识及制定解决人口问题的战略；应发展中国家要求，采用适合其国情的方法帮助其解决人口问题；在联合国系统的人口领域发挥主导作用，协调由UNFPA支持的方案和项目。

UNFPA在约150个国家或地区开展项目或提供技术援助，帮助提高妇幼健康水平，防止艾滋病传播和性暴力，降低孕妇死亡率。UNFPA的工作主要集中在以下领域：①人口和发展战略，为各国政府人口趋势信息的收集、研究以及制定人口政策提供支持，如老龄化、人口迁移、气候变化与城市化等；②性健康和生殖健康，为各国提供相关服务，特别是女性和青年的健康，如家庭计划、流产及其健康风险预防、性传播疾病的预防与治疗、性与生殖健康教育及咨询等；③公平和妇女权利，提高女性自强意识，改变男权理念，促进公平，消除家庭暴力。

UNFPA 的活动资金主要来自联合国会员国的核心资源捐款和基金会、私营部门及其他捐助者的非核心资源捐款。

UNFPA 与中国 1978 年，UNFPA 与中国签署《谅解备忘录》，同年，UNFPA 在北京设立驻华代表处。近 40 年来，双方开展了 6 个周期的合作，实施了 200 多个合作项目，涉及计划生育、生殖健康、妇幼保健、扶贫、人口普查数据研究、人口学研究与人口教育、避孕药具研制、艾滋病防治、性别平等、人口老龄化等领域，取得了良好的经济和社会效益。

（楚春礼　姜贵梅）

Lianheguo Renkou Yu Fazhan Weiyuanhui

联合国人口与发展委员会（United Nations Commission on Population and Development）联合国经济及社会理事会下设的职司委员会。

联合国人口委员会依据联合国经济及社会理事会（以下简称联合国经社理事会）1946 年 10 月 3 日第 3 号决议成立，协助联合国经社理事会，负责监测、审查和评估《国际人口与发展会议行动纲领》在国家、区域和国际各级的执行情况，并就此向联合国经社理事会提出建议。根据 1994 年 12 月 19 日通过的第 49/128 号决议，联合国大会决定将人口委员会改名为人口与发展委员会，由联合国大会、联合国经社理事会和该委员会构成一个三级政府间机制，在执行《国际人口与发展会议行动纲领》的后续行动中发挥主要作用。

联合国人口与发展委员会由 47 个成员国组成，由联合国经社理事会按地域分配原则选举产生，任期四年。1994 年前通常每两年或三年召开一次会议，1994 年后每年召开一次会议。其主要工作为：安排研究并向联合国经社理事会提出建议，包括人口问题和趋势，人口及发展战略的整合，人口与相关的发展政策和方案；应请求向发展中国家及在短期内处于经济转型阶段的国家提供人口问题的协助，联合国主要机构或附属机构以及专门机构可能征求意见的、有关人口和发展的任何其他问题；监测、审查和评估《国际人口与发展会议行动纲领》在国家、区域和全球各级的执行情况，找出成功和失败的原因，并就此向联合国经社理事会提供建议；基于报告以及《国际人口与发展会议行动纲领》的执行问题的综合审议向联合国经社理事会提出适当的建议。

（楚春礼　姜贵梅）

Lianheguo Renlei Huanjing Huiyi

联合国人类环境会议（United Nations Conference on Human Environment）　人类历史上第一次以环境问题为主题召开的政府间国际性的环境会议。1972 年在瑞典斯德哥尔摩召开，各国政府代表团及政府首脑、联合国机构和国际组织代表参加了会议。会议通过了《联合国人类环境会议宣言》，简称《人类环境宣言》。

背景 20 世纪中期，世界环境污染日益严重，特别是“八大公害事件”发生以后，环境问题越来越引起人们的重视，国际上保护环境的民间组织如雨后春笋般纷纷成立，各国人民反对污染的呼声越来越高，缓解环境与发展之间的矛盾成为人们亟须解决的问题，迫切需要世界各国统一行动，共同讨论当时面临的环境问题，探讨保护环境的策略。在这一背景下，1972 年 6 月 5—16 日，联合国人类环境会议在瑞典斯德哥尔摩召开。

主要内容 联合国人类环境会议的目的是促使人们和各国政府关注人类活动对自然环境的破坏，以及对人类生存和发展造成的严重威胁。会议通过了《人类环境宣言》，呼吁各国政府和人民为维护和改善人类环境，造福全体人民乃至子孙后代而共同努力。《人类环境宣言》总结了各国达成的 7 项共同观点和 26 项共同原则。其中，共同观点包括：①人是环境的产物，也是环境的塑造者。由于当代科学技术突飞猛进的发展，人类已具备以空前的规模改变环境的能力，自然环境和人为环境对于人的福利和基本人权同样必不可少。②保护和改善人类环境关系到各国人民的福祉和经济发展，是人民的迫切愿望，也是各国政府应尽的责任。③人类改变环境的能力，如妥善地加以运用，可为人类带来福祉；如运用不当，则会对人类和环境造成不可估量的损害。当前地球上许多地区出现环境日益恶化的迹象，在人为环境中也已经出现了对人体身心健康不利的状况。④发展中国家的大部分环境问题主要是发展不足引起的，因此，发展中国家首先要致力于发展，同时也要顾及保护和改善环境；而发达国家的环境问题一般是由工业化和技术进步造成的。⑤应当根据具体情况采取适当的方针和措施解决由于人口自然增长带来的环境问题。⑥在当前阶段，人们在制订行动计划时必须要更加谨慎，充分考虑可能给环境带来的负面影响，必须运用知识寻求与自然的协调发展。为当代和子孙后代保护和改善环境已经成为人类的一个迫切目标，这个目标同争取和平、经济和社会发展的目标同样重要。⑦实现这一目标，需要每个公民、团体、各级机关和企业共同承担责任，共同努力。

在这次大会上，各国一致认为，第三世界国家是保护世界环境的重要力量，包括关注气候变化在内的环境保护需要全球的一致行动。在会议的建议下，各国一致同意，在联合国框架下成立一个负责全球环境事务的组织，统一协调和规划有关环境方面的全球事务，即联合国环境规划署。

意义和影响 联合国人类环境会议开启了一个伟大的时代。这次会议从发展与维护环境的关系出发，深刻揭示了如不立即着手治理环境，环境污染和生态系统损害将带来不可估量的后果，并呼吁“只有一个地球，为了生存，人们都必须明确自己保护环境的责任”。会议通过的《人类环境宣言》第一次为国际环境保护提供了各国在政治上和道义上必须遵守的规范。继这次会议之后，世界各国都积极行动起来，开始了保护环境的具体实践，掀起了世界环境保护运动的第一次高潮。此外，会议还促成了联合国环境规划署的建立。此后，与人类环境有密切联系的世界性会议相继召开，如人口会议、水会议、防止沙漠化会议等。

（楚春礼　蒋婧博）

Lianheguo Renlei Zhuqu Guihuashu

联合国人类住区规划署　(United Nations Human Settlements Programme，UN-Habitat) 简称联合国人居署，是联合国系统内负责协调人居发展活动的领导机构，旨在促进社会和环境方面可持续性的人居发展，以达到所有人都有合适居所的目标。其前身为联合国人类住区中心，成立于 1978 年，2002 年升格为联合国人类住区规划署。

联合国人居署包括三个主要机构：大会，负责制定和提出联合国人居署的主要战略和政策方向，分析人类住区和城市化的发展趋势，核查人类住区和可持续城市化的全球准则，推进2030年可持续发展议程中城市和人类住区相关内容的落实和执行；执行局，由大会选出的 36 个成员国组成，每年召开三次会议，负责核查联合国人居署行动执行情况，确保可度量、透明性、高效性及有效性，评估大会提交的年度工作执行报告和财政预算执行情况，编制财务计划等；常驻代表委员会，由联合国成员国常驻代表组成，每年至少召开四次常规会议，负责在大会提供的政策和预算框架内，审议和监督联合国人居署工作方案的实施以及大会决定的执行情况，审议联合国人居署的预算草案，为大会拟制决议和决定草案。

联合国人居署支持和协调与各国政府、地方政府、非政府组织和私营部门通力合作，促进全球人居事业的发展。联合国人居署的工作重点集中在城市管理、住房、基本服务和基础设施方面，包括住房和社会服务，城市规划与管理，环境和基础设施，评价、监测和信息，减少城市贫困和受内战与自然灾害影响的国家的重建与恢复。联合国人居署开展了“安全的土地保有权全球运动”和“城市管理全球运动”，以加强与各国各级政府和民众社区之间的合作，提高公众意识，改善旨在消除城市贫困的国家政策和地方战略，促进社会融合与公正，推进更加透明与可靠的管理。联合国人居署在人居领域设立了“联合国人居奖”“联合国人居特别荣誉奖”“迪拜国际改善居住环境最佳范例奖”，以表彰为人类住区发展做出杰出贡献的政府、组织、个人和项目。

联合国人居署设在非洲、阿拉伯国家、拉丁美洲与加勒比地区、亚太地区四个区域的办事处在当前的战略实施中起着突出的作用。通过总部的不断授权，这些办事处成为在区域层面实施战略规划的最佳选择，因为其能够根据当地的具体情况进行微调，并对规划进行解释。同样，由这些办事处在各自区域内宣贯城市知识、实施本地规划、有效加强与区域伙伴的合作也更为容易。为保证有效监控实施进度，实现预期结果，战略规划被分成三个连续的阶段实施，每个阶段的时间为两年，且每个阶段的工作方案和预算都需要经过联合国人居署大会和联合国大会的批准。每个新的战略规划与上一个战略规划具有延续性，这种方法有利于更好地响应新出现的城市趋势，如新的人口、环境、经济、空间和社会发展状况，根据新变化和新情况做出必要的调整，并创造机会吸取经验。（楚春礼　姜贵梅）

Lianheguo Renlei Zhuqu Huiyi

联合国人类住区会议（United Nations Conference on Human Settlements）　联合国组织的关于人类居住区的国际性会议。

居住健康问题是人类发展的关注点之一，但人类居住条件并不乐观，面对日益严重的居住健康问题，1972 年联合国人类环境会议提出人类住区也是环境的重大影响因素，各国应沟通知识、技术、经验，完善人类住区领域国内政策，加强该领域的国际合作，并提议创立“联合国生境和人类住区基金会”，以便于为住房和基础设施进行投资。在这样的背景下，1976 年，联合国组织召开关于人类住区的联合国人类住区会议，以推动各国达成关于居住健康的共识，制定切实可行的行动方案。

第一届联合国人类住区会议　1976 年 5 月 31 日至 6 月 11 日在加拿大温哥华召开（简称“人居一”），有 132 个国家或组织代表参加了会议。会议旨在讨论快速城市化，特别是发展中国家城市的快速发展带来的影响。会议通过了《温哥华人类住区宣言》以及《温哥华行动计划》，提出改善人类生活质量是人类住区政策的首要目标，呼吁各国为改善人居质量而努力。此外，这次会议还促成了联合国人类住区中心（联合国人类住区规划署前身）的建立，作为应对人类居住的各种挑战并寻找解决方法的联合国机构。

第二届联合国人类住区会议　1996 年 6 月 3—14 日，第二届联合国人类住区会议（简称“人居二”）在土耳其伊斯坦布尔召开，出席会议的有来自 171 个联合国会员国的 3 000 多名政府代表、600 多名地方当局代表、获联合国认可的非政府组织 2 000 多名代表和约 3 000 名记者。此外，工会、其他非政府组织和主要团体也参与了会议的讨论。会议提出了“人人享有适当的住房”和“城市化进程中人类住区的可持续发展”这两个主题，从而将人类置于可持续发展的关注中心，充分体现了人类对自身生存最基本的条件和需求的关注。大会通过了《伊斯坦布尔宣言》和《人居议程》。《伊斯坦布尔宣言》指出，这次会议体现了《联合国宪章》的精神，其主要目标是在国际、国家和地方政府之间建立起新的合作关系，以改善人类的生存环境。各国代表表示要采取积极有效的措施，确保人人享有适当住房的权利。代表们还承诺要实行生产方式、消费方式和人类住区的可持续发展，减少污染，以保护全球环境和改善人类的生活条件。《人居议程》是各国建设人类住区的指导性文件，由目标和原则、承诺及全球行动计划三部分组成，是一项全球性的行动计划，体现了人类希望的可生存、安全、富裕、健康和平等的城镇和乡村住区的构想，是人类对城市化挑战的集体回答。

中国政府派出代表团出席了这次大会，并向大会提交了《中华人民共和国人类住区发展报告》，提出了 1996—2010 年中国人类住区发展的行动计划，该计划被视为中国提高人类住区水平的跨世纪纲领。同时，中国代表团就大会的主题阐述了中国政府的观点：①解决人类居住问题的关键是促进经济发展和消除贫困；②要注意与人口、环境的协调及可持续发展；③需要全社会的广泛参与；④要实行城市与农村并重的方针；⑤要立足于本国国情；⑥需要有效的国际合作。

第三届联合国人类住区会议 2016 年 10 月 17—20 日，时称住房和城市可持续发展大会的第三届联合国人类住区会议（简称“人居三”）在厄瓜多尔基多召开，来自 167 个国家、国际组织、非政府组织的 30 000 多人参加了会议。大会通过了《新城市议程》，为城市可持续发展设定了新的全球标准，帮助人们重新思考城市规划、城市管理及城市生活，有助于实现《2030 年可持续发展议程》目标 11“建设包容、安全、有抵御灾害能力和可持续的城市和人类住区”的愿景，还将帮助实现气候变化《巴黎协定》的目标。《新城市议程》中，各国承诺：为所有公民提供基本生活服务，包括提供住房、安全饮用水、公共卫生、有营养的食物、医疗、计划生育、教育、文化及通信技术；确保所有公民机会均等且不受歧视，人人都有权享有所在城市提供的机会，所有城市关注妇女、残疾人、边缘化群体、老人和土著人民等群体的需求；促进建设更清洁的城市，解决城市空气污染问题，既有利于人类健康，也有利于地球环境，增加可再生能源的使用，提供更好、更环保的公共交通，以及可持续地管理自然资源；加强城市降低灾害风险和影响的能力，实施减缓和适应措施来降低这些影响，包括更好地规划城市、建设高质量的基础设施及加强城市对风险的应对能力；为应对气候变化，采取行动减少温室气体排放，地方政府和所有社会行为体都应采取行动应对气候变化，实现关于气候变化的《巴黎协定》中规定的将全球气温上升控制在 2℃以内的目标；完全尊重难民、移民、境内流离失所者的权利，无论其处于何种移徙状态，采取措施，帮助移民、难民和境内流离失所者为社会做出积极的贡献；加强社会联系和支持创新、绿色倡议，包括和企业及民间社会建立伙伴关系，为城市所面临的挑战寻求可持续的解决方案；增加安全、交通便利和环保的公共空间，增加人行道、循环道路、花园、广场和公园等公共空间。此外，《新城市议程》还要求各国制定新的城市规则和条例，改进城市规划和设计，以及进行市政融资等。

中国政府派出代表团出席了这次大会，为了实现《新城市议程》，中国承诺积极参与和推进可持续城镇化进程，继续改善中国人居环境质量；发挥规划对可持续城镇化的引领作用，实现城市有序建设，适度开发，高效运行，让人民生活更美好；继续加强人居环境领域的国际合作，支持联合国《2030 年可持续发展议程》和《新城市议程》的落实。

（楚春礼 蒋婧博）

Lianheguo Senlin Luntan

联合国森林论坛 （United Nations Forum on Forests，UNFF） 2000 年 10 月，联合国经济及社会理事会为了促进森林的管理、保护和可持续发展，监督会员国政府对森林问题的长期关注，而建立的一个拥有全球会员的、高级别的政府间组织论坛。联合国森林论坛每一至两年召开一次会议，旨在加强对森林问题的长期优先关注，并回顾过去政府间组织行动的执行情况。

联合国森林论坛向所有会员国开放，以透明和参与性方式开展工作，探讨如何加强有关森林的活动的政策拟定和执行方面的配合和协调，向联合国经济及社会理事会并通过其向联合国大会提交报告。

联合国森林论坛秘书处是所有与森林问题相关的事项的联合国协调中心，负责促进、监督和评估可持续森林管理的实施，筹措资金，推动森林合作伙伴关系就森林问题的合作，在《2030 年可持续发展议程》、《21 世纪议程》、《里约环境与发展宣言》、《关于森林问题的原则声明》、“全球森林目标”和《联合国森林文书》

的基础上，促进可持续森林管理。秘书处为年度论坛会议提供实务支持，准备技术报告和研究分析，促进就森林问题的合作和协调对话，并为森林问题提供包含经济、社会和环境视角的全面整合的观点。

截至 2019 年，联合国森林论坛共召开 14 次会议。（楚春礼　姜贵梅）

Lianheguo Shijie Liangshi Jihuashu

联合国世界粮食计划署（United Nations World Food Programme，WFP）　简称粮食计划署，联合国系统机构之一，是全球最大的对抗饥饿的人道主义救援机构。成立于 1961 年，总部设在意大利罗马。

组织机构　执行局是 WFP 的领导机构，由 36 个成员国组成，其中发展中国家占 24 席。执行局成员由联合国经济及社会理事会及联合国粮食及农业组织理事会各选举一半，每年改选 1/3，任期 3 年。执行局每年召开两次例会和一次年会，负责讨论审批 WFP 的政策制定和修改、财务预算及审计、项目等重要事项。秘书处是日常办事机构，负责人是执行干事，由联合国秘书长和联合国粮食及农业组织总干事联合任命，任期 5 年，负责 WFP 的行政管理，以及相关计划、项目和其他活动的实施。

主要活动　WFP 的宗旨是以粮食为主要手段帮助受援国改善粮食自给制度，消灭饥饿和贫困，通过与联合国粮食及农业组织、国际农业发展基金合作，希望能够为世界上的每个人提供生活和健康所需的食物保障。其目标为：拯救和保护处于危机中的生命；为处理各种紧急情况做准备；为危机后的重建提供援助；减少世界各地的饥饿和营养不良；提高各国抗击饥饿的能力。

WFP 是联合国系统中负责多边粮食援助活动的协调机制，全球多边渠道开展的粮食援助活动，有 99%是通过 WFP 实施的。WFP 的工作以紧急援助、救济与重建、发展援助和特别行动为主，其 2/3 的工作都在受冲突影响的国家展开，在紧急情况下，WFP 经常会第一时间出现在现场，为战争、国内冲突、干旱、洪灾、地震、飓风、农作物歉收等灾害的受害者提供粮食援助。在紧急事件平息后，WFP 还会帮助社区恢复支离破碎的生活和生计。对于受旷日持久的危机影响的人民和社区，还会以人道主义响应的发展视角帮助他们增强恢复力。WFP 的发展项目主要集中在营养问题，尤其是妇幼营养，从母亲怀孕到孩子第二个生日的这 1 000 天，后续则是通过学校营养餐给予营养保障，旨在从最早阶段应对营养不良。

WFP 通过制定《战略方案》规划自身发展方向，该方案每四年更新一次。WFP 平均每年向约 80 个国家的 8 000 万人口提供粮食援助，是处于全球抗击饥饿最前线、提供紧急粮食援助并与各种社区展开合作共同改善人类营养状况的人道主义组织。WFP 的活动资金主要来自各国政府、私营企业及个人的自愿捐献。

WFP 与中国　中国于 1979 年正式加入 WFP。1987 年以来，一直为粮食援助政策和计划委员会（执行局前身）成员，自 1995 年起，一直为执行局成员（2008 年除外）。2006 年起，WFP 结束其在华常规粮援项目，中国从 WFP 的受援国转变为捐赠国。WFP 于 1980 年在北京设立驻华代表处。2006 年起，WFP 驻华代表处更名为 WFP 驻中国办公室。

（楚春礼　姜贵梅）

Lianheguo Shuishi Huiyi

联合国水事会议（United Nations Water Conference）　联合国为研究全球水环境状况、探讨水资源保护及合理开发利用而召开的专业会议。

20 世纪下半叶许多国家用水量急剧上升，一些地区出现水危机，引起世界有关组织对水资源问题及其影响的重视与讨论。为此，1977 年 3 月 14—25 日，联合国在阿根廷马德普拉塔召开了水事会议，105 个国家以及数十个政府间组织和非政府组织的代表参加了这次会议。

该会议把水资源问题提高到全球的战略高度考虑，向全世界发出严正警告：水危机将在不久之后成为一个严重的社会危机，是继石油危机之后的下一个危机。会议发表了《马德普拉塔行动计划》，目的是评估世界水资源状态，提高水资源利用率，引起各国及国际社会关注，以避免20世纪末出现世界范围内的水危机。《马德普拉塔行动计划》作为第一个国际协作的水资源综合管理计划，包括水资源管理的一系列建议，以及水利用及其效率的评价、自然风险、环境、健康、污染控制、政策、规划与管理、公众信息、教育、培训与调查、地区合作、国际合作等12项专项研究。此外，会议确定1981—1990年为国际饮水供应和环境卫生十年，开启了全球水运动的序幕，成为20世纪水发展历史上的里程碑。（楚春礼　蒋婧博）

Lianheguo Xinnengyuan He Kezaisheng Nengyuan Huiyi

联合国新能源和可再生能源会议　（United Nations Conference on New and Renewable Sources of Energy）　联合国主持的讨论能源问题的大型国际性会议。

20世纪70年代，能源危机及其引发的国际冲突与国家安全问题，导致世界各国高度关注能源问题。石油价格波动、能源资源耗竭、与能源相关的环境问题、海湾战争等引发各国对石油依赖的担忧，新能源和可再生能源技术逐步取得一些突破性进展，为人类解决依赖不可再生的化石能源问题提供了新的可能。在这一背景下，联合国新能源和可再生能源会议于1981年8月10—21日在肯尼亚内罗毕召开，共有135个国家的代表团、34个国际组织以及32个政府间组织的观察员参加了会议，参会人数约5 000人。

会议旨在讨论在全球面临能源危机的情况下，如何加速开发和利用各种新能源和可再生能源的问题。会议通过了《促进新能源和可再生能源的发展与利用的内罗毕行动纲领》，讨论了水力、薪炭、生物质能、太阳能、地热能、风能、油页岩和焦油砂、海洋能、畜力、泥炭10个专家组会前提出的专题技术报告，并就能源规划、研究示范、资料交流、教育培训、资金筹集等问题开展了专题讨论。会议促进了国际社会对新能源和可再生能源开发利用的重视。

（楚春礼　蒋婧博）

Lianheguo Yazhou Ji Taiping Yang Jingji Shehui Weiyuanhui

联合国亚洲及太平洋经济社会委员会

（United Nations Economic and Social Commission for Asia and the Pacific，ESCAP）　简称亚太经社会，是联合国在亚太区域重要的政府间综合性经济社会发展组织，原名为亚洲和远东经济委员会，于1947年在上海成立，1974年改为现名，总部位于泰国曼谷。

ESCAP属于联合国经济及社会理事会下属的区域委员会之一，是区域内国家和地区在经济和社会发展方面加强联系、进行合作的一个重要渠道，也是区域内国家和地区讨论共同关心的经济和社会问题的平台。

组织机构　ESCAP现有53个成员，还有9个准成员。最高决策机构是部长级年会，每年定期举行。部长级会议机制下设9个专题委员会：宏观经济、减贫与发展融资委员会，贸易与投资委员会，交通运输委员会，环境与发展委员会，信息通信技术与科技创新委员会，减灾委员会，社会发展委员会，统计委员会和能源委员会。各委员会每两年召开一次会议，评审各自领域出现的最新趋势，推动地区交流与合作，并监督有关合作的执行情况。ESCAP日常办事机构为秘书处，最高官员是执行秘书（联合国副秘书长级），由联合国秘书长任命。

ESCAP有东亚和东北亚、北亚和中亚、太平洋岛国以及南亚和西南亚4个次区域办事处，分别设在韩国仁川、哈萨克斯坦阿拉木图、斐济苏瓦和印度新德里。此外，ESCAP还有两类附属机构及相关组织。第一类为附属区域机构，共有6个，在组织上同ESCAP保持一定联系，每年向部长级年会提交工作报告，包括亚太统计研究所（SIAP）、亚太技术转让中心（APCTT）、可持续农业扶贫开发中心（CAPSA）、联合国可持续农业机械化中心（CSAM）、亚太信息通信技术发展培训中心（APCICT）和亚太灾害信息管理中心（APDIM）。第二类为已独立的相关区域组织，但仍在业务上同 ESCAP 保持联系，如湄公河委员会、台风委员会和热带旋风小组等。

主要活动 为成员和准成员提供研讨经济社会问题的政府间论坛；向亚太区域的发展中国家和地区提供相关的技术援助和咨询服务；开展区域性经济、社会、科技和发展问题的专题研究；利用联合国正常预算、成员捐款和其他国际机构与捐助国的赞助，组织并协调本区域国家和地区在经济、社会和科技领域的合作活动。

ESCAP与中国 中国为ESCAP的发起国之一。1971 年，中国恢复参与 ESCAP 的活动。1978 年，中国向 ESCAP 派出常驻代表。

（楚春礼 姜贵梅）

Liao He zhili xingdong

辽河治理行动 （Liaohe River pollution control action） 20 世纪 90 年代开始至 2010 年为止，中央针对辽河流域水污染开展的治理行动。

背景 20 世纪 90 年代以来，流域水污染日趋严重，中央高度重视流域水污染问题，为此开展了“三河三湖”治理行动，辽河是其中之一，政府还专门出台政策，批准辽河治理规划，将其列为“九五”期间河流治理的重点，开启了辽河治理行动。

辽河全长 1 345 km，流域面积 21.9 万 km^2，是中国水资源贫乏地区之一，特别是中下游地区，水资源短缺更为严重。随着辽河流域经济快速发展，辽河流域遭到严重污染，全年大部分时间内辽河和大辽河水系干流水质几乎全部是Ⅴ类和劣Ⅴ类。1996 年 8 月 19—20 日，国务院环境保护委员会在辽宁省沈阳市召开辽河流域水污染防治工作会议，听取有关部门关于辽河流域水污染防治工作情况的汇报，研究部署“九五”期间辽河流域水污染防治工作，决定成立辽河流域水污染防治领导小组，开展辽河流域水污染防治行动。

行动方案 由于辽宁省工业化程度高、大中型企业集中、环保历史欠账多，所以辽河治理须坚持走集中治理与分散治理相结合，企业达标排放与调整产业结构相结合，企业末端治理与技术改造、清洁生产相结合的道路。辽河流域水污染防治划定 2000 年、2005 年、2010 年三个阶段目标，到 2000 年主要河流水质消灭劣Ⅴ类水体，城镇集中饮用水水源达到地表水Ⅱ类水质标准，流域内 532 家工业企业排放废水达到国家标准；到 2005 年流域内地表水基本实现水环境功能区划要求；到 2010 年全面实现水环境功能区划要求。

1999 年 3—6 月，辽河流域内各市根据辽宁省制定的实施方案制定了各自的具体工作方案，省政府召开计划及规划启动大会，省长与辽河流域内各市市长签订辽河治理目标责任状，并组织各种活动，积极利用新闻媒体进行宣传。1999 年 3 月至 2000 年 12 月，全面组织实施计划及规划中各项工程建设。重点是 532 家工业企业达标排放，118 个工业污染源治理，19 座城市污水处理厂和 28 个生态项目等工程。对辽河考核断面和重点污染源排污口每月监测一次，对辽河考核断面枯水期实施加密监测。建立完善的管理制度，充分利用法律、管理、宣传、教育等手段保证辽河流域水污染防治工作的开展。2000 年 12 月至 2001 年 5 月，对已经完成的辽河治理项目逐项检查验收，配合国家环境保护总局开展辽河治理达标“零点行动”。到 2005 年再建设城市污水处理厂 3 座，化学需氧量（COD）年削减量为 8 万 t。2008 年，辽宁省政府提出“三铁精神”，即以铁的决心、铁的手腕和铁石心肠，举全省之力，集中整治辽河。2008 年，开展造纸行业专项整治，全省关停、治理 417 家造纸企业。2009 年，开展污水处理厂建设专项，建设 99 座污水处理厂，实现县县都有污水处理厂的目标，同时推进河道生态治理，到 2009 年年底，辽河流域干流 26 个断面全部消灭劣Ⅴ类水体。2010 年，全省范围内开展支流河污染整治专项行动，整治劣于

Ⅴ类水质标准的辽河、浑河、太子河、大辽河、大凌河、鸭绿江 6 条省内主要河流和辽河流域重点支流，到 2010 年年底，全省 6 条主要河流干流断面、辽河流域 43 条一级支流入河口断面、流入辽河的 28 条支流和排干渠全部达到Ⅴ类水质标准（按 COD 考核）。

辽河流域水污染防治工作坚持政府负责和“一把手”负责的原则，要求省政府对全省辽河流域水污染防治工作全面负责，对辽河流域内各市水污染防治统一部署、统一进度、统一要求，所有排污单位在市政府统一领导下开展水污染防治工作；坚持“谁污染，谁治理”的原则，要求辽河流域内各污染源单位必须积极主动地采取措施治理污染，削减污染物排放量，实现达标排放；坚持“谁主管，谁负责”的原则，要求各行业主管部门对本行业的污染防治负起责任，从资金、技术等各方面予以支持。

效果 通过采取工业污染源的末端治理，以及在产业结构调整和压缩过剩生产力过程中，取缔、关闭和淘汰生产工艺落后、设备陈旧、污染严重的企业等一系列措施，治理工作取得一定成效，在辽河流域经济高速发展和城镇人口不断增加的情况下，主要污染物 COD 入河排放量明显下降，2006 年削减到 59.19 万 t，2006 年辽河流域省界断面劣Ⅴ类水质浓度有所下降，水质好于Ⅲ类的断面占 26.5%，比 1995 年上升了 1.0%，流域重大水污染事故明显减少。到 2010 年年底，全省 6 条主要河流干流断面、辽河流域 43 条一级支流入河口断面、流入辽河的 28 条支流和排干渠水质全部达到预期目标。

（楚春礼　邵超峰）

lingdian xingdong

零点行动　(action at zero o'clock)　20 世纪末国家环境保护总局联合各地政府部门针对重点湖泊流域的重点企业开展的要求企业在零点之前实现污水达标排放的行动，是 20 世纪末我国推动工业企业污染控制，促进河湖水域污染治理的重要行动。

背景 由于我国正处于工业化和城市化加速发展时期，大量的工业和城镇污水难以完全得到控制，加之面广量大的农村面源污染，导致大量湖泊和河流的水质持续恶化，水体富营养化日益加重，直接威胁区域供水和生态安全，危及人民身体健康和社会稳定。为此，国家环境保护总局联合各地政府部门于 20 世纪末开展了针对重点湖泊流域的“零点行动”，要求在规定时间零点之前，重点企业全部实现污水达标排放。

措施 在治理淮河“零点行动”中，要求在 1998 年 1 月 1 日零点以前实现淮河流域工业企业废水达标排放；在太湖“零点行动”中，要求在 1998 年 12 月 31 日零点之前，太湖地区 1 035 家重点污染企业必须全部实现达标排放；在滇池“零点行动”中，要求在 1999 年 5 月 1 日零点之前，滇池流域汇水范围内的所有工业污染源必须达标排放，否则须停产治理，并公布了 253 家重点考核企业名单，在 88 家重点污染企业及主管部门设置达标排放倒计时警示牌。此后，各省（区、市）也纷纷开展各种形式的“零点行动”。例如，2000 年安徽省于 12 月 20—28 日实施“零点行动”，对全省工业企业达标排放情况进行现场检查；2003 年 10 月，天津市环保局在全市范围内施行“零点行动”，对列入国家清理整顿对象的 217 家重点环境违法企业和单位的查处情况进行督察，对死灰复燃的“十五小”、“新五小”企业，落后生产工艺和产品，一律取缔、关闭，对属于“十五小”、“新五小”企业，落后生产工艺和产品的建设项目一律停止建设，对非法利用废五金电器、废电线电缆、废电机加工的单位和场所一律取缔，对不能实现稳定达标排放的企业一律停产治理，对检查中发现的应取缔、关闭的企业，一律由所在地区、县政府做出取缔、关闭决定。

效果 “零点行动”取得了一定效果。例如，在“零点行动”的推动下，江苏省在全国率先实施了更为严格的印染、化工、造纸、钢铁、电镀、食品制造六大行业新标准；截至 1998 年 12 月 31 日，太湖流域 1 035 家重点排污单位的总达标率为 97.3%，清理供水水源地周围围网养殖 4 000 多亩，环太湖 77 家旅游宾馆饭店实现污水达标处理，农业面源治理启动，航运污染控制措施全面推进；在河北省开展的“零点行动”中，有 106 家生料造纸厂被关停。

但是，从太湖“零点行动”效果来看，污染源限期治理、达标排放等各项治理措施虽然取得了一定的成效，但水质改善的效果并不显著，其他污染源未得到同步有效控制，单项工业点源污染的治理效果和作用是有限的，从根本上解决水域污染问题尚需结合其他污染治理措施，形成综合治理。（楚春礼　邵超峰）

lüse geming

绿色革命　(green revolution)　狭义的绿色革命是指通过农业技术推广，解决农业生产问题。广义的绿色革命是指在生态学和环境科学基本理论的指导下，人类为适应环境，与环境协同发展、和谐共进所创造的一切文化和活动。广义的绿色革命涉及绿色产业、绿色消费、绿色产品等各个方面。

绿色产业　指以资源节约和环境保护为特征，促进人类实现可持续发展的产业。既包括传统产业的绿色技术改造和创新，又包括以“绿色”为目标的新兴产业。绿色性是绿色产业的独特特征，如绿色技术、绿色产品、生态维护与服务、绿色营销、绿色管理等。绿色产业大致可以分为：末端控制技术改造创新、清洁产品生产以及再生资源生产层次的绿色产业；新兴绿色产业以及实现重大技术创新、对人体健康及环境的损害程度大幅减少或资源消耗大幅降低的产业；生态工程建设、水土流失防治、生态林牧业等生态保护方面的绿色产业。20 世纪八九十年代，发达国家加快绿色产业技术创新，在产业结构调整中提高绿色产业比重，特别是日本，提出通过绿色产业实现在 21 世纪以环境立国的国家战略。中国在推动生态文明建设中倡导发展绿色经济，其中一项重要内容就是促进绿色产业的发展，为此，提出设立绿色产业基金、开展绿色信贷、提高金融服务水平等支持措施。

绿色消费　指对消费者和环境都有益的消费模式，其在倡导提供满足基本需求和提高生活质量的服务和产品的同时，最大限度地减少自然资源和有毒材料的使用，以及在这些服务或产品的生命周期内所产生的废物和污染物，从而不危及后代的需求。广义的绿色消费既包括绿色生产消费又包括绿色生活消费，涉及产品和服务的原材料开采、产品生产、市场流通、产品和服务的使用、废物管理等生命周期各个阶段。绿色消费遵循“5R”原则：Reduce，即节约资源，减少污染；Revaluate，即绿色生活，环保选购；Reuse，即重复使用，多次利用；Recycle，即分类回收，循环再生；Rescue，即保护自然，万物共存。产品绿色认证、绿色标识能够帮助消费者选择绿色产品，践行绿色消费。绿色标识与认证已有不少国家相继实行，其主要目的在于提高产品的环境品质和特征，体现环保意识。对企业而言，绿色标识可谓绿色产品的“身份证”，是企业获得政府支持、获取消费者信任、顺利开展绿色营销的重要保证。世界上最早使用绿色标识的国家是德国，1978 年德国实施的“蓝色天使”计划就是一种绿色标识。1988 年，加拿大、日本、美国等国家开始实行绿色标识，随后，法国、瑞士、芬兰、澳大利亚等国于 1991 年也实行了绿色标识。中国于 1989 年开始实行绿色食品标识制度。为了统一绿色标识与认证的定义、标准以及测试方法，国际标准化组织环境战略咨询组于 1991 年成立了环境标识分组，以促进社会、经济与环境的协调发展。如今环境标识已风靡全球，调查表明，40%的欧洲人喜欢购买有环境标识的产品，而不是传统产品。我国也开展了绿色产品标识活动，主要的标识有中国环境标志、中国节能认证、中国节水认证、中国能效标识、中国低碳产品认证等。

绿色产品　指产品本身以及生产过程具有节能、节水、低污染、低毒、可再生、可回收等特征的产品。在产品生产的整个生命周期中体现环境保护要求，对生态环境无害或危害极小，资源利用率高、能源消耗量低。在使用过程中，绿色产品提倡绿色消费观念，通过市场出售绿色产品倒逼企业生产方式转变，实现环境保护目标。绿色产品消费在发达国家发展迅速，在世界其他国家，绿色产品消费也表现出突飞猛进的势头，成为消费潮流的引领者。

（鞠美庭　楚春礼）

lüse heping yundong

绿色和平运动　（green peace movement）
20 世纪 60 年代末至 80 年代中期西方国家兴起的，以保护环境、维持生态平衡、反对核试验和维护世界和平为中心的各种群众运动的总称。

产生　20 世纪 60 年代，世界环境退化，环境污染和生态破坏日趋严重，核试验频繁且核军备竞赛不断升级，人类生存受到严重威胁。人类面临的这些生存条件的危机引发了西方社会的强烈反响和普遍关注，促进了绿色和平运动的产生和发展。根据行动目标的不同，绿色和平运动有生态运动、环境保护运动、反核运动、反战运动、和平运动等多种形式。运动规模在一国即达几十万人，且同时在几国协调行动，规模之大，远非昔日可比。绿色和平运动的参与者也从最初担忧资源环境问题的广大民众，逐步发展到政府和民众均成为主体。这些民众具有一定的知识和经济水平，能够通过各种知识了解资源耗竭和环境污染的严峻形势及其对人类的威胁。在绿色和平运动的推动下，陆续出现了以“绿色”为目标的组织，如环境保护基金会、动物保护基金会、地球之友等，其中绿党已在许多国家成为重要的政治力量。

特征　绿色和平运动的产生和发展伴随着第三次科技革命以及大众消费时代的来临，一方面科学技术的进步带来生产力的飞跃，工业产品得到了极大的丰富，而另一方面资源耗竭和环境污染日趋严重，极度消费的满足与对生存环境的担忧导致了严重的社会和信仰危机。人们普遍对现实感到不满，质疑人类在科学技术面前失去了自然本性，并对传统价值发起了激烈的挑战。因此，从产生开始，绿色和平运动就表现出了激烈和不安的特征。

绿色和平运动在运动形式上表现出了“深绿”特征，最初倡导非暴力的环境保护直接行动，组织了一系列“非暴力事件”，如以绿色和平组织的行动为代表的非暴力事件。绿色和平运动组织的各种“深绿”活动事件在达到环境保护目标的同时，也造成了一定的负面影响，如过度宣传“海豹灭绝”、抵制海豹皮制品导致因纽特人的生存危机等。越来越多的人认为他们“哗众取宠”“反对发展”“对荣誉比实干更感兴趣”。进入 20 世纪 90 年代，绿色和平运动开始向“浅绿”理念倾斜，在推动资源节约和环境保护的同时，开始更加注重多方平衡和整体价值的和谐。

意义　绿色和平运动有效促进了发达国家乃至全球公众与政府生态环境保护意识的增强，促成了许多环境保护组织和机构的建立，并逐步推动各国环境保护进入法制化轨道和采用更合理的运动方式，推动了生态与环境学科科研和教育的发展。绿色和平运动切实有效地促进了资源保护和环境污染防治，在推动人类实现可持续发展的进程中发挥了巨大作用。

（鞠美庭　楚春礼）

Lüse Heping Zuzhi

绿色和平组织　（Greenpeace）　简称绿色和平，是一个国际性的环境类非政府组织，致力于以实际行动推动积极改变，保护地球环境与世界和平。总部设在荷兰阿姆斯特丹。

绿色和平成立于 1971 年，目前在世界 55 个国家和地区设有分部，支持者超过 300 万名。在成立之初，绿色和平的主要任务是反核军备和反滥杀鲸鱼，如今，该组织的活动领域主要集中在对抗气候变化及能源危机、食品安全与农业、保护森林、保卫海洋、有毒有害物质污染防治等方面。

绿色和平参与全球环境治理的方式主要有非暴力的直接行动、亲临现场见证、开展网络活动、研发环保技术与产品、推动有关环境问题的国际公约的制定等。

绿色和平践行的价值理念为：相信积极行动会带来改变；以和平、非暴力的方式，见证环境破坏；推动公开的、有充分信息支持的环境议题讨论，以便让全社会对解决方案达成共识；将环境问题呈现给公众，以非暴力直接行动的方式提升全社会对问题的认识和理解；工作是为了揭露环境危机及解决问题，我们没有永远的盟友或敌人；为了保持公正性和独立性，不接受任何政府、企业或政治团体的资助，只接受市民和独立基金的直接捐款；在推动项目时，会充分尊重民主，并寻求对全球不同地区、阶层都公平的解决方案。

（楚春礼　姜贵梅）

Lüse Yazhou Renju Huanjing Jiang

绿色亚洲人居环境奖　（Green Asian Habitat Environment Prize）　由亚洲人居环境协会设立，表彰亚太地区在人居环境方面做出突出贡献的项目、机构及个人的人居环境领域奖项。该奖项在前两届“亚洲人居环境暨城市住宅设计大赛”的基础上，依据2006年在日本福冈市举办的“第二届亚洲人居环境国际峰会”通过的《绿色亚洲人居宣言》精神，于2007年正式更名为“绿色亚洲人居环境奖”。

该奖项遴选来自亚太地区的优秀范例，旨在表彰在绿色生态、低碳应用、可持续发展方面做出突出贡献的项目、机构、个人，促进亚洲各国及地区城市规划、建设及管理可持续发展全方位的交流，鼓励并加强规划师、建筑师及景观设计师在城市中的绿色低碳实践，带动房地产开发企业深入了解国际最新发展趋势，把握产品创新要素，以推动绿色生态、节能减排、可持续发展理念在房地产开发企业中的推广和宣传。　（楚春礼　王小虎）

《Lüse Zhanlüe——21 Shiji Zhongguo Huanjing Yu Kechixu Fazhan》

《绿色战略——21 世纪中国环境与可持续发展》　（Green Strategy：Chinese Environment and Sustainable Development in 21st Century）　一部全面介绍中国环境现状并探讨21世纪中国环境与可持续发展前景的综合性文集。由美国华裔物理学家、诺贝尔物理学奖获得者李政道先生和中国科学院原院长、中国科学技术协会原主席、“两弹一星功勋奖章”获得者周光召先生主编，1997年由青岛出版社出版，李政道先生和周光召先生分别为该书作序，书中表达了作者对绿色发展的思考。

1992年，世界可持续发展大会在巴西里约热内卢召开，中国政府作出了承诺，并积极编制《中国 21 世纪议程》，作为中国可持续发展的国家级战略文件，推动了中国国家环境保护战略进程，以及环境保护运动的发展。在此背景下，李政道先生邀请周光召先生共同发起召开了“21世纪中国的环境与发展研讨会”，以会议论文集为基础，最后形成了该书。

该书共37万字，收录了中国多位环境保护领域政府管理者与资深科学家关于21世纪中国环境与可持续发展的讲话和思考，是全面探讨中国环境状况和21世纪环境与可持续发展前景的综合性文集。分八个部分，导论为《21 世纪中国的环境与可持续发展能力》，由中国科学院科技政策与管理研究所教授、中美环境与可持续发展中心主任牛文元撰稿；第一部分为“主题报告”，收入了原国务委员兼国家科委主任、两院院士宋健以及邓楠、曲格平、解振华在 21 世纪中国的环境与发展研讨会上的讲话；第二部分为“中国可持续发展战略”；第三部分为“中国经济的可持续发展”；第四部分为“中国的资源、环境与可持续发展”；第五部分为“中国农业的可持续发展”；第六部分为“中国城镇建设与可持续发展”；第七部分为“中国区域开发与可持续发展”；第八部分为“全球变化与中国的可持续发展”。附录还收入了“21世纪中国的环境与发展研讨会简况”。　（楚春礼　蒋婧博）

Lundun Yanwu Shijian

伦敦烟雾事件　（Great Smog Incident of London）　1952年12月，英国首都伦敦由于空气中存在大量污染物和逆温共同作用，一周内被大雾笼罩，导致接下来几个月内，共造成12 000 多人丧生的事件，是世界“八大公害事件”之一。

从 1952 年 12 月 5 日开始，地处泰晤士河河谷地带的伦敦被高压控制，一连几日无风，空气近乎静止不动，大雾笼罩着这座城市，又正值燃煤季，伦敦工业燃煤和生活燃煤产生的二氧化碳、一氧化碳、二氧化硫、粉尘等积聚在大气层中，致使城市连续数天烟雾弥漫，能见度极低。由于大气中的污染物不断积蓄，不能扩散，许多人都感到呼吸困难，眼睛刺痛，流泪不止，在仅仅 4 天时间内，死亡人数就多达 4 000 人。直到 12 月 10 日，在冷锋的作用下，伦敦烟雾才得以慢慢驱散。据统计，在发生烟雾的一周中，伦敦市因支气管炎死亡 704 人，冠心病死亡 281 人，心脏衰竭死亡 244 人，结核病死亡 77 人，分别为前一周的 9.5 倍、2.4 倍、2.8 倍和 5.5 倍，此外，肺炎、流行性感冒等呼吸系统疾病的发病率也有显著性增加。烟雾消散后的两个月内，又有近 8 000 人因为烟雾事件而死于呼吸系统疾病。

伦敦烟雾事件使得英国政府出台了《伦敦市法》《清洁空气法案》等多项涉及燃料使用规范的法律，制定了禁止工厂排烟的基准，后又采取迁出火电站、将燃煤改为煤气和电力等方式，才逐渐控制了大气污染，避免烟雾事件再次发生。 （楚春礼　叶頔）

Luoma Julebu

罗马俱乐部 （Club of Rome）　研究人类和地球的未来的国际性非政府学术团体。成立于 1968 年，由来自政治、经济、科学等领域的领袖人物组成，旨在阐明人类面临的主要困难以引起政策制定者和舆论的关注。

罗马俱乐部的主要目标包括：通过系统性的预测分析，识别影响人类未来的最重要的问题；评价未来的各种可能场景，以及相应的风险、选择和机会；开发、建议应对这些挑战的实践方案；将获取的信息通过沟通传递给决策者以及公众，以引起相关的讨论，敦促开展改善人类未来的行动。

罗马俱乐部将全球看成一个整体系统，提倡运用系统观将全球问题视为系统内部各组成之间的相互影响来寻求解决方案，倡导从全球角度解决人类重大问题的思想方法。罗马俱乐部对世界范围的未来学问题研究产生了重要影响，其 1972 年发表的《增长的极限》提出了“零增长理论”，引起了社会各界对于未来发展模式的深入思考。 （楚春礼　姜贵梅）

Luoshanji Guanghuaxue Yanwu Shijian

洛杉矶光化学烟雾事件 （Los Angeles Photochemical Smog Event）　20 世纪 40—70 年代，发生在美国洛杉矶，因以汽车尾气排放为主的污染物在强光照射下生成具有氧化性的光化学烟雾，致使多数居民患上眼睛红肿、喉炎、呼吸道感染等疾病的事件，是世界“八大公害事件”之一。

事件原因　自从 1936 年在洛杉矶开发石油以来，特别是第二次世界大战后，洛杉矶的飞机制造和军事工业迅速发展，成为美国西部地区的重要海港。随着工业发展和人口剧增，洛杉矶在 20 世纪 40 年代初拥有 250 万辆汽车，这些汽车每天消耗约 1 600 t 汽油，向大气排放约 1 000 t 碳氢化合物和 400 t 氮氧化物。这些排放物在强烈阳光的作用下，发生光化学反应，生成淡蓝色的光化学烟雾，这种烟雾中含有臭氧、氧化氮、乙醛和其他氧化剂，酿成了危害人类的光化学烟雾事件。

此外，洛杉矶是美国西部太平洋沿岸的一座海滨城市，处于一个口袋地形之中，只有西面临海，其他三面皆环山。这样的地形导致该地区天气容易产生持续反气旋，空气在下沉的过程中不断升温，从而在 600 m 的高度形成逆温层。同时，在加利福尼亚洋流的影响下，在春季和初夏，来自太平洋上空的空气在越过这段寒冷的水面上空时会变成冷空气，越过海岸向洛杉矶地区移动，这就导致洛杉矶近地面空气变冷、高空空气变暖的态势，于是便形成了洛杉矶上空强大的持久性的逆温层，其犹如帽子一样封盖了地面的空气。逆温层使得大气中的污染物无法扩散，大量聚集在大气中，当条件具备之后，产生光化学反应，形成光化学烟雾。

光化学烟雾的形成机理 光化学烟雾的形成条件是大气中有氮氧化物和碳氢化合物存在，大气温度较低，而且有强烈的阳光照射，这样在大气中就会发生一系列复杂的反应，生成一些二次污染物，如臭氧、醛、PAN（过氧乙酰硝酸酯）、过氧化氢等。

光化学烟雾的产生是一个链式反应，其中关键性的反应可以分为三组。

①NO_2光解生成O_3。

$$NO_2+h\upsilon \longrightarrow NO+O$$

$$O+O_2 \longrightarrow O_3$$

$$NO+O_3 \longrightarrow NO_2+O_2$$

②碳氢化合物氧化生成活性自由基。

$$O+RH \longrightarrow RO+H\cdot$$

$$O_3+RH \longrightarrow RO_2+HO$$

③醛、酮进一步氧化生成过氧酰基硝酸酯系列。

$$RO_2+NO \longrightarrow NO_2+RO \longrightarrow RONO_2$$

$$RCHO+NO_2 \longrightarrow PAN$$

过氧酰基硝酸酯系列是光化学烟雾产生危害的主要成分，它通常包括 PAN、PPN（过氧丙酰硝酸酯）、PBN（过氧丁酰硝酸酯）、PBZN（过氧苯甲酰硝酸酯）等，其中 PAN 发现得最早，是其代表物。 （楚春礼 叶頔）

M

Masi Hegu Yanwu Shijian

马斯河谷烟雾事件 （Meuse Valley Fog Event） 1930 年 12 月 1—15 日，位于比利时境内沿马斯河列日镇和于伊镇之间 24 km 长的一段河谷地带，在逆温的作用下，工厂排放的有害气体及粉尘在大气中大量聚集，而导致该地区上千人发生疾病、数十人死亡的大气污染事件。马斯河谷烟雾事件是世界“八大公害事件”之一，也是有记录的 20 世纪最早的大气污染导致的惨案。

事件过程 1930 年 12 月 1 日，整个比利时地区出现逆温和大雾，由于处于盆地型地理位置，马斯河谷上空出现强逆温层，雾层尤其浓厚，并一直持续至 15 日。在这种情况下，从 12 月 3 日开始，河谷工业区有上千人发生呼吸道疾病，症状表现为流泪、喉痛、声嘶、咳嗽、呼吸短促、胸口窒闷、恶心、呕吐，在一个星期之内就造成 63 人死亡，是同期正常死亡人数的 10 多倍，死者大多是年老和有慢性心脏病与肺病的患者。尸体解剖结果证实，刺激性化学物质损害呼吸道内壁是致死的原因，其他组织与器官没有毒物效应。

原因 事件发生以后，有关部门立即进行了调查，认为以含硫氧化物为主的有害污染气体和盆地型地形是造成这次事件的两个主要原因。马斯河谷两侧山高约 90 m，许多重型工厂分布在河谷里，包括炼焦、炼钢、电力、玻璃、炼锌、硫酸、化肥等工厂，多年来，向该地区排放了大量的二氧化硫和三氧化硫气体，这两种物质是主要的致害物质，同时，空气中存在的氧化氮和金属氧化物微粒等污染物会加速二氧化硫向三氧化硫转化，从而加剧了对人体的刺激作用。具有生理惰性的烟雾，通过把刺激性气体带进肺部深处，也起了一定的致病作用。有研究推测，当时大气中的二氧化硫质量浓度达到 25～100 mg/m^3。从地形上来看，该地区是一块狭窄的盆地，气候反常，加剧了这种逆温和大雾持续的时间与程度，导致污染物难以有效扩散，使得工业排放的污染物在河谷地区的大气中积累到有毒甚至致命的浓度。

（楚春礼　叶頔）

Meiguo “Heifengbao” Shijian

美国“黑风暴”事件 （American Black Storm Event） 1934 年发生在美国西部草原地区，由于人类拓荒开垦土地造成植被破坏引起的一场人类历史上空前强大的沙尘暴事件。

事件过程 1934 年 5 月 12 日凌晨，美国西部草原地区发生了一场人类历史上空前的黑色风暴。风暴从美国西部土地破坏最严重的干旱地区刮起，狂风卷着黄色的尘土，遮天蔽日，向东部横扫过去，形成一个东西长 2 400 km、南北宽 1 500 km、高 3 200 m 的迅速移动的巨大黑色风暴带。空气中含沙量达 40 t/km^3，风暴所经之处，溪水断流，水井干涸，牛羊死亡。风暴整整刮了三天三夜，掠过了美国 2/3 的土地，约 3 亿 t 土壤被刮走，导致上千万人流离失所。

原因 黑风暴的发生主要是美国拓荒时期开垦土地造成的植被破坏引起的。19 世纪，美国鼓励向半干旱的西部大草原移民开荒，认为这是既发展西部又解决温饱的聪明之举。美国向西部大草原进发的过程中，大量砍伐森林，滥垦草地，1860—1890 年，有 90 万 km^2 的处女地被开垦。

影响 此次黑风暴严重影响了美国农牧业生产，小麦大片枯死，引起美国谷物市场波动。此外，黑风暴还刮走沿途大量肥沃的表层土壤，使当地土壤沙质化，变得贫瘠，制约了农业发展。（楚春礼 叶頔）

《Mengteli'er Yidingshu》 Duobian Jijin

《蒙特利尔议定书》多边基金 （Multilateral Fund for the Implementation of the Montreal Protocol） 为了帮助发展中国家采取控制措施，实现《关于消耗臭氧层物质的蒙特利尔议定书》（以下简称《蒙特利尔议定书》）规定的保护臭氧层工作目标而创立的机制。

1990 年在英国伦敦召开的《蒙特利尔议定书》第二次缔约方大会上，正式通过了建立《蒙特利尔议定书》多边基金的决议，并将其写入《蒙特利尔议定书》伦敦修正案。1991 年，《蒙特利尔议定书》多边基金正式建立。联合国开发计划署、联合国环境规划署、联合国工业发展组织和世界银行是《蒙特利尔议定书》多边基金的执行机构，其他国家通过与执行机构合作获得《蒙特利尔议定书》多边基金的资助。《蒙特利尔议定书》多边基金的资助范围包括国家方案准备、机构加强、技术援助活动、投资项目四种类型。

《蒙特利尔议定书》多边基金设立执行委员会，每年召开三次会议，负责制定基金操作的政策、项目批准条件，监督政策实施，批准执行机构的工作计划，批准投资项目和其他消除破坏臭氧层物质的行动并监督和评估项目的实施。设立秘书处协助执行委员会完成日常管理工作。

《蒙特利尔议定书》多边基金的建立创造了一个全新的解决全球环境问题的机制，成为发达国家和发展中国家密切协作、解决全球环境问题的典范。自 1991 年以来，基金已经资助产业转型、技术援助、培训、能力建设类项目超过 36 亿美元，截至 2017 年年底，已减少 488 909 t 破坏臭氧层物质的排放。（楚春礼 姜贵梅）

Mikangyou Shijian

米糠油事件 （Yusho Rice Bran Oil Poisoning Incident） 又称多氯联苯事件，是指 1968 年发生在日本，由于多氯联苯混入鸡的米糠油饲料，人食用鸡而中毒生病或者死亡的事件，是世界“八大公害事件”之一。

1968 年 3 月，日本的九州、四国等地区的几十万只鸡突然死亡。同年 6—10 月，有 4 家共 13 人因患原因不明的皮肤病到九州大学附属医院就诊，患者初期症状为痤疮样皮疹、指甲发黑、皮肤色素沉淀、眼结膜充血等。九州大学医学部、药学部和县卫生部门组成研究组，分为临床、流行病学和分析组开展调研。临床组在 3 个多月内确诊 325 名患者，到 1978 年 12 月，日本有 28 个县正式确认 1 684 名患者。为了调查事件的原因，日本卫生部门成立了“特别研究班”，经调查研究发现病因是多氯联苯（PCBs）中毒。原来是九州一个食用油厂在生产米糠油时，因管理不善和操作失误，致使米糠油中混入了在脱臭工艺中使用的热载体 PCBs，造成食物油污染，于是，随着这种有毒的米糠油销售各地，食用含这种米糠油的饲料后有数十万只家禽死亡，并通过食物链造成多人中毒生病或死亡。（楚春礼 叶頔）

Mi'erwoji Fuxiezheng Shijian

密尔沃基腹泻症事件 （Diarrhoea Event in Milwaukee） 1993 年美国威斯康星州密尔沃基市由于供水系统发生水污染从而导致数十万人发生腹泻症的事件。

美国威斯康星州密尔沃基市于 1993 年发生了一次大规模、突然发生并逐步蔓延的水感染事件，供水系统受到农场动物粪便中的寄生虫污染，造成居民饮用水生物污染，导致该市 161

万人中有 40.3 万人出现了隐孢子虫感染、严重腹泻的症状，超过 4 000 人住院治疗，至少 50 人死亡，被认为是美国历史上水传播疾病最大的一次暴发，由此引起了世界各国供水界对通过饮用水传播的隐孢子虫集体感染问题的高度关注。（楚春礼 叶頔）

moduan zhili

末端治理（end-of-pipe treatment） 在污染物产生之后、排放到环境中之前，采用物理、化学或生物的方法对其进行处理，从而达到污染物削减目的的一种污染控制理念。

产生 工业革命引起了技术和经济领域的巨大变革，特别是第二次工业革命，使美国和欧洲诸国经济飞速增长，但同时，人类赖以生存的自然环境也遭受到前所未有的严重破坏。工业污染范围不断扩大，污染程度不断加深，大气环境、水环境、土壤环境、海洋环境乃至外部空间都受到了不同程度的污染，废气、废水、废渣严重破坏了生态环境，化工产品也威胁着动植物和人类的健康。特别是 20 世纪中叶，爆发了震惊世界的“八大公害事件”，在这种背景下，“末端治理”理念应运而生。人们开始意识到，在“稀释排放”政策下，污染物排放量已经超过了自然界的环境容量和自净能力，在各种压力下，工业界不得不转而针对生产末端产生的污染物开发行之有效的治理技术，即“先污染，后治理”。

应用 末端治理技术被广泛应用于大气、水体污染物和固体废物的治理，如吸附、冷凝、焚烧、过滤等，同时也开发了很多末端治理设备，如燃烧室、过滤器、洗涤塔等。从短期视角来看，其具有相对易于操作、成本较低的优点，被美国、欧洲和日本等一些发达国家和地区广泛采用。我国也从 20 世纪 70 年代开始将末端治理作为工业污染防治的主要方针，出台了水污染、大气污染和固体废物污染环境防治等相关法律。末端治理对于遏制环境污染的迅速扩张发挥了历史性的作用。

弊端 末端治理开始关注解决环境问题，不仅有助于消除污染物质，也在一定程度上减缓了生产活动对环境的污染和破坏程度。但是，从技术角度来讲，部分末端治理只是将污染物进行了转移，有的还造成了二次污染，例如，湿式除尘将废气转变为废水排入水体，污水处理厂处理废水产生了含重金属的污泥等。此外，随着工业化进程的加速，工业生产所排放的污染物的种类越来越多，末端治理暴露出技术难以满足治理需求、治理经济负担过重、资源浪费等缺陷，因而仅仅依靠末端治理难以彻底消除人类活动排放的污染物，不能从根本上解决工业污染的问题。在这种情况下，面对日益严重的资源耗竭和环境污染问题，西方发达国家认识到必须改变大量消耗资源和能量来推动经济增长的传统模式，以污染预防取代末端治理，并将其作为工业污染控制的核心战略。例如，美国于 1990 年通过了《污染预防法》，把污染预防作为美国的基本国策。

我国正处于工业化进程的中级阶段，生产过程仍然会产生大量污染物，20 世纪 70 年代以来，我国采取了总量控制、污染物排放质量达标、污染物排放浓度达标、“三同时”制度、征收排污费等手段，末端治理在我国工业污染防治过程中发挥了重要的作用。但是，仅仅依赖末端治理逐渐无法适应我国可持续发展战略的需要。我国于 2003 年实施《中华人民共和国清洁生产促进法》，标志着开始进入了末端治理和污染预防并重的污染控制战略阶段。

（鞠美庭 楚春礼）

Moxige Guoji Renkou Huiyi

墨西哥国际人口会议（International Conference on Population in Mexico） 1984 年 8 月 6—14 日在墨西哥的墨西哥城召开的一次有关人口的国际会议。

背景 1974 年，布加勒斯特世界人口会议通过《世界人口行动计划》，以协调世界人口同经济、社会的发展趋势，促进人口和社会经济平衡合理地发展。之后，世界人口增速减缓，许多国家都制定了明确的人口政策，但生育率、国际迁移、高死亡率、人口与资源环境之间的平衡等问题仍十分突出。1981 年联合国经济及社会理事会通过 87 号决议并经联合国大会通过，在墨西哥城召开国际人口会议，以评价《世界人口行动计划》的执行情况，包括中国政府代表团在内的 148 个国家的政府代表团，以及一些与人口问题有关的非政府国际组织的代表参加了这次会议。

主要内容 会议回顾了 1974 年布加勒斯特世界人口会议以来，世界各地有关人口活动的进展情况，并审查了《世界人口行动计划》的执行情况。会议通过了《墨西哥城人口与发展宣言》和《进一步执行世界人口行动计划的建议》，指出制定人口目标和政策是社会、经济及人类发展的基本目标之一，是提高人民生活水平、保障生活质量的重要基础，人口增长、高死亡率和患病率以及迁移是造成各类人口问题的原因，需要对此迅速采取行动；强调尊重国家主权，反对各种形式的种族歧视及种族隔离，推动社会经济发展、人权和个人自由；重申在制定人口政策和方案时，要制定实施加强妇女地位及作用的具体政策，注重解决人口结构方面的主要问题；要求各国政府采取积极行动，根据规划及需求实施适当的人口政策和方案；强调加强国际人口合作，国际社会提供充足、可靠的援助，特别是通过人口基金，支持各项人口活动的开展。会议重申，《世界人口行动计划》仍然有效，发达国家和发展中国家在人口方面的差别仍然十分显著，发展中国家要为迅速增加的青年人口提供就业的机会，发达国家则应特别注意人口老龄化问题，此外，世界各国要特别注意未来数十年中将会发生的人口结构的变化，同时城市化对策和城乡综合发展战略应成为人口政策的重要组成部分。

中国政府派代表团积极参与大会的讨论，阐述了中国政府在人口问题上的观点立场。

（楚春礼　蒋婧博）

Moxige Wan Jingpen Shijian

墨西哥湾井喷事件（Gulf of Mexico Oil Spill of "Ixtoc Ⅰ Drill"）　又称“伊斯托克-Ⅰ”油井事故。指 1979 年发生在墨西哥湾伊斯托克Ⅰ号平台的单次历史上最严重的井喷事件。

1979 年 6 月 3 日，墨西哥石油公司在墨西哥湾南坎佩切湾尤卡坦半岛附近海域的伊斯托克Ⅰ号平台钻机，打入水下 3 625 m 深的海底油层时，突然发生严重井喷，平台陷入熊熊火海之中，原油以每天 4 080 t 的流量向海面喷射，直到当年 9 月中旬和 10 月初，两眼引油副井在伊斯托克井 800 m 以外海域抢打成功，主井压力才得以缓解，原油喷势才稍减，1980 年 3 月 24 日油井才被完全封住。此次井喷事件历时 296 天，流失原油 45.4 万 t。井喷造成 10 mm 厚的原油向北漂流，涌向墨西哥和美国海岸，黑油带长 480 km，宽 40 km，覆盖海域面积达到 1.9 万 km^2，对海洋环境造成了严重污染。西风和一系列风暴使得部分泄漏的原油漂离墨西哥东部和得克萨斯州东南部，抵达并污染到很远的地方。该次井喷事件成为世界上最大的海上井喷事故。　（楚春礼　叶皡）

Moxige Wan Yuanyou Xielou Shijian

墨西哥湾原油泄漏事件（Gulf of Mexico Oil Spill Event）　2010 年位于美国路易斯安那州墨西哥湾的英国石油公司（BP）租用的“深水地平线”钻井平台爆炸致人死亡及原油大量泄漏，破坏海洋和海岸生态环境的事件，是美国历史上最严重的石油污染导致的环境灾难。

事件过程 工人在钻井底部设置水泥封口（水泥塞）时引起化学反应产生热量，促使深海底部处于晶体状态的甲烷转化成甲烷气泡，随后甲烷气泡从下部突破数道安全屏障升到上部低压处，且气泡越聚越大。因为防喷阀失灵，在井喷时未正常启动，2010 年 4 月 20 日，气泡带油一起喷出，涌向易燃房间，发生第一次爆炸。爆炸后 BP 公司借用水下机器人试图启动防喷阀，但未成功，随后失去控制的油井喷出压力巨大的油气使“深水地平线”平台在火海中沉没，导致大量原油泄漏。据估计，泄漏的原油每天约有 1 亿桶。BP 公司随后采取应急措施，例如，加盖封堵，高压将水泥射入破裂井口，顶部压井，毛发吸油，派水下机器人检修失控的安全阀门，利用船只吸取油污，同时在漏油井侧钻两口并行减压井以减缓漏油速度。到2010年9月，通过减压井将大量泥浆与水泥灌注到事故油井底部，对漏油井实施永久封堵。据估计，事故发生两个月之后，原油泄漏总量达到约4.73亿L，投入超过2.4万人、1 400艘船只参与救援工作。

原因 美国海岸警卫队和海洋能源管理局在2011年9月公布的调查报告认为，用于加固油井的水泥出现问题是原油泄漏的主要原因。马孔多油井（Macondo Well）在漏油事故发生前已存在预算超支、监测设备出现异常等问题，BP公司和哈里伯顿公司（石油和天然气行业设备和服务提供商）在实施油井水泥工程时，减少了注入油井的水泥量以节约开支，造成油井安全出现问题。调查报告建议，为了加强海上石油开采安全，需要开发一套测试钻井平台运行安全性的标准化程序，改进钻井平台的安全设计以防止可燃气体进入控制室，并加强防爆阀门组，同时还建议政府加强监管，要求运行方提供完备的油井控制报告，并应对深水钻井平台进行突袭式抽查。

影响 漏油事故导致墨西哥湾方圆上千平方公里的海域遭到污染，海洋环境和生物受到巨大影响。有报道称，墨西哥湾北岸内陆数百公里处的沼泽和湿地部分区域水质像“巧克力糖浆”一样黏稠，很难清理。原油泄漏还使该海域的蓝鳍金枪鱼、棕颈鹭、抹香鲸、浮游生物、海豚等受到严重的生存威胁，蠵龟、西印度海牛和褐鹈鹕3种珍稀动物也处境堪忧。在受污染海域，20余万只海鸟、数千只海獭、斑海豹、白头海雕等动物死亡。科学家表示，墨西哥湾原油泄漏事件正在影响海底生物链，一些生物因原油泄漏相继死亡或受到严重污染，而另一些生物已经适应了污染的环境，种群数量正在增长。海底生物链一旦发生重组，那么将会给美国的捕鱼产业带来巨大风险。此外，原油泄漏对沿岸居民和清理人员的健康也会带来不良影响。 （楚春礼　叶皡）

Moxige Yehuaqi Baozha Shijian

墨西哥液化气爆炸事件 （Mexico Liquefied Gas Explosion Incident of San Juanico） 1984年11月19日，墨西哥首都近郊圣胡安尼科的Pemex液化气储运站因连接管线破裂泄漏液化气形成蒸气云，遇内部火源导致爆炸并引起大火的事件。

爆炸导致储运站内几乎全部设施毁坏，54座储气罐爆炸起火波及站区周围1 200 m内的建筑物，毁坏民房1 400间以上，造成1 000多人死亡，4 000多人受伤，30 000多人无家可归，50万居民逃难。1984年12月22日，墨西哥联邦检察署公布该事故的调查报告，确定为储运站的球形储罐和卧式储罐的管线破裂，泄漏液化石油气后遇火爆炸引起大火。

（楚春礼　叶皡）

N

Nanwula'er Heshigu

南乌拉尔核事故 （South Ural Nuclear Accident） 1957 年发生在苏联南乌拉尔地区的一次核污染事故。

1957 年 9 月 29 日，在苏联的大型核工业聚集区南乌拉尔地区，克什特姆、车里雅宾斯克两城之间的一个地下核废料储存罐突然发生爆炸，大量放射性尘埃和物质喷射到空中，形成一片直径约 10 km 的烟云。狂风把放射性烟云刮到数百公里以外，造成南乌拉尔地区 3 000 km^2 面积的核污染，区内草木不生，成千上万人因被辐射而生病，数万人死亡。

在苏联的消息封锁政策下，直到事故发生后 32 年，即 1989 年，苏联政府才向国际原子能机构提供了有关该次事故的技术报告，该次事故才得以公之于众。 （楚春礼 叶頔）

《Nongye Huanjing Kexue Xuebao》

《农业环境科学学报》 （Journal of Agro-Environmental Science） 由农业农村部主管、农业农村部环境保护科研监测所和中国农业生态环境保护协会联合主办的全国性学术类科技期刊，主要刊登农业生态环境科学领域内具有创新性的研究成果，包括新理论、新技术和新方法，读者主要为农业科学、环境科学、生态学、资源保护、林业科学和医学等领域的科技人员和院校师生。

创刊于 1982 年 3 月，原名为《农业环境保护》，于 2003 年改为现名，为月刊，设置专论与综述、污染生态、土壤环境、水体环境、畜禽环境、水产环境、废弃物处理及资源化利用、碳氮循环、面源污染、分析方法、环境影响评价等栏目。该刊是中国科学引文数据库（CSCD）核心期刊、中文核心期刊、中国科技核心期刊、RCCSE 中国核心学术期刊、中国精品科技期刊，被美国《化学文摘》（CA）、美国《剑桥科学文摘（自然科学）》（CSANS）、俄罗斯《文摘杂志》（AJ）等多家数据库收录。曾荣获中国国际影响力优秀学术期刊、天津市一级期刊等称号以及全国农业期刊金犁奖学术类期刊一等奖。国际标准刊号为 ISSN 1672-2043，国内统一刊号为 CN 12-1347/S，邮发代号为 6-64。

（楚春礼 张士秋）

P

Pinyou Zhadan Shijian

贫铀炸弹事件 （Depleted Uranium Bomb Event） 发生在21世纪初，联合国环境规划署（UNEP）组织贫铀考察专家小组对科索沃可能使用贫铀炸弹的场点进行考察，最终确定这些场点使用了贫铀炸弹的事件。

2000年2月7日，北大西洋公约组织秘书长向联合国秘书长提交的有关贫铀的新资料承认在科索沃冲突中使用了贫铀，在整个科索沃的近100次军事行动中一共使用了31 000发贫铀弹。7月，北大西洋公约组织向科索沃部队通报了使用贫铀弹的位置和发射的炮弹数量。9月，UNEP特遣队专家组在日内瓦举行贫铀会议，决定组成小组赴科索沃进行现场考察，该小组包括来自芬兰、意大利、瑞典、瑞士、英国、美国、国际原子能机构和UNEP等国家和机构的14名专家。小组考察了11个使用过贫铀的场点，对这些地方进行了彻底调查，查找由贫铀尘和贫铀弹头（穿甲器）产生的γ辐射和β辐射，还收集了土壤、水和蔬菜样品，发现了几颗贫铀弹头和污染点，清楚地表明在被调查的场点上使用过贫铀弹。在实验室对采集的样品进行分析后，2001年3月，UNEP发表了《科索沃贫铀——战后环境评价》报告，肯定了使用贫铀弹的说法。随后，世界卫生组织也分别于2001年和2002年发表了贫铀事实公告，赴科索沃贫铀任务组的报告，有关贫铀来源、接触和健康影响的报告。

贫铀 贫铀是对天然铀进行浓缩以生产核反应堆和核武器所需浓铀的副产品。理论密度为19.07 g/cm^3。贫铀中存在微量的^{235}U，^{235}U的同位素含量约占0.2%。贫铀中的同位素每单位时间发射的α辐射的能量之和是^{238}U系处于放射平衡时每单位时间发射的所有α辐射的能量总和的11%，发射的β辐射能量之和约占42%，γ辐射的能量之和约占1.4%。由于密度高，贫铀有许多用途，如用于飞机和导弹中的配重和压载、赛艇的龙骨、工业和医用射线（X射线和γ射线）的屏蔽材料、放射源的运输容器。贫铀用于制造武器时，可使武器极为坚硬，能够穿透装甲板。

贫铀武器及其危害 贫铀弹头击中装甲、岩石等坚硬目标，会发生燃烧，10%～35%可转化成氧化物气溶胶，粒径多数小于5 μm，可随风飘散到环境中，污染空气和地面。气溶胶形成的数量与弹头种类、发射角度和靶标硬度有关。贫铀弹头击中非装甲目标或丢失目标时，将穿过目标或埋入地下，并基本上保持完整，弹头的入地深度与发射角度、发射速度、靶类型和土壤表面特性有关，通常的入地深度为2～3 m，可污染地下水，也可能污染农作物。

不论是急性还是慢性铀中毒，铀进入人体血液后主要表现出对肾脏的化学损伤效应特性，临床可能出现急性肾功能衰竭症状。此外，铀还具有生殖和发育毒性，以及致突变和致癌作用。铀的致畸效应可造成姐妹染色体互换、染色体畸变率和微核检出率增加。在经呼吸道吸入难溶性铀化合物的情况下，铀长期滞留在肺部，可造成肺部的辐射损伤，甚至诱发肺癌。（楚春礼　叶頔）

Q

Qie' ernuobeili Hedianchang Shigu

切尔诺贝利核电厂事故 （Chernobyl Nuclear Power Plant Accident） 1986年4月26日凌晨1时24分，位于苏联乌克兰加盟共和国基辅市东北130 km处（现乌克兰、白俄罗斯和俄罗斯的边界附近）的切尔诺贝利核电厂4号反应堆发生的堆芯、反应堆厂房和汽轮机厂房被摧毁，大量放射性物质外逸的严重事故。该事故被认为是核电历史上最严重的事故，也是国际核事件分级表第一个被评为第七级（最高级）的事故。

事故原因、经过 该事故属于超临界事故。其直接原因是做汽轮发电机惰走带厂用负荷试验时操作不当，但根本原因是反应堆堆芯设计和控制保护系统设计上的弱点，以及核安全文化水平低。

切尔诺贝利核电厂由4座压力管式石墨慢化沸水反应堆（RBMK-1000）组成，电厂的建设始于20世纪70年代后期，1号反应堆于1977年启用，2号、3号、4号也相继于1978年、1981年、1983年启用。该堆型在设计上有两个主要的安全不利因素：随着燃料燃耗加深，堆芯出现正汽泡反应性效应和正功率反应性系数；控制棒、挤水棒的正反应性效应（控制棒下端连接着石墨制成的挤水棒，当整个控制棒提到堆芯以上位置时，挤水棒下端堆芯孔道内留有125 cm的水柱。当控制棒插入堆芯时，石墨棒挤掉水柱，石墨的中子吸收截面比水的中子吸收截面小得多，因而引入正反应性）。这些负面效应早在1983年同类型的立陶宛依格纳里娜核电厂的反应堆上就已被发现，有关研究设计单位也进行了研究并提出过改进措施，但没有引起管理机构的重视，因而没有采取任何措施，甚至没有把这方面的信息通告各运行单位。

1986年4月25日乘计划停堆进行检修之前的机会，做汽轮发电机惰走带厂用负荷试验。在4月25日1时开始降低功率做试验准备至26日1时23分开始进行试验长达24小时的过程中，因操作人员安全意识不强和监测显示系统落后而造成的不当操作主要是：反应堆热功率曾降到30 MW（中子功率为零），随后升高到200 MW（按试验大纲规定应当在700 MW进行）；为了克服当时反应堆严重的氙中毒使功率提高而把原来插在堆芯的控制棒大部分提升到堆芯之上（按安全要求，堆内至少应有30根手动棒，而在4月26日1时22分30秒堆芯内仅有6～8根）。

4月26日1时23分开始做汽轮发电机惰走试验时，反应堆处于正气泡反应性效应占优势的状态，功率反应性系数为正值。1时23分40秒，值班长命令按下紧急停堆按钮，使所有控制棒和事故保护棒插入堆芯。由于大多数控制棒高悬于堆芯之上，在初始插入时因前面所述的挤水棒正反应性效应在堆芯下部功率峰值处（此堆轴向功率分布当时具有双峰）引入正反应性，与当时反应堆内的正气泡反应性和正功率反应性效应相结合，在十几秒钟时间内导致中子功率剧增，使得燃料碎裂成热的颗粒，这些热的颗粒使得冷却剂急剧地蒸发，从而引起了蒸汽爆炸，一回路系统和反应堆厂房被破坏，大量放射性物质释入大气。爆炸飞射出的灼热碎片散落到邻近汽轮发电机厂房和其他辅助设施上，引起多处着火。

事故影响　苏联有关部门组织了控制事故和消除事故后果的工作。大火于26日5时被扑灭。向毁坏的反应堆投掷堆集了碳化硼、白云石、铅、砂子、黏土等材料约 5 000 t，用以封闭反应堆厂房和抑制裂变产物外逸。1986 年 4 月27日至8月中旬从切尔诺贝利核电厂周围地区（约 30 km 半径）疏散了 116 000 名居民。1986 年11月在4号堆废墟上建起了钢和混凝土构成的密封建筑物，把废堆埋藏在里面。对切尔诺贝利核电厂厂区和周围地区持续地进行放射性污染清理。参加消除事故后果的总人数达20万。

切尔诺贝利核电厂并没有因为 4 号机组出问题而停止运作，只是封闭了电厂的4号机组，用 200 m 长的水泥与其他机组隔开，乌克兰政府让其他三个机组继续运作。1991 年在 2 号机组发生一场火警，乌克兰政府当局随后宣布 2 号机组终止运作。1996 年 11 月，在乌克兰政府与国际原子能机构（IAEA）的协议下，1 号机组停止运作。2000 年 12 月乌克兰政府关闭了 3 号机组的运作。至此，整个切尔诺贝利发电厂停止发电运作。

事故期间，释放出的放射性物质总量约为 12×10^{18} Bq，其中包括 6×10^{18}～7×10^{18} Bq 的惰性气体。事故时释出的核燃料碎粒为当时堆内燃料的 3%～4%（堆内装载有 189t 铀，平均燃耗 10.3 MW·d/kgU），燃料中储存的裂变产物中 100%的惰性气体和 20%～60%的挥发性放射性核素释出。对环境污染有重要意义的放射性核素释放量分别约为：碘-131，1.3×10^{18}～1.8×10^{18}Bq；铯-134，0.05×10^{18}Bq；铯-137，0.09×10^{18}Bq。

事故初期（4 月 26 日至 5 月 4 日）释放到大气的放射性物质随风飘移，先向北，后向西转西南及其他方向扩散。事故放射云于 4 月 27 日到达瑞典和芬兰。4 月 29 日至 5 月 2 日，污染空气扩散到欧洲其他国家。长时间大范围的大气运动把释出的放射性物质散布到整个北半球，5 月 4 日到达中国。南半球未受到气载放射云的污染。

释入大气的大部分放射性物质沉积在厂址周围地区。铯-137 浓度水平超过 185 kBq/m^2 的白俄罗斯、俄罗斯和乌克兰境内的土地面积分别为 16 500 km^2、4 600 km^2、8 100 km^2。

通过对受事故影响的人进行评估，其中 530 000 名恢复操作人员的平均有效剂量为 120 mSv，约 115 000 名撤离人员的平均有效剂量为 30 mSv，在事故发生后的 20 年继续居住在受污染地区的人平均有效剂量为 9 mSv。除白俄罗斯、俄罗斯以及乌克兰外，其他欧洲受事故影响的国家，事故发生后第一年的全国平均剂量小于 1 mSv，随后几年的剂量逐渐减少。

切尔诺贝利事故造成了较为严重的辐射效应，1986 年 4 月 26 日清晨在厂址上的 600 人，134 人接受了较高的剂量（0.8～16 Gy），患上了放射病。其中，造成 28 人在事故发生后的前三个月内死亡，另有 19 人在 1987—2004 年死于各种原因，不一定与辐射照射有关。根据联合国原子辐射效应科学委员会（UNSCEAR）的 2008 年年报，530 000 名恢复操作人员中的大多数人在1986—1990年所受剂量为0.02～0.5 Gy。

从切尔诺贝利核电厂事故辐射后果看，局部地区的污染和居民受到的辐照是严重的，但在世界范围内造成的辐射影响仍在天然辐射的涨落水平内。然而，切尔诺贝利核电厂事故造成的各种物质损失和社会影响，特别是对核电工业的冲击是非常巨大的，应当从中吸取教训，防止这类严重事故发生。

经验教训　切尔诺贝利核电厂事故之后，苏联、IAEA 和核电开发国家都深入广泛地研究了该事故发生的原因及其后果，对运行的各种类型的核电厂进行了全面的检查并针对其薄弱环节采取了不同程度的改进措施。IAEA 对核电厂的安全提出了新的国际标准和实施原则，若干国家（特别是苏联）相应地修改制定了新的核安全法规标准。在新的核安全原则和规范标准中强调了提高核安全文化水平，规定了对超设计基准事故进行全面分析和预防及减轻其后果的措施要求。为了杜绝再次发生切尔诺贝利这样的灾难性事故，新的核电厂应设计成具有高度的内在安全性，其安全保障系统和设施能将万一发生的严重事故后果抑制在核电厂范围内。这些新的要求和措施，是切尔诺贝利核电厂事故的教训，也是世界核电工业得以继续发展的必要条件。（岳会国　王中堂）

qingjie shengchan

清洁生产（clearer production）不断采取改进设计、使用清洁的能源和原料、采用先进的工艺技术与设备、改善管理、综合利用等措施，从源头削减污染，提高资源利用效率，减少或者避免生产、服务和产品使用过程中污染物的产生和排放，以减轻或者消除对人类健康和环境的危害的一类生产方式。

清洁生产是20世纪80年代发展起来的一种新的环境保护策略，其思想最早可以追溯到20世纪60年代，欧洲国家、美国等都开始寻求应对末端治理污染难度大、代价高的少废、无废策略。1989年联合国环境规划署（UNEP）首次提出“清洁生产”概念，制订清洁生产计划，并在全球推广，清洁生产也因其在环境污染预防方面的优势而迅速得到世界各国的认可。清洁生产的核心思想是在污染前采取防治对策，即污染预防策略，与末端治理在污染产生后再采取治理措施的理念相对应。清洁生产通过源头削减、过程控制、综合利用的实施可以极大地减少资源消耗和污染物排放，从而提高生态效率。

清洁生产主要包括目标、策略和企业清洁生产三部分内容。

清洁生产的目标　①尽量使用低污染、无污染的原料，代替有毒有害原料。②清洁高效的生产工艺，使物料和能源高效率地转化成产品，减少有害废物的排出；对生产过程中排放的废物和损失的能源实行再利用，变废为宝，化害为利。③向社会提供清洁产品，这种产品在使用过程中对人体和环境不产生污染危害或将有害影响减小到最低限度。④在商品使用寿命终结后，能够便于回收利用，不对环境造成污染或潜在威胁。⑤完善的企业管理，保障清洁生产的规章制度和操作规程能够顺利实施。

清洁生产的策略　①制定相关政策，以鼓励企业推行清洁生产；②完善现有的环境法律和政策；③进行产业和行业结构调整；④通过各种活动，提高企业的清洁生产意识；⑤支持工业示范项目；⑥为工业部门提供技术支持；⑦把清洁生产内容纳入环境教育体系。

企业清洁生产　①进行企业清洁生产审计；②制定长期的企业清洁生产策略；③对职工进行清洁生产的教育和培训；④进行产品的生命周期分析，评估产品从原材料获取到产品制造乃至产品寿命结束之后的处理处置整个生命周期的环境影响；⑤进行产品生态设计和改进；⑥研究符合清洁生产的替代技术和工艺。

我国清洁生产历程　我国清洁生产的发展可以概括为三个方面。

①清洁生产理念引入并逐步融入中国环境保护事业中。1989年，UNEP提出推行清洁生产的行动计划后，清洁生产的理念和方法开始引入我国。1992年8月，国务院制定“中国环境与发展十大对策”，提出在新建、扩建、改建项目时，技术起点要高，尽量采用能耗、物耗小，污染物排放量少的清洁生产工艺。清洁生产成为解决我国环境与发展问题的对策之一。1993年10月，国家经济贸易委员会和国家环境保护局在上海联合召开了第二次全国工业污染防治工作会议，在总结以往工业污染防治经验的基础上，提出清洁生产是实现环境与经济协调发展、走可持续发展道路的重要措施。同年，国家环境保护局通过实施世界银行技术援助项目，培训了首批48名企业清洁生产审计人员和10名清洁生产教员。1994年，《中国21世纪议程》行动计划提出实施“中国清洁生产政策与管理”项目，清洁生产作为中国可持续发展战略的重要措施，被列为第一批优先项目计划。1995年，中国轻工总会和化学工业部分别召开

酒精行业和化学行业清洁生产工作会议，举办清洁生产培训班。国家环境保护局、国家经济贸易委员会等部门都将清洁生产列入“九五”计划工作中，推动清洁生产实践。

②逐步建立清洁生产法律体系，完善清洁生产技术、清洁生产标准和清洁生产管理规范体系，为清洁生产提供法律政策和操作指南。从 1993 年到 2002 年，《节约能源法》《大气污染防治法》《环境噪声污染防治法》《固体废物污染环境防治法》等法律中，都有体现清洁生产方面的内容。2002 年，为了促进清洁生产，提高资源利用效率，减少和避免污染物的产生，颁布《清洁生产促进法》，对清洁生产战略，组织、促进等责任主体，清洁生产的推行、实施，鼓励措施以及法律责任进行了规定。2012 年，全国人民代表大会常务委员会通过关于修改《清洁生产促进法》的决定，将清洁生产工作纳入国民经济和社会发展规划、年度计划范围，并针对责任主体、清洁生产推行规划以及清洁生产资金、信息服务、产品导向名录、企业清洁生产审核、处罚等内容作了修改。2000 年国家经济贸易委员会发布《国家重点行业清洁生产技术导向目录》（第一批），2003 年国家经济贸易委员会联合国家环境保护总局发布《国家重点行业清洁生产技术导向目录》（第二批），2006 年国家发展和改革委员会联合国家环境保护总局发布《国家重点行业清洁生产技术导向目录》（第三批），这三批目录涉及冶金、石化、化工、轻工、纺织、机械、石油、建材、钢铁、有色金属、电力、煤炭等重点行业，共 141 项清洁生产技术，为企业推荐经过生产实践证明，具有明显的环境效益、经济效益和社会效益的技术，引导企业采用先进的清洁生产工艺和技术，积极防治工业污染，全面推进清洁生产。自 2003 年起，中国环境保护主管部门陆续发布行业清洁生产标准，为具体行业企业开展清洁生产提供技术支持和导向。

清洁生产审核是指按照一定程序，对生产和服务过程进行调查和诊断，找出能耗高、物耗高、污染重的原因，提出减少有毒有害物料的使用、产生，降低能耗、物耗以及废物产生的方案，进而选定技术经济及环境可行的清洁生产方案的过程。国家发展和改革委员会和国家环境保护总局于 2004 年制定并审议通过了《清洁生产审核暂行办法》，首次提出了“强制性清洁生产审核”。国家环境保护总局于 2005 年出台了《重点企业清洁生产审核程序的规定》，重点指出了需要进行强制性清洁生产审核的工作程序和要求步骤。环境保护部 2008 年下发了《关于进一步加强重点企业清洁生产审核工作的通知》，对清洁生产审核评估、验收做了规定。2016 年，国家发展和改革委员会与环境保护部修订《清洁生产审核暂行办法》，发布《清洁生产审核办法》，以促进清洁生产，规范清洁生产审核行为。2018 年，生态环境部与国家发展和改革委员会联合发布《清洁生产审核评估与验收指南》，指导清洁生产审核评估与验收工作。

③我国开展污染防治攻坚战、建设美丽中国，清洁生产需要发挥重要作用。2016 年，工业和信息化部、环境保护部联合印发《水污染防治重点行业清洁生产技术推行方案》，旨在围绕水污染防治重点行业，制定出台清洁生产技术推行方案，加快行业先进适用清洁生产技术的推广普及，引导企业实施清洁生产技术改造，从源头减少水污染物的产生和排放，为落实《中国制造 2025》和《水污染防治行动计划》提出的“全面推行绿色制造”以及“制定造纸、焦化、氮肥、有色金属、印染、农副食品加工、原料药制造、制革、农药、电镀等行业专项治理方案，实施清洁化改造”提供支持。此外，污染防治攻坚战也明确提出了重点行业清洁化生产和改造的要求。2018 年 6 月，中共中央、国务院《关于全面加强生态环境保护坚决打好污染防治攻坚战的意见》指出，在能源、冶金、建材、有色、化工、电镀、造纸、印染、农副食品加工等行业，全面推进清洁生产改造或清洁化改造。同年，工业和信息化部印发《坚决打好工业和通信业污染防治攻坚战三年行动计划》，提出发展壮大节能环保、清洁生产和清洁

能源产业，在冶金、建材、有色、化工、电镀、造纸、印染、农副食品加工等行业，以自愿性清洁生产审核为抓手，推进清洁生产技术改造。

（鞠美庭　楚春礼）

Quanguo Daqi Wuran Fangzhi Gongzuo Huiyi

全国大气污染防治工作会议（National Working Conference on Prevention and Control of Air Pollution in China）　我国环境保护管理部门主持召开的针对全国大气污染防治工作的全国性工作会议。我国分别于1987年、2006年召开了全国大气污染防治工作会议。

1987年8月19—23日，由国务院环境保护委员会召开的全国大气污染防治工作会议在山西太原召开。会议着重共商我国大气污染防治工作的大计，交流经验，研究落实今后的目标和任务。时任国务院环境保护委员会副主任朱镕基在会上作了《为保护和改善我国大气环境质量而奋斗》的报告。会议分析了我国大气环境污染的严峻形势和搞好大气污染防治工作的有利条件、不利因素，统一了认识，客观评估了过去十多年来的全国大气污染防治工作，总结交流了有益经验，拓展了全国大气污染防治工作思路，进一步明确了今后的目标、任务和措施，提出要抓好以下几项工作：认真抓好《大气污染防治法》的宣传、学习、贯彻和实施；大力推广民用型煤，建设烟尘控制区；坚持改革，强化监督管理。

2006年5月30日，全国大气污染防治工作会议在天津召开，国家环境保护总局有关机构的代表，各省、自治区、直辖市、计划单列市、新疆生产建设兵团环境保护局（厅）分管负责人参加了会议。会议全面落实了《国务院关于落实科学发展观加强环境保护的决定》和第六次全国环境保护大会的精神，安排部署了今后五年的大气污染防治工作。会议指出，大气污染防治一直是环保工作的重要领域，经过多年的努力，我国已经初步形成了大气污染防治的政策、法规、标准体系。“十五”期间，在国民经济快速增长的情况下，大气污染防治工作不断加强，但是，我国大气环境形势依然十分严峻，大气污染物排放总量居高不下，城市大气污染问题依然突出，有毒有害废气污染治理滞后，经济发展和能源需求与控制污染物排放总量的矛盾突出。会议提出，做好“十一五”时期大气污染防治工作，一是切实强化工业污染防治，二是严格控制机动车污染，三是深入开展城市大气环境综合防治，四是强化大气污染防治的保障措施。会议提出，要完成国民经济和社会发展“十一五”规划纲要明确提出的到2010年全国二氧化硫排放总量比“十五”期末削减10%的约束性指标。当前和今后一个时期，控制二氧化硫排放总量要重点抓好以下工作：一要认真编制酸雨和二氧化硫污染防治“十一五”规划；二要科学分配二氧化硫排放总量；三要督促目标责任制的落实；四要创新二氧化硫排放总量控制管理思路；五要加强火电厂脱硫设施监管。

（楚春礼　蒋婧博）

推荐书目

张天柱，石磊，贾小平. 清洁生产导论. 北京：高等教育出版社，2006.

曲向荣. 清洁生产与循环经济. 北京：清华大学出版社，2010.

Quanguo Huanjing Baohu Huiyi

全国环境保护会议（National Conference on Environmental Protection of China）　我国政府各部门、企业、研究机构及个人代表共同制定环境保护战略与方针、明确环境保护目标和保障措施的工作会议。会议在回顾上一阶段环境保护成绩与面临的困境的基础上，结合国家新一阶段的社会经济发展与环境保护计划，提出新阶段的环境保护战略和目标，以及保障目标实现的具体措施。自1973年举行第一次全国环境保护会议以来，至今共举办了7次全国环境保护会议，对于推进我国环境保护事业的发展发挥了重要的作用。

第一次全国环境保护会议　1973年8月5—20日在北京召开，国务院各部门的有关领导，各省、自治区、直辖市主管计划和城市建设的负责人，部分厂矿企业和科研单位以及大专院校的代表参加了会议。会议确定了32字环境保护工作方针，即“全面规划，合理布局，综合利用，化害为利，依靠群众，大家动手，保护环境，造福人民”，通过了《关于保护和改善环境的若干规定（试行草案）》，制定了《关于加强全国环境监测工作意见》和《自然保护区暂行条例》。这次会议成为新中国开创环境保护事业的第一个里程碑，在这次会议上，“走社会主义道路的中国存在着比较严重的环境问题需要认真治理”的观点得到首次承认，标志着环境保护在中国开始列入各级政府的职能范围。会议制定的环境保护方针、政策和措施，为开创中国的环境保护事业指明了方向，明确了目标和任务。会议还促进了环境保护机构的建立，会议之后一些污染严重的工业企业、城市和江河开始了治理工作，中国的环境保护工作开始起步。

第二次全国环境保护会议 1983年12月31日至1984年1月7日在北京召开。会议总结了中国环保事业的经验教训，从战略上提出保护环境是我国必须长期坚持的一项基本国策，将环境保护事业提升到了新的高度。会议制定了中国环境保护的总方针、总政策，即“经济建设、城乡建设、环境建设，同步规划、同步实施、同步发展，实现经济效益、社会效益和环境效益相统一”。会议提出，要把强化环境管理作为环境保护工作的中心环节，长期坚持抓住不放。会议提出了以合理开发利用自然资源为核心的生态保护策略，防治对土地、森林、草原、水、海洋以及生物资源等自然资源的破坏，保护生态平衡。会议提出要建立与健全环境保护的法律体系，加强环境保护的科学研究，把环境保护建立在法制轨道和科技进步的基础上。

第三次全国环境保护会议 1989年4月28日至5月1日在北京召开。会议通过了《1989—1992年环境保护目标和任务》和《全国2000年环境保护规划纲要》，提出环境保护的指导性工作目标是在治理整顿中建立环境保护工作新秩序，努力开拓有中国特色的环境保护道路。会议提出环境管理要坚持预防为主、谁污染谁治理、强化环境管理三大环境政策，总结了实施建设项目环境影响评价、“三同时”、排污收费三项环境管理制度的成功经验，同时提出了污染集中控制、限期治理、排污申报登记与排污许可证、环境保护目标责任制、城市环境综合整治定量考核五项新的制度和措施，形成了我国环境管理的“八项制度”。

第四次全国环境保护会议 1996年7月15—17日在北京召开。会议提出，保护环境的实质就是保护生产力，要坚持污染防治和生态保护并举，全面推进环保工作。会议提出，自然资源和生态保护要坚持开发利用与保护增殖并举，依法保护和合理开发土地、淡水、森林、草原、矿产和海洋资源，坚持不懈地开展造林绿化，加强水土保持工程建设；搞好防风治沙试验示范区、“三化”草地的治理和重点牧区建设；要大力建设农业系统各类保护区，积极防治农药和化肥污染；加快自然保护区建设和湿地保护，到“九五”末期，全国自然保护区面积力争达到国土面积的10%；加强生物多样性保护，做好珍稀濒危物种的保护和管理；积极开展生态示范区建设，搞好退化生态区域的恢复工作。

第五次全国环境保护会议 于2002年1月8日在北京召开。会议提出了环境保护是政府的一项重要职能的理念，部署了“十五”期间的环境保护工作。会议指出，“十五”期间，环境保护既是经济结构调整的重要方面，又是扩大内需的投资重点之一，要明确重点任务，加大工作力度，有效控制污染物排放总量，大力推进重点地区的环境综合整治；凡是新建和技改项目，都要坚持环境影响评价制度，不折不扣地执行国务院关于建设项目必须实行环境保护污染治理设施与主体工程“三同时”的规定；要注意保护好城市和农村的饮用水源；切实搞好生态环境保护和建设，特别是加强以京津风沙源和水源为重点的治理和保护，建设环京津生态圈；要抓住当前有利时机，进一步扩大退耕还林规模，推进休牧还草，加快宜林荒山荒地造林步伐；在大力发展旅游业的同时，注意风景名胜区和旅游点的环境保护。

第六次全国环境保护大会 2006年4月17—18日在北京召开。会议提出了推动经济社会全面协调可持续发展的方向。会议指出，“三个转变”是做好新时期环保工作的关键，是实现环保目标和任务的保证。一是从重经济增长、轻环境保护转变为保护环境与经济增长并重，把加强环境保护作为调整经济结构、转变经济增长方式的重要手段，在保护环境中求发展；二是从环境保护滞后于经济发展转变为环境保护与经济发展同步，做到不欠新账、多还旧账，改变先污染后治理、边治理边破坏的状况；三是从主要用行政办法保护环境转变为综合运用法律、经济、技术和必要的行政办法解决环境问题，自觉遵循经济规律和自然规律，提高环境保护工作水平。

第七次全国环境保护大会 2011年12月20—21日在北京召开。会议系统总结了“十一五”期间的环保工作，强调贯彻落实中央经济工作会议精神、《国务院关于加强环境保护重点工作的意见》和《国家环境保护“十二五”规划》文件精神，全面部署了“十二五”环境保护工作任务。会议提出，要坚持在发展中保护、在保护中发展，积极探索代价小、效益好、排放低、可持续的环境保护新道路，切实解决影响科学发展和损害群众健康的突出环境问题，全面推进我国环保事业新发展。会议强调，要按照大会和国务院文件的要求，明确环境保护目标任务，完善配套政策，扎实推进各项工作；要强化责任制，把任务逐级分解到基层，做到一级抓一级，层层抓落实，务求年年有进展，确保“十二五”环保目标如期实现；要加强督促检查，将督查结果如实报告。

（*楚春礼　蒋婧博*）

《Quanguo Huanjing Xuanchuan Jiaoyu Xingdong Gangyao》

《全国环境宣传教育行动纲要》（Outline of Action for National Environmental Publicity and Education） 我国为在国内开展环境宣传教育工作而发布的指导性文件。

环境宣传教育是社会主义精神文明建设的重要组成部分，对于环境保护工作起着先导、基础、推进和监督作用。环境意识是衡量一个国家和民族的文明程度的重要标志，我国把加强环境宣传教育、增强全民环境意识作为落实环境保护工作部署、实现环境保护目标的一个重要方面，因此，在1996年、2011年和2016年分别制定和发布了《全国环境宣传教育行动纲要（1996—2010年）》《全国环境宣传教育行动纲要（2011—2015年）》《全国环境宣传教育工作纲要（2016—2020年）》。

《全国环境宣传教育行动纲要（1996—2010年）》 为了落实党的十四届五中全会提出的“搞好环境保护的宣传教育，增强全民环保意识”战略任务，以及《中共中央关于加强社会主义精神文明建设若干重要问题的决议》和《国务院关于环境保护若干问题的决定》的加强环境宣传教育的精神，1996年12月10日由国家环境保护局、中共中央宣传部、国家教育委员会印发了《全国环境宣传教育行动纲要（1996—2010年）》。纲要分为综述、环境教育、环境宣传、环境宣传教育的对外交流与国际合作、环境宣传教育的能力建设五个部分。纲要提出的总体目标是：到2000年，在全社会初步建成环境宣传教育网络的框架，逐步建立公众在环境保护方面的参与监督机制，在全社会开始形成遵守环境法规、自觉保护环境的良好风尚，各级决策层的环境与发展综合决策能力有一定提高，培养出一批跨世纪的环保专门人才；到2010年，在全国建成比较完善的环境宣传教育网络，全民族环境意识有较大提高。此外，纲要在分析我国环境教育、环境宣传、环境宣传教育的对外交流与国际合作、环境宣传教育能力建设的背景的基础上，提出了到2000年和2010年的建设目标和具体的行动计划。

《全国环境宣传教育行动纲要（2011—2015年）》 为进一步加强环境宣传教育工作，增强全民环境意识，建立全民参与的社会行动体系，推进资源节约型、环境友好型社会建设，提高生态文明水平，依据党中央、国务院关于加强环境保护的要求和“十二五”时期环境保护工作部署，2011年4月22日，环境保护部、中宣部、中央文明办、教育部、共青团中央、全国妇联六部委联合发布了《全国环境宣传教育行动纲要（2011—2015年）》。纲要在分析我国“十一五”环境宣传教育情况和面临的任务的基础上，提出了“十二五”环境宣传教育行动总体目标和基本原则。其中，总体目标为：扎实开展环境宣传活动，普及环境保护知识，增强全民环境意识，提高全民环境道德素质；加强舆论引导和舆论监督，增强环境新闻报道的吸引力、感召力和影响力；加强上下联动和部门互动，构建多层次、多形式、多渠道的全民环境教育培训机制，建立环境宣传教育统一战线，形成全民参与环境保护的社会行动体系；建立和完善环境宣传教育体制机制，进一步提高服务大局和中心工作的能力与水平。此外，纲要还提出了“十二五”环境宣传教育行动的具体任务和保障措施，具体任务包括：创新宣传方式，开展丰富多彩的全民环境宣传活动；加强舆论引导，扩大环境新闻传播影响力；开展全民环境教育行动；引导规范环境保护公众参与；发展环境文化产业，打造环境文化精品；建设环境宣传教育系列工程。保障措施包括：推进依法开展环境宣传教育；建立有利于环境宣传教育工作的体制机制；建立规范的全民环境意识评估体系；建立环境宣传教育工作绩效评估体系；资金保障。

《全国环境宣传教育工作纲要（2016—2020年）》 为进一步加强生态环境保护宣传教育工作，增强全社会生态环境意识，牢固树立绿色发展理念，坚持“绿水青山就是金山银山”重要思想，全面推进生态文明建设，依据党中央、国务院关于推进生态文明建设、加强环境保护的新要求和“十三五”时期环境保护工作的新部署，2016年3月30日，环境保护部、中宣部、中央文明办、教育部、共青团中央、全国妇联六部委联合发布了《全国环境宣传教育工作纲要（2016—2020年）》。纲要在分析我国“十三五”环境宣传教育工作面临的形势的基础上，提出了“十三五”环境宣传教育工作的指导思想、基本原则和主要目标。其中，主要目标为：到2020年，全民环境意识显著提高，生态文明主流价值观在全社会顺利推行；构建全民参与环境保护社会行动体系，推动形成自上而下和自下而上相结合的社会共治局面；积极引导公众知行合一，自觉履行环境保护义务，力戒奢侈浪费和不合理消费，使绿色生活方式深入人心；形成与全面建成小康社会相适应，人人、事事、时时崇尚生态文明的社会氛围。此外，纲要还提出了“十三五”环境宣传教育的主要任务和保障措施，主要任务包括：加大信息公开力度，增强舆论引导主动性；加强生态文化建设，努力满足公众对生态环境保护的文化需求；加强面向社会的环保宣传工作，形成推动绿色发展的良好风尚；推进学校环境教育，培育青少年生态意识；积极促进公众参与，壮大环保社会力量。保障措施包括：加强组织领导；加强能力建设；加强考核激励。

（楚春礼　张清）

Quanguo Renmin Daibiao Dahui Huanjing Yu Ziyuan Baohu Weiyuanhui

全国人民代表大会环境与资源保护委员会（Environmental Protection and Resources Conservation Committee of the National People's Congress of the People's Republic of China） 负责研究、审议和拟订全国环境与资源保护相关议案的全国人民代表大会的专门委员会之一。

沿革 1993年3月召开的第八届全国人民代表大会第一次会议设立全国人民代表大会环境保护委员会，1994年第八届全国人民代表大会第二次会议将其更名为全国人民代表大会环境与资源保护委员会，并保留至今。

组成 全国人民代表大会环境与资源保护委员会由主任委员1人，副主任委员若干人和委员若干人组成。

主要职责 审议全国人大主席团或者全国人大常委会交付的议案；向全国人大主席团或者全国人大常委会提出属于全国人大或者全国

人大常委会职权范围内同该委员会有关的议案；审议全国人大常委会交付的被认为同宪法、法律相抵触的国务院的行政法规、决定和命令，国务院各部、各委员会的命令、指示和规章，省、自治区、直辖市人民政府的决定、命令和规章，提出报告；审议全国人大主席团或者全国人大常委会交付的质询案，听取受质询机关对质询案的答复，必要时向全国人大主席团或者全国人大常委会提出报告；对属于全国人大或者全国人大常委会职权范围内同该委员会有关的问题，进行调查研究，提出建议；协助全国人大常委会行使监督权，对法律和有关法律问题的决议、决定贯彻实施的情况，开展执法检查，进行监督。（鞠美庭　楚春礼）

Quanguo Shengtai Huanjing Baohu Dahui

全国生态环境保护大会（National Conference of China on Ecological and Environmental Protection）　2018年5月18—19日在北京召开的全国层面的、以生态环境保护为主题的大会。

从1973年到2011年，中国先后召开过七次全国环境保护会议，2018年全国生态环境保护大会的名称中首次加入了“生态”两个字，并且在会议规格上超过了以往。大会对加强生态环境保护、打好污染防治攻坚战作出了部署，为我国新时代推进生态文明建设和生态环境保护工作指明了前进方向、提供了根本遵循。

背景　党的十八大以来，我国开展了一系列根本性、开创性、长远性工作，推动生态环境保护发生了历史性、转折性、全局性变化。总体上看，我国生态环境质量持续好转，出现了稳中向好趋势，但成效并不稳固，全国生态文明建设正处于压力叠加、负重前行的关键期，已进入提供更多优质生态产品以满足人民日益增长的优美生态环境需要的攻坚期，也到了有条件、有能力解决生态环境突出问题的窗口期，经济也由高速增长阶段转向高质量发展阶段，需要跨越一些常规性和非常规性关口。正是在这样的背景下，全国生态环境保护大会召开。

主要内容　会议提出，必须要大力推进生态文明建设，提供更多优质生态产品，不断满足人民群众日益增长的优美生态环境需要。

新时代推进生态文明建设，必须坚持好以下原则。一是坚持人与自然和谐共生，坚持节约优先、保护优先、自然恢复为主的方针，像保护眼睛一样保护生态环境，像对待生命一样对待生态环境，让自然生态美景永驻人间，还自然以宁静、和谐、美丽。二是绿水青山就是金山银山，贯彻创新、协调、绿色、开放、共享的发展理念，加快形成节约资源和保护环境的空间格局、产业结构、生产方式、生活方式，给自然生态留下休养生息的时间和空间。三是良好生态环境是最普惠的民生福祉，坚持生态惠民、生态利民、生态为民，重点解决损害群众健康的突出环境问题，不断满足人民日益增长的优美生态环境需要。四是山水林田湖草是生命共同体，要统筹兼顾、整体施策、多措并举，全方位、全地域、全过程开展生态文明建设。五是用最严格制度、最严密法治保护生态环境，加快制度创新，强化制度执行，让制度成为刚性的约束和不可触碰的高压线。六是共谋全球生态文明建设，深度参与全球环境治理，形成世界环境保护和可持续发展的解决方案，引导应对气候变化国际合作。

加快构建生态文明体系。加快建立健全以生态价值观念为准则的生态文化体系，以产业生态化和生态产业化为主体的生态经济体系，以改善生态环境质量为核心的目标责任体系，以治理体系和治理能力现代化为保障的生态文明制度体系，以生态系统良性循环和环境风险有效防控为重点的生态安全体系。确保到2035年，生态环境质量实现根本好转，美丽中国目标基本实现。到21世纪中叶，物质文明、政治文明、精神文明、社会文明、生态文明全面提升，绿色发展方式和生活方式全面形成，人与自然和谐共生，生态环境领域国家治理体系和治理能力现代化全面实现，建成美丽中国。

全面推动绿色发展。重点是调整经济结构和能源结构，优化国土空间开发布局，调整区域、流域产业布局，培育壮大节能环保产业、清洁生产产业、清洁能源产业，推进资源全面节约和循环利用，实现生产系统和生活系统循环链接，倡导简约适度、绿色低碳的生活方式，反对奢侈浪费和不合理消费。

把解决突出生态环境问题作为民生优先领域。坚决打赢蓝天保卫战是重中之重，要以空气质量明显改善为刚性要求，强化联防联控，基本消除重污染天气，还老百姓蓝天白云、繁星闪烁。要深入实施《水污染防治行动计划》，保障饮用水安全，基本消灭城市黑臭水体，还给老百姓清水绿岸、鱼翔浅底的景象。要全面落实《土壤污染防治行动计划》，突出重点区域、行业和污染物，强化土壤污染管控和修复，有效防范风险，让老百姓吃得放心、住得安心。要持续开展农村人居环境整治行动，打造美丽乡村，为老百姓留住鸟语花香田园风光。

有效防范生态环境风险。要把生态环境风险纳入常态化管理，系统构建全过程、多层级生态环境风险防范体系。要加快推进生态文明体制改革，抓好已出台改革举措的落地，及时制定新的改革方案。

提高环境治理水平。要充分运用市场化手段，完善资源环境价格机制，采取多种方式支持政府和社会资本合作项目，加大重大项目科技攻关，对涉及经济社会发展的重大生态环境问题开展对策性研究。要实施积极应对气候变化国家战略，推动和引导建立公平合理、合作共赢的全球气候治理体系，彰显我国负责任大国形象，推动构建人类命运共同体。

打好污染防治攻坚战。必须加强党的领导，增强“四个意识”，坚决维护党中央权威和集中统一领导，坚决担负起生态文明建设的政治责任。地方各级党委和政府主要领导是本行政区域生态环境保护第一责任人，各相关部门要履行好生态环境保护职责，使各部门守土有责、守土尽责，分工协作、共同发力。要建立科学合理的考核评价体系，考核结果作为各级领导班子和领导干部奖惩和提拔使用的重要依据。对那些损害生态环境的领导干部，要真追责、敢追责、严追责，做到终身追责。要建设一支生态环境保护铁军，政治强、本领高、作风硬、敢担当，特别能吃苦、特别能战斗、特别能奉献。各级党委和政府要关心、支持生态环境保护队伍建设，主动为敢干事、能干事的干部撑腰打气。

（楚春礼　蒋婧博）

《Quanguo Shengtai Huanjing Baohu Gangyao》

《全国生态环境保护纲要》（Outline for National Ecological Environment Protection）为遏制生态环境恶化趋势，加大国家生态建设投入，巩固生态建设成果，我国政府制定并于2000年发布的全国生态环境保护工作规划。

制定背景　20世纪90年代，党中央、国务院十分重视生态环境保护与建设，发布了《全国生态环境建设规划》，实施退耕还林还草、退田还湖、天然林保护、草原建设等生态建设工程，改善局部破坏的生态环境。但我国生态破坏的问题仍然没能得到根本性遏制，土地退化、水生态平衡失调、林草植被破坏、生物多样性锐减和海洋生态恶化等问题仍十分突出，甚至已经威胁到国家经济和社会发展。因此，国家强调坚持“保护优先，预防为主，防治结合”的生态环境保护与建设工作方针，加强对自然资源开发的生态保护监管。正是在这一总体战略要求下，2000年11月26日，我国发布了《全国生态环境保护纲要》。

主要内容　《全国生态环境保护纲要》分为四部分，共27条，介绍了全国生态环境保护现状，提出了全国生态环境保护的指导思想、基本原则与目标、主要内容与要求以及对策措施。

纲要提出了全国生态环境保护的近期和远期两个目标。近期目标为：到2010年，基本遏制生态环境破坏趋势。具体包括：建设一批生态功能保护区，力争使长江、黄河等大江大河的源头区，长江、松花江流域和西南、西北地区的重要湖泊、湿地，西北重要的绿洲，水土保持重点预防保护区及重点监督区等重要生态功能区的生态系统和生态功能得到保护与恢复；在切实抓好现有自然保护区建设与管理的同时，抓紧建设一批新的自然保护区，使各类良好自然生态系统及重要物种得到有效保护；建立、健全生态环境保护监管体系，使生态环境保护措施得到有效执行，重点资源开发区的各类开发活动严格按规划进行，生态环境破坏恢复率有较大幅度提高；加强生态示范区和生态农业县建设，全国部分县（市、区）基本实现秀美山川、自然生态系统良性循环。远期目标为：到2030年，全面遏制生态环境恶化的趋势，使重要生态功能区、物种丰富区和重点资源开发区的生态环境得到有效保护，各大水系的一级支流源头区和国家重点保护湿地的生态环境得到改善；部分重要生态系统得到重建与恢复；全国50%的县（市、区）实现秀美山川、自然生态系统良性循环，30%以上的城市达到生态城市和园林城市标准。到2050年，力争全国生态环境得到全面改善，实现城乡环境清洁和自然生态系统良性循环，全国大部分地区实现秀美山川的宏伟目标。

纲要针对不同区域生态破坏的原因和特点，在全国生态环境保护的主要内容与要求方面，提出了“三区”推进生态环境保护的战略，即对重要生态功能区实施抢救性保护，对重点资源开发区的生态环境实施强制性保护，对生态良好地区生态环境实施积极性保护。

围绕“三区”工作重点，在考虑与《全国生态环境建设规划》相协调的基础上，纲要提出了全国生态环境保护的任务和措施，包括加强领导和协调，建立生态环境保护综合决策机制；加强法制建设，提高全民的生态环境保护意识。

作用和意义 《全国生态环境保护纲要》集中体现了我国政府今后一个时期对生态环境保护的基本观点和工作要求，并首次明确提出了“维护国家生态环境安全”的生态环境目标，为我国未来的生态环境保护工作提供了指南。

（楚春礼　张清）

Quanguo Shengtai Huanjing Baohu Gongzuo Huiyi

全国生态环境保护工作会议 （National Working Conference on Ecological and Environmental Protection of China） 生态环境部（原环境保护部）每年召开的针对全国生态环境保护工作的会议。2005年，全国环境保护工作会议召开，2018年生态环境部组建，2019年该会议更名为全国生态环境保护工作会议。会议总结前一年生态环境部的工作进展，分析把握当前环境保护面临的新形势新任务，研究提出新的一年环境保护工作的总体思路，部署安排重点工作。

（楚春礼　蒋婧博）

《Quanguo Shengtai Huanjing Jianshe Guihua》

《全国生态环境建设规划》 （National Plan for the Construction of Ecological Environment） 1998年，中国为落实现代化建设中必须坚持的生态环境保护和建设这一基本方针，从中国生态环境保护和建设实际出发而制定的对全国陆地生态环境建设的某些重要方面具有长期指导作用的规划。

《全国生态环境建设规划》分为五个部分，在分析我国生态环境建设概况的基础上，指明了生态环境建设的指导思想和奋斗目标，规划了全国生态环境建设总体布局，提出了规划优先实施的重点地区和重点工程，明确了生态环境建设的政策措施。

①我国生态环境建设概况。阐述了中华人民共和国成立以来为改善生态环境所做出的巨大努力，例如，实施“三北”防护林、长江中上游防护林、沿海防护林等一系列林业生态工程，开展黄河、长江等七大流域水土流失综合治理，加大荒漠化治理力度等；分析了我国目前生态环境恶化的趋势，例如，水土流失日趋严重、荒漠化土地面积不断扩大、大面积森林砍伐、生物多样性受到严重破坏等。

②生态环境建设的指导思想和奋斗目标。其中，我国生态环境建设的指导思想是：高举邓小平理论伟大旗帜，充分发挥社会主义制度的优越性，调动全社会各方面的力量，坚持从我国的国情出发，遵循自然规律和经济规律，紧紧围绕我国生态环境面临的突出矛盾和问题，以改善生态环境、提高人民生活质量、实

现可持续发展为目标，以科技为先导，以重点地区治理开发为突破口，把生态环境建设与经济发展紧密结合起来，处理好长远与当前、全局与局部的关系，促进生态效益、经济效益与社会效益的协调统一。我国生态环境建设遵循的基本原则是：坚持统筹规划，突出重点，量力而行，分步实施，优先抓好对全国有广泛影响的重点区域和重点工程，力争在短时期内有所突破；坚持按客观规律办事，从实际出发，因地制宜，讲求实效，采取生物措施、工程措施与农艺措施相结合，各种治理措施科学配置，发挥综合治理效益；坚持依法保护和治理生态环境，依靠科技进步加快建设进程，建立法律法规保障体系和科技支撑体系，使生态环境的保护和建设法制化，工程的设计、施工和管理科学化；坚持以预防为主，治理与保护、建设与管理并重，除害和兴利并举，实行"边建设、边保护"，使各项生态环境建设工程发挥长期效益；坚持把生态环境建设与产业开发、农民脱贫致富、区域经济发展相结合；坚持依靠亿万群众，广泛动员全社会的力量共同参与，建立多元化的投入机制，多渠道筹集生态环境建设资金。

提出了生态环境建设的总体目标，以及近期（1999—2010 年）、中期（2011—2030 年）和远期（2031—2050 年）三个分阶段目标。具体为：近期遏制生态破坏，重点治理地区初见成效，在生态环境重点区域建立预防监测和保护体系，建立全国生态环境预防监测体系；在遏制生态环境恶化的基础上，中期促进生态恢复，重点治理地区的生态环境开始走上良性循环的轨道；远期的目标为在全国建立起基本适应可持续发展的良性生态系统。

③全国生态环境建设总体布局。根据不同的生态环境状况和特点，将全国生态环境建设划分为八个类型区域，即黄河上中游地区、长江上中游地区、"三北"风沙综合防治区、南方丘陵红壤区、北方土石山区、东北黑土漫岗区、青藏高原冻融区及草原区，提出了各区域生态环境建设的具体主攻方向。

④规划优先实施的重点地区和重点工程。提出从 1999 年开始之后的五年和到 2010 年，国家把当时生态环境最为脆弱、对改善全国生态环境最具影响、对实现近期奋斗目标最为重要的黄河长江上中游地区、风沙区和草原区作为全国生态环境建设的重点地区，集中力量予以支持，力争在短时期内有所突破，并明确了各区的重点工程和具体的主要建设任务。

⑤生态环境建设的政策措施。加强领导，做好规划的组织实施工作；加强法制建设，依法保护和治理生态环境；把科技进步放在突出位置，大力推广先进适用的科技成果；继续深化"四荒"承包改革，稳定和完善有关鼓励政策；抓好重点工程的建设和管理；建立健全稳定的投入保障机制。　　　　（楚春礼　张清）

quanguo zhuyao wuranwu paifang zongliang kongzhi jihua

全国主要污染物排放总量控制计划

(national emission reduction plan of main pollutants)　　中国政府为了推动环境污染防治和环境保护战略的实施，明确提出国家以及各地区污染物排放总量控制目标以及实施程序并加以评估考核，以确保污染物排放总量控制目标实现的重大举措。

"九五"期间全国主要污染物排放总量控制计划　《中华人民共和国国民经济和社会发展"九五"计划和 2010 年远景目标纲要》提出了我国"九五"期间的环境保护目标：到 2000 年，力争使环境污染和生态破坏加剧的趋势得到基本控制，部分城市和地区的环境质量有所改善，并提出"创造条件实施污染物排放总量控制"，为此，制订了《"九五"期间全国主要污染物排放总量控制计划》。该计划确定的总量控制的对象主要为国家"九五"期间重点污染控制的地区和流域，包括酸雨控制区和二氧化硫控制区；淮河、海河、辽河流域；太湖、滇池、巢湖流域。控制的指标包括烟尘、工业粉尘、二氧化硫、化学需氧量、石油类、氰化物、砷、汞、铅、镉、六价铬和工业固体废物排放量。此外，明确了总量控制的原则和各省、自治区、直辖市指标分解和年度计划等基本做法。

“十五”期间全国主要污染物排放总量控制计划　《国家环境保护“十五”计划》提出，二氧化硫排放量控制在1 800万t，尘（烟尘和工业粉尘）排放量控制在2 000万t，化学需氧量排放量控制在1 300万t，氨氮排放量控制在165万t，工业固体废物排放量控制在2 900万t，其中危险废物得到安全贮存或处置。

“十一五”期间全国主要污染物排放总量控制计划　根据《国民经济和社会发展第十一个五年规划纲要》提出的环境保护目标，制订了《“十一五”期间全国主要污染物排放总量控制计划》，以确保主要污染物总量控制指标纳入各地区经济和社会发展“十一五”规划和年度计划。该计划规定，“十一五”期间国家对化学需氧量、二氧化硫两种主要污染物实行排放总量控制计划管理，在国家确定的水污染防治重点流域、海域专项规划中，还要控制氨氮（总氮）、总磷等污染物的排放总量；污染物排放总量控制指标的分配原则是，在确保实现全国总量控制目标的前提下，综合考虑各地环境质量状况、环境容量、排放基数、经济发展水平和削减能力以及各污染防治专项规划的要求，对东、中、西部地区实行区别对待；减少化学需氧量排放总量的主要工程措施是加快和强化城市污水处理设施建设与运行管理，减少二氧化硫排放总量的主要工程措施是加快和强化现役及新建燃煤电厂脱硫设施建设与运行监管。

“十二五”期间全国主要污染物排放总量控制计划　《国民经济和社会发展第十二个五年规划纲要》提出，“十二五”期间，国家对化学需氧量、氨氮、二氧化硫、氮氧化物四种主要污染物实施排放总量控制。《“十二五”节能减排综合性工作方案》提出，2015年，全国化学需氧量和二氧化硫排放总量分别控制在2 347.6万t、2 086.4万t，比2010年的2 551.7万t、2 267.8万t分别下降8%；全国氨氮和氮氧化物排放总量分别控制在238.0万t、2 046.2万t，比2010年的264.4万t、2 273.6万t分别下降10%。　（楚春礼　张清）

Quanguo Ziran Shengtai Baohu Gongzuo Huiyi

全国自然生态保护工作会议　（National Working Conference on Natural Ecology Protection of China）　由国务院直属国家环境保护主管部门主持召开的全国性的关于自然生态环境保护工作的会议。会议主要回顾全国自然生态环境保护工作进展，客观分析自然生态环境保护形势，提出未来工作计划和重点。截至2019年共召开八次，分别于2002年、2003年、2005年、2006年、2007年、2012年、2016年、2019年召开。　（楚春礼　蒋婧博）

Quanqiu Huanjing Jijin

全球环境基金　（Global Environmental Fund, GEF）　致力于与各国政府、国际机构、社会团体及私营部门合作协力解决环境问题的国际机构。于1991年建立，由国家、国际机构、非政府组织与私人企业组成，最初是世界银行的一项支持全球环境保护和促进环境可持续发展的10亿美元试点项目。

组织机构　GEF通过成员国大会审议批准总体政策，审议并评估基金的运作，核定成员资格以及对《重组后全球环境基金通则》进行修正。设立理事会和秘书处，审查资金提供的计划，制定提供资金的政策。设立科学技术咨询小组为制定政策规划提供建议。

主要活动　GEF的任务是为弥补将一个具有国家效益的项目转变为具有全球环境效益的项目过程中产生的“增量”或附加成本提供新的和额外赠款与优惠资助。联合国开发计划署、联合国环境规划署和世界银行是GEF的最初执行机构，1994年GEF进行了重组，与世界银行分离，成为一个独立的常设机构，世界银行成为GEF信托基金的托管机构，提供管理服务。GEF还是《生物多样性公约》《联合国气候变化框架公约》《关于持久性有机污染物的斯德哥尔摩公约》《联合国防治荒漠化公约》《关于汞的水俣公约》的资金机制。

GEF 通过在世界范围内的投资，为应对环境问题和能源挑战提供有效的解决方案，生物多样性、气候变化、国际水域及臭氧层损害是 GEF 的四个重点资助领域，化学品、可持续森林管理、土地退化领域的项目也可获得 GEF 的资助，资助类型包括全额项目、中型项目、基础活动、短期对策、项目开发和准备金、小额赠款规划以及中小型企业规划。自 1991 年以来，GEF 已为 165 个发展中国家的 3 690 多个项目提供了约 125 亿美元的赠款并撬动了约 580 亿美元的联合融资，向社会民众和社区团体提供了两万多笔赠款，共计 10 亿美元。GEF 通过投资帮助在全世界建立了大体相当于巴西国土面积的保护区；减少了 23 亿 t 碳排放；减少了中欧、东欧和中亚地区消耗臭氧层物质的使用；改善了 33 个大江大河流域和世界上 1/3 的大规模海洋生态系统的管理；通过改进农业耕作方式，减缓了非洲的荒漠化进程。所有这些都为改善数百万人的生活条件和食品安全做出了贡献。

GEF 与中国 中国于 2002 年 4 月设立了“中国全球环境基金（GEF）工作秘书处”，服务于中国环境保护和可持续发展。该机构具有以下职能：协助财政部研究 GEF 和相关国际环境公约的政策与战略；为建立中国和 GEF 的合作总体框架提供技术支持；鉴别、审评和监督中国 GEF 项目；组织专家队伍等。截至 2014 年，GEF 向 141 个中国项目提供了约 10.62 亿美元的赠款支持。此外，中国还参与了 41 个 GEF 区域和全球项目。

（楚春礼　姜贵梅）

“Quanqiu Qiyue” Jihua

“全球契约”计划 （Global Compact） 2000 年在联合国系统正式启动的全球企业共同遵守的契约计划，旨在号召工商界在日常经营和公司战略中遵循维护劳工权益、尊重人权、保护环境以及反腐败等原则，通过负责任的、富有创造性的表率作用，建立一个推动经济可持续发展和社会效益共同提高的全球机制，从而使更多的人能够分享全球化的利益。

产生背景 20 世纪 90 年代“冷战”结束后，全球社会经济面临新的挑战，随着全球经济一体化、供应链全球化以及公民社会的发展，传统产业结构不断更新重组，人们的观念也发生了深刻的变化，各国文化在不同程度上受到各种因素的冲击，南北差距、贫富悬殊、失业、自然资源破坏、生态环境恶化等问题引起了各国的关注和不安，各种非政府组织掀起一个又一个抗议浪潮，履行社会责任日益成为全球企业的共识和共同义务。联合国一方面希望推动企业强化责任意识，另一方面也希望通过建立伙伴关系，将联合国的影响范围进一步扩大到企业主体，重塑其在国际舞台上的影响力。为此，1999 年 1 月，联合国时任秘书长安南在达沃斯世界经济论坛上，呼吁企业界领导人创建“全球契约”计划。2000 年 7 月，这一计划在大约 50 家著名跨国公司的参与下，在联合国系统正式启动。

主要内容 全球契约要求企业在各自的影响范围内遵守、支持以及实施一套在人权、劳工标准、环境以及反腐败方面的十项基本原则。这些基本原则来自《世界人权宣言》《国际劳工组织关于工作中的基本原则和权利宣言》《里约原则》。人权方面，要求企业应该尊重和维护国际公认的各项人权；绝不参与任何漠视与践踏人权的行为。劳工标准方面，要求企业维护结社自由，尊重劳资集体谈判的权利；彻底消除各种形式的强制性劳动；消除童工制；杜绝任何在用工与行业方面的歧视行为。环境方面，要求企业未雨绸缪，应对环境挑战；主动增加对环保所承担的责任；鼓励无害环境技术的发展与推广。反腐败方面，要求企业反对腐败行为，包括反对敲诈和贿赂。

发展和影响 全球契约启动之后迅速发展，2004 年第一届全球契约领导人峰会召开时，已有来自 70 个国家的近 1 500 家公司加入。2005 年，全球契约已在 90 多个国家拥有 2 900 多位参与者。2007 年第二届领导人峰会召开时，已有来自 116 个国家的 4 000 多位利益相关者加入契约。到了2010年第三届领导人峰会召开之时，联合国全球契约拥有来自 135 个国家、超过 8 000 名企业及非企业界的成员，其中企业成员几乎覆盖了所有行业与部门。截至2019年年底，参加全球契约的公司已经超过一万个，来自170多个国家。

全球契约的提出为企业成为对社会负责的公司、参与经济全球化条件下的国际事务提供了一个机会，同时，也是企业扩大国际知名度、建立国际联系、寻找商业机会的一个机遇。全球契约的创立帮助各组织制定新的发展战略及实施措施，改良现有全球化模式，以使全人类而非极少数人获益。在正式启动后的 2001 年，全球契约召开了“全球契约在推动国际环境保护中的作用”国际会议，探讨如何更好地发挥全球契约的作用，整合企业界、国际社会、研究机构的力量，推动企业在环境保护领域发挥更大作用。2007 年，在全球契约领导人峰会上，时任联合国秘书长潘基文正式启动“关注气候”和“CEO 水之使命”两项倡议。2010 年，全球契约与全球倡议传媒机构、联合国环境规划署共同组织了全球企业环保气候峰会，呼吁各国政府推动国际谈判，确保《联合国气候变化框架公约》下的坎昆气候谈判取得丰硕成果，强调有必要开创一个全球性的“公平舞台”，促进各国作出承诺并在不同的工业领域中推动绿色创新，提出企业应对气候变化的行动可以在刺激全球经济复苏、创造就业、建设更具复原力的可持续低碳社会方面发挥重要作用，为避免重大气候危机的发生，需要制定全球政策以及强健的国家法律框架。此外，与会的能源企业同意争取于2050年前实现100% 可再生能源生产，信通技术企业商定于 2020 年前削减 76 亿 t 二氧化碳的排放，建筑行业代表承诺在 2020 年前实现新建筑的碳排放降低 40%、建筑能效提高 40%的目标。2015 年，联合国通过了《2030 年可持续发展议程》及其 17 项可持续发展目标。2016 年，旨在限制全球气温升幅的《巴黎协定》正式生效。联合国可持续发展议程目标和《巴黎协定》设定了和平、繁荣的全球目标，全球契约致力于将这些目标与全球契约十项原则相融合，充分挖掘企业潜力，促进 2030 年目标的实现。全球契约还推出“全球契约差异化框架”，以帮助加入全球契约的公司改善可持续性方面的表现。

全球契约中国网络 该网络是经联合国全球契约组织正式授权在中国设立的唯一地方网络，主要承担下列任务：推动联合国全球契约在中国的传播和实施；推动中国企业采取行动支持联合国可持续发展目标（SDGs）；推动中国企业合规经营，承担社会责任，实现可持续发展；帮助中国企业实现经济、社会和环境整体价值最大化；助力中国企业在可持续发展领域的国际合作与交流等。全球契约中国网络的主办机构是中国企业联合会。（楚春礼 张清）

Quanqiu 500 Jia Huanjing Jiang

全球 500 佳环境奖

（Global 500 Award）由联合国环境规划署设立的旨在表彰对环境保护做出杰出贡献的组织和个人的奖项。

为了推动全球范围环境保护事业发展，鼓励在环境领域做出突出贡献的个人和组织，联合国环境规划署于 1987 年设立了“全球 500 佳环境奖”。联合国每年都在全世界范围内评选出先进单位或个人，在世界环境日（6 月 5 日）进行表彰，评选的范围涉及城市建设、污染治理、生态保护、环保产品等诸多领域。从 2004 年起，该奖被“地球卫士奖”代替。

（楚春礼 王小虎）

Quanqiu Ziyuan Xinxi Shujuku

全球资源信息数据库

（Global Resource Information Database，GRID） 全球环境监测系统中储存资源信息的数据库。

全球环境监测系统是根据 1972 年联合国人类环境会议的建议，于 1975 年正式建立的，旨在系统地收集、分析和评价各种环境状况变化因素的数据和环境在时间及空间上的变化情况。全球资源信息数据库建立于 1985 年，是在全球环境监测系统的基础上搭建起来的，在全球有很多中心，如瑞士日内瓦、波兰华沙、泰国曼谷等。其主要职能是收集全球环境监测系统和其他环境数据库的相关数据，并进行整理综合，向联合国和各政府间机构提供先进的环境数据管理技术，旨在增强全球性和区域性环境数据集（具有空间位置属性的信息）的可利用性和公开交换，使世界上所有的国家都能利用与全球资源信息数据库兼容的技术进行环境评价和管理，从而为世界各国的科研团体和相应的决策机构及时提供有用的环境数据服务，同时也通过各类培训计划，传播、推广地理信息系统和遥感技术来为发展中国家提供支持。

全球资源信息数据库的功能包括：集中收集来自全球环境监测系统内外的各种监测活动的全球及各地的环境数据；通过建立参照和定义功能链接集成数据；为紧急性全球环境问题的分析、评价提供相关信息；将来自各方的环境数据集成化，以供国家和国际决策者与相关科学家使用；提供对地理信息系统的检索。

（楚春礼　蒋婧博）

R

Ren Yu Shengwuquan Jihua

人与生物圈计划 （Man and the Biosphere Programme，MAB） 是一个政府间的、多学科的综合研究计划，旨在研究人类和其他生物借以维持生命的系统，探索恢复由于人口增长和对资源的掠夺而被破坏的生物圈的机制，希望通过全球性的科学研究、培训和情报交流，为资源的合理利用与保护提供科学依据。

产生背景 20世纪50年代以来，随着社会生产力的不断提高，人类活动对环境的破坏与日俱增，人与环境的矛盾日益激化，其规模与范围逐渐跨越国家的界限，全球性环境问题日益突出，人与生物圈之间的关系逐渐引起了重视。因此，联合国教育、科学及文化组织（以下简称联合国教科文组织）于1971年发起了人与生物圈计划。

组织结构 人与生物圈计划的最高权力机构是人与生物圈计划国际协调理事会，它由34个成员国的代表组成，成员国由联合国教科文组织大会选举产生。理事会的责任在于对人与生物圈计划进行指导，确定重点研究项目，对有关国家开展的科研项目提出建议，对人与生物圈计划成员国的国际合作进行协调，并组织开展与其他国际组织和非政府组织间的合作事宜。

研究内容 自1971年开始，人与生物圈计划在以下领域开展了大量的研究工作：日益增长的人类活动对热带、亚热带森林生态系统的影响；不同的土地利用和管理实践对温带和地中海森林景观的生态影响；人类活动和土地利用实践对牧场、稀树干草原和草地（从温带到干旱地区）的影响；人类活动对干旱和半干旱地带生态系统动态的影响，尤其是灌溉行为的影响；人类活动对湖泊、沼泽、河流、三角洲、河口、海湾和海岸地带的价值和资源的生态影响；人类活动对山地和冻原生态系统的影响；岛屿生态系统的生态和合理利用；对自然区域及其所包含的遗传材料的保护；病虫害管理和肥料使用对陆生和水生生态系统的影响；主要工程建设对人及其环境的影响；以能源利用为重点的城市系统的生态问题；环境变化和人口数量的适应性、人口学和遗传结构之间的相互作用；对环境质量的认识；环境污染及其对生物圈的影响。

实施形式 人与生物圈计划的实施分为三种不同的形式：①试点项目。人与生物圈计划国际合作的重点，主要是全球、区域或国家等不同层面的土地利用问题研究，由各学科专家、计划工作者和当地的人民群众共同参与。②国际对比研究。通过在不同地区开展同类课题研究，为生态学信息的重复性及其比较研究提供科学理论和实践依据。③各国开展的各种研究项目。除试点项目和国际对比研究项目之外，由各国的人与生物圈国家委员会组织协调开展的项目，列为国际人与生物圈计划的组成部分。

中国人与生物圈国家委员会 成立于1978年，以推动人与生物圈计划在中国的实施。中国人与生物圈国家委员会积极履行职责，结合中国国情在资源、环境、生态领域开展了一系列具有应用价值的研究项目和示范项目，特别是在促进生物多样性和文化多样性保护方面做了大量工作，不仅使中国从中受益，也为国际人与生物圈计划的实施做出了重要贡献。

①组织有关研究项目加入国际人与生物圈计划。选择了具有代表性的项目加入国际人与生物圈计划，覆盖了大部分研究领域，其中包括：热带和亚热带森林生态系统、温带森林生态系统、草地生态系统、干旱半干旱地带生态系统、湖泊生态系统、海岸带生态系统、山地生态系统、城市生态系统等。

②生物圈保护区网络建设与发展。生物圈保护区是人与生物圈计划为促进生物多样性保护与可持续发展相协调的一个重要的组成部分。中国已有长白山、卧龙、鼎湖山、梵净山、武夷山、锡林郭勒、博格达峰、神农架、盐城、西双版纳、天目山、茂兰、丰林、九寨沟等保护区被纳入世界生物圈保护区网络。1993 年，成立了中国生物圈保护区网络（Chinese Biosphere Reserve Network，CBRN），截至 2019 年年底，共包含 181 个网络成员。利用这一网络，通过研究、示范、培训、监测、信息传播、国际合作等多项活动，促进了生物圈保护区概念的应用，为生物多样性保护与可持续发展的相互协调取得了经验，推动了生物圈保护区在国家水平上的发展，促进了东亚生物圈保护区网络的建立。

作用及影响　全球已有 100 多个国家加入这一计划，一些国家成立了人与生物圈国家委员会，共同推动不同类型的项目实践。生物圈保护区网络目前共有 701 个生物圈保护区，分布在全世界 124 个国家，形成了一个全球性的生物圈保护区网。这些工作有效推动了全球和各国自然资源的开发与保护，以及人口、资源、环境问题的解决。　（楚春礼　张清）

S

Saila Julebu

塞拉俱乐部 （Sierra Club） 致力于保护家园、野生生境和地球的美国草根环保组织。建立于1892年，是由约翰·缪尔（John Muir）与其他182位志同道合者共同创建的，如今有超过200万成员和支持者。

塞拉俱乐部的主要目标为：探索、投入和保护地球原始地带；推动地球生态系统和资源的合理利用实践；推动教育，唤起公众环境保护意识，改善自然环境和人文环境质量。塞拉俱乐部通过战略性行动、国际合作和专门项目来实现以上目标，其在联合国经济及社会理事会享有咨商地位。（楚春礼　姜贵梅）

Saiweisuo Huaxue Wuran Shijian

塞维索化学污染事件 （Seveso Chemical Pollution Accident） 1976年7月10日，意大利塞维索地区因伊克梅萨（ICMESA）化工厂发生爆炸，多种化学物质反应后形成剧毒化学品2,3,7,8-四氯二苯并对二噁英（TCDD）等二噁英类物质，释放到环境中导致多人中毒及多年后当地畸形儿增加的环境污染事件。

伊克梅萨化工厂位于意大利米兰以北15 km的塞维索附近的一个小镇上，主要生产化妆品和制药工业所需的化工中间体。1969年，该厂开始生产一种名为2,4,5-三氯酚（TCP）的产品，它是一种用于合成除草剂的有毒的、不可燃烧的化学物质。TCP在150～160℃下持续加热一段时间，就会生成二噁英。1976年7月10日，伊克梅萨化工厂的1,2,4,5-四氯苯（TCB）加碱水解反应釜突然发生爆炸，巨大的压力和高温导致包括反应原料、生成物以及二噁英杂质等在内的化学物质一起冲破了屋顶，冲入空中，形成一个巨大的污染云团。在接下来的几个小时内，污染云团随着东南风向下移动了约6 km，沉降在面积约728 hm^2的区域内，污染范围波及多个城市。

事故发生后，伊克梅萨化工厂立刻警告当地居民不要吃当地的农畜产品，同时声明爆炸泄漏的污染物中可能含有TCP、碱性碳酸钠、溶剂以及其他不明有害物质。7月12日，反应釜所在的建筑物被关闭；7月13日，当地的小动物出现死亡；7月14日，当地的儿童出现皮肤红肿；7月17日，当地卫生部门邀请米兰省立卫生和预防实验室主任Aldo Cavallaro教授对现场进行分析，Aldo Cavallaro教授凭借其多年的公共卫生领域的专业经验，怀疑污染云团中含有的二噁英是造成动物死亡和儿童皮肤红肿的原因。不久，位于瑞士日内瓦的公司总部传来消息，公司实验室在事故发生后第一时间于现场采集的样品中发现二噁英。

据统计，此次事故严重污染面积达1.08 km^2，涉及居民670人；轻度污染面积达2.7 km^2，涉及居民4 855人；工厂周围8.5 hm^2范围之内的所有居民被迁走；1.5 km范围内的植物均被填埋，并在数公顷土地上铲除掉几厘

米厚的表土层。事隔多年后，当地畸形儿数量大大增加。（楚春礼　叶頔）

Sanyingli Dao Hedianchang Shigu

三英里岛核电厂事故　（Three Miles Island Nuclear Power Plant Accident）　简称 TMI-2 事故。1979 年 3 月 28 日 4 时，美国宾夕法尼亚州哈里斯堡附近的三英里岛核电厂 2 号压水堆发生的堆芯严重损坏事故。2 号机组电功率为 959 MW，1978 年 3 月 28 日首次临界，1978 年 12 月 30 日投入商业运行。

事故原因、经过　事故起因是二回路给水泵跳闸和应急给水管线上的阀门由于误操作处于关闭状态，造成蒸汽发生器二次侧给水中断。这本是一次比较容易处理的事故，但在处理过程中出现的机械故障和人为误操作等多重原因导致了核电史上第一次反应堆堆芯严重损坏事故。

蒸汽发生器失去给水后，一回路压强升高迫使反应堆自动停堆，并使稳压器卸压阀开启。当一回路压强回降到卸压阀应关闭的整定值时，卸压阀却未关闭，使一回路冷却剂继续经卸压阀流至卸压箱。由于控制室未设置显示卸压阀开关信号的仪表，上述状况达 2.5 小时之久未被发现。

当一回路压强下降到 12 MPa 时，应急堆芯冷却系统自动投入。几分钟后，操作人员根据稳压器的水位测量仪表的指示，误认为向堆芯注入的水量可以减少，于是部分关闭应急堆芯冷却系统，只留一台高压安全注射泵继续运行，导致一回路冷却剂从稳压器卸压阀流失的量大于注入的补给量，使反应堆一回路压强继续下降。当一回路压强降到冷却剂饱和压强以下时，反应堆堆芯冷却剂开始汽化，形成气泡。在事故发生后约 75 分钟，由于汽-水混合物的汽蚀作用，反应堆冷却剂泵发生强烈振动。操作人员为了保护主泵并防止损坏一回路管道，先后关闭了 4 台一次冷却剂泵。这时，只有早先投入的 1 台高压安全注射泵在运行，其流量仅为导出反应堆余热所需最小冷却剂流量的 1/3。因此，堆芯冷却条件严重恶化。约在 110 分钟时，堆芯冷却剂开始沸腾，在反应堆容器内形成汽腔，致使部分核燃料暴露于汽腔之中。燃料温度升高而逐渐达到二氧化铀芯体熔化温度，锆-水反应产生的氢气和水蒸气又不断扩大汽腔，堆芯裂变产物大量释放，致使约 2/3 的堆芯熔化。在 174 分钟时，两台一次冷却剂泵重新启动，在 200 分钟时高压注射系统也全面投入运转，大量的水注入反应堆容器。直至事故后 950 分钟，一回路系统压强稳定在 6.9～7.6 MPa，表明事故序列的结束。

事故影响　该事故从反应堆逸入安全壳内放射性裂变产物的数量：氙-133 为 2.22×10^{18}Bq；氙-135 为 1.11×10^{17}Bq；碘-131 为 1.85×10^{17}Bq。由于安全壳内的压力不高，安全壳泄漏率很小，从安全壳泄漏到大气中的惰性气体很少。但从事故发生后 7 分钟起，安全壳地坑水泵把由卸压阀排出的含有放射性物质的水输送到辅助厂房储水箱，直到 5 小时之后才关闭。期间，储水箱满溢，水流到地板上，挥发性放射性物质散发到空气中，并经通风系统从烟囱排入大气。经实测排放到环境中的放射性总量约为 9.25×10^{16}Bq，其中，氙-133 约占 60%，碘-131 约 5.55×10^{11}Bq。核电厂 80 km 半径内 200 万居民受到的集体剂量当量约为 20 人 · Sv，公众最大个人剂量小于 1 mSv。该核电厂，只有三人受到的剂量略高于职业照射的季度限值。因此，三英里岛事故造成的辐射影响是很小的。

由于当时对反应堆内锆-水反应产生的氢气数量和氢气爆炸的可能性估计过高，3 月 30 日宾夕法尼亚州发布了要求 8 km 内的学龄前儿童和孕妇撤离、16 km 内的学校全部关闭的通告，曾引起人们惊慌，约有 8 万居民自发进行了撤离。4 月 2 日，宾夕法尼亚州当局宣布，撤离是不必要的。尽管该事故没有造成一人死亡，但其直接经济损失巨大，仅反应堆设备损坏和长期清理费用就约达 20 亿美元。

经验教训　从反应堆安全角度看，可以说，三英里岛核电厂事故是一次代价极高的综合性“实验”。它验证了核电厂各种多重安全设施的必要性和可靠性，也暴露了设计、管理和安全研究方面的弱点及不足之处。事故之后，核电界在人-机关系、监测控制、人员培训和事故分析研究等方面做了许多改进。

（岳会国　王中堂）

《Shaxiang Nianjian》

《沙乡年鉴》　（A Sand County Almanac）　关于人与土地之间关系的自然随笔和哲学文集。由美国的生态学家和环境保护主义者奥尔多•利奥波德（Aldo Leopold）撰写，1949 年由牛津大学出版社（Oxford University Press）出版。该书汇集了作者从经济学转向生态学看待世界的文章，标志着“大地伦理”（land ethic）思想的成熟，被誉为大地伦理学的开山之作，是环境保护主义的经典著作。

《沙乡年鉴》涵盖了生态学、哲学、伦理学、文学等范畴，全书共分为三个部分。第一部分为“一个沙乡的年鉴”，包括 21 篇短文，按照 1 月到 12 月的时间顺序描述了利奥波德和家人自 1935 年在威斯康星河畔购买了一个荒废的农场后，一直亲手进行恢复生态完整性的探索的过程。在这些文章中，作者注入了对自然的崇敬和赞美。第二部分为“随笔——这儿和那儿”，主要描述了利奥波德在美国各州和墨西哥等地游历的见闻，前后跨越大约 40 年，从对各地动植物、河流、山脉的考察，进一步深入到对资源保护主义问题的论述，在这一部分，作者完成了从自然只有工具价值的观点到自然系统中有天赋价值的观点的转变。第三部分为“结论”，是全书思想的浓缩，以 4 篇保护主义美学、人与环境的关系和大地伦理学思考的论文作为全书的结尾，通过推理的手法，最终得出“大地伦理的理念是要把人类在共同体中以征服者的面目出现的角色变成这个共同体中平等的一员和公民”的结论。

《沙乡年鉴》被翻译成多个国家的文字，广为传播，书中体现的大地伦理思想成为一些环境保护组织和政府机构行动的思想基础。有研究指出，大地伦理在某种程度上把握了环境问题的内核或本质，即大自然的生态特质，以及人类对于环境应持有的“人文关怀”，它符合这个时代的价值观，因此很多人认为，利奥波德大地伦理思想在现在比他当初构想时更具重要性。利奥波德也被认为是“现代环境伦理学之父”。

（楚春礼　蒋婧博）

Shennai Shijian

砷奶事件　（Morinaga Milk Arsenic Poisoning Incident）　又称森永奶粉砷中毒事件，是指 1955 年日本森永奶品公司德岛工厂使用混入砷的劣质原料而导致日本国内发生大规模婴儿奶粉中毒的事件。事件导致一万余名婴儿中毒，并致使百余名婴儿死亡，被认定为日本的公害事件。

从 1953 年开始，日本的森永奶品公司为了提高乳制品（主要是奶粉）的溶解度，同时也为了节约成本，在全国范围内的各下属加工厂将工业用磷酸钠作为稳定剂。1955 年，由于其在德岛的加工厂使用了混入砷的劣质磷酸钠，从而导致日本国内爆发大规模的婴儿奶粉中毒事件，使 13 000 多名婴儿中毒，出现发热、腹泻、肝肿大、皮肤发黑等症状，超过 130 名婴儿死亡。事件发生后，受害婴儿父母组成了日本“全国森永牛奶被害者同盟协会”，与森永奶品公司就婴儿康复及损害赔偿问题展开交涉。1968 年，大阪大学医学部的丸山教授发表报告，证实多数中毒患儿会出现包括脑神经麻痹、智障、皮肤病变等在内的后遗症，各地纷纷组织和发展“森永牛奶中毒儿童保护协会”，与森永奶品公司和政府交涉，促成政府出台针对该事件的“永久性对策案”。1973 年，日本政府、森永奶品公司以及保护协会三方展开对话，于 12 月缔结了包括对被害者给予救济措施等 5 项内容的“永久性对策案”，并于 1974 年 4 月设立“光明协会”，针对森永奶品公司受害者给予专门救济。

（楚春礼　叶頔）

《Shengtai Huanjing Xuebao》

《生态环境学报》　（Ecology and Environmental

Sciences）　由广东省科学技术协会主管，广东省土壤学会、广东省生态环境技术研究所共同主办的学术性刊物，主要刊登国内外环境科学和环境工程、生态学和生态工程领域具有明显创新性和重要意义的优秀研究论文，以及具有独到见解和理论建树的综述。

创刊于 1992 年，原名《热带亚热带土壤科学》，1999 年更名为《土壤与环境》，2003 年更名为《生态环境》，2009 年更为现名。该刊为月刊，大 16 开本，是环境科学类的综合学术期刊，适合生态学、环境学、资源保护、土壤学、大气科学、水科学、地理学、地质学、地球科学、农业科学、林学、医学、社会科学、经济科学等领域的科技人员、学者、教师、学生、各级管理者和环境爱好者阅读。该刊是中心核心期刊、RCCSE 中国核心学术期刊、中国科技核心期刊、中国科学引文数据库（CSCD）核心期刊，被中国期刊全文数据库（CNKI）、日本科学技术振兴机构数据库（JST）等收录。曾荣获广东省优秀期刊称号、广东省优秀科技期刊一等奖，2013—2016 年连续四年被评为中国国际影响力优秀学术期刊。国际标准刊号为 ISSN 1674-5906，国内统一刊号为 CN 44-1661/X，邮发代号为 46-272。

（楚春礼　张士秋）

《Shengtai Xuebao》

《生态学报》（Acta Ecologica Sinica）　由中国科学技术协会主管，中国生态学学会、中国科学院生态环境研究中心主办的研究中国生态学及生态学各分支学科领域的综合性学术期刊，主要刊载动物、植物、微生物、农业、森林、草地、土壤、海洋、淡水、景观、区域、化学、污染、经济、系统、城市、人类生态等生态学及各分支学科理论与实践研究的学术论文，报道生态学领域最新的基础理论和创新性研究成果，旨在促进国内外学术交流和学术争鸣，培养造就生态科学研究人才，推动我国生态学研究的发展。

创刊于 1981 年，为半月刊，主要面向全国生态、生物、农业、林业、渔业、环境等研究方向的高校、科研机构，各相关生产、建设及管理部门。学报获奖情况：2000 年中国科学院优秀科技期刊一等奖，2001—2014 年连续 14 届被评为“中国百种杰出学术期刊”，2002 年中国科协“第三届优秀科技期刊二等奖”，2002 年“第二届国家期刊奖百种重点科技期刊”，2004 年“第三届国家期刊奖提名奖”，2006—2014 年“中国科协精品科技期刊”，2008 年科技部“中国精品科技期刊”，2009 年“新中国 60 年有影响力的期刊”，2012—2015 年“中国最具国际影响力学术期刊”，2015 年入选中国科协“精品科技期刊 Top50”，同年获“2015 期刊数字影响力 100 强”称号。国际标准刊号为 ISSN 1000-0933，国内统一刊号为 CN 11-2031/Q，邮发代号为 82-7。

（楚春礼　张士秋）

《Shengtaixue Zazhi》

《生态学杂志》（Chinese Journal of Ecology）中国科学技术协会主管、中国生态学学会主办、中国科学院沈阳应用生态研究所承办的综合性学术期刊，由科学出版社出版，主要刊登生态学领域有创造性的，立论科学、正确、充分，有较高学术价值的论文，以反映我国生态学的学术水平和发展方向，报道生态学的科研成果与进展，跟踪学科发展前沿，促进国内外学术交流与合作。

创刊于 1982 年，为月刊，A4 开本，设有研究报告、专论与综述、研究简报、新方法与新技术、书刊评介、学术动态等栏目，内容主要包括生态系统生态学、分子生态学、种群生态学、群落生态学、景观生态学等。读者对象主要是从事生态学、生物学、地学、林农牧渔业、海洋学、气象学、环境保护、经济管理、卫生和城建部门的科技工作者，有关决策部门的科技管理人员及高等院校师生。该刊被中国科技论文与引文数据库（CSTPCD）、中文科技期刊数据库（维普）、中国期刊全文数据库（CNKI）、中国科学引文数据库（CSCD）、中国学术期刊（光盘版）、数字化期刊全文数据库（万方）、美国《化学文摘》（CA）、美国《生物学文摘》（BA）、英国《生态学文摘》（EA）、日本《科学技术文献速报》（CBST）、俄罗斯《文摘杂志》（AJ）等收录。入选中国期刊方阵（双效期刊），曾荣获中国科协优秀学术期刊二等奖、全国优秀科技期刊三等奖、中国科学院优秀期刊三等奖、辽宁省一级期刊称号等。国际标准刊号为 ISSN 1000-4890，国内统一刊号为 CN 21-1148/Q，邮发代号为 8-161。

（楚春礼　张士秋）

《Shengtai Yu Nongcun Huanjing Xuebao》

《生态与农村环境学报》（Journal of Ecology and Rural Environment）　由生态环境部主管、生态环境部南京环境科学研究所主办的全国性学术期刊，主要报道生态与农村环境保护领域的研究动态与方向、理论与方法、科研成果与进展。

创刊于 1985 年，原名《农村生态环境》，后改为现名。该刊为月刊，包括研究报告、研究简报、研究方法、专论与综述、学术讨论与建议等主要栏目，主要满足从事生态学、环境科学、农学、林学、地学、资源科学等研究、教学、生产的科技人员，相关专业的高等院校师生以及各级决策与管理人员等读者的需求。主要内容涉及以下方面：区域环境与发展，包括生态环境变化与全球环境影响、区域生态环境风险评价、环境规划与管理、区域生态经济与生态安全等；自然保护与生态，包括自然资源保护与利用，生物多样性与外来物种入侵，转基因生物环境安全与监控，生态保护、生态工程与生态修复，有机农业与农业生态，气候变化与生态响应等；污染控制与修复，包括污染控制原理与技术、土壤污染与修复、水环境污染与修复、大气污染防控、农业废物综合利用与资源化、农用化学品风险评价与监控、化学品环境与健康等。该刊是《中文核心期刊要目总览》2017 年版入编期刊、中国科学引文数据库（CSCD）核心期刊、RCCSE 中国核心学术期刊、中国科技论文统计源期刊（中国科技核心期刊），被中国科技论文与引文数据库（CSTPCD）、中文社会科学引文索引（CSSCI）、中国学术期刊综合评价数据库（CAJCED）、中国核心期刊（遴选）数据库、中国期刊全文数据库（CNKI）等收录，并被美国《化学文摘》（CA）、日本科学技术振兴机构数据库（JST）、英国国际农业与生物科学研究中心（CABI）数据库和美国《乌利希期刊指南》（UPD）等国外重要刊库网收录。曾荣获全国优秀环境科技期刊、江苏省优秀期刊、江苏省十强科技期刊等称号，以及江苏省新闻出版广电政府奖的报刊奖提名奖。国际标准刊号为 ISSN 1673-4831，国内统一刊号为 CN 32-1766/X，邮发代号为 28-114。

（楚春礼　张士秋）

shengtai yundong

生态运动　（ecological movement）　20 世纪 60 年代开始的以保护环境和生态为目的的各种抗议和社会运动，是西方能源危机、生态失控直接引发的群众运动，其主要目标是重构社会与自然的关系。

起源　随着工业化进程不断加快，生态环境问题越来越严重，在这种背景下，1968 年美国加利福尼亚大学爆发了以维护生态系统平衡为主题的学生运动，被看作生态运动的发端。从此，生态主义思潮迅速蔓延到世界各地，成为一种新的社会运动，各种生态环保组织出现在社会舞台与政治舞台上，引起巨大的反响。

发展阶段　始于西方国家的生态运动大致经历了三个历史阶段。①第一个阶段是 20 世纪六七十年代，为生态运动的发起阶段。这一阶段的生态运动主要围绕环境和资源问题，对工业化及其带来的后果进行讨伐和批判。在这一时期，罗马俱乐部提出了“全球危机”的概念，为此，生态运动也出现了悲观主义与乐观主义两个派别。悲观派认为，全球危机不可逆转，地球资源即将耗尽，人类终将走向增长的极限和自身的毁灭；乐观派认为，高新技术将帮助人类战胜危机，确保生产的增长和人类的进步持续下去。②第二个阶段是 20 世纪 80 年代，为生态运动的繁荣发展阶段。这一阶段的生态运动把视角转向对技术理性的批判。以对待技术进步的态度为中心，生态运动出现了“深绿派”和“浅绿派”。深绿派认为，生态运动应该彻底改变政治、经济、社会制度和人生观及生活方式，主张“生态原教旨主义”，否定一切技术；浅绿派认为，生态运动应该不断改革，缓慢进行，主要是批判破坏生态环境的技术。深绿派和浅绿派在英、德、法等国的政治生活中发挥了重要作用，许多共产党人、社会民主党人、左翼人士纷纷转入绿党阵营。③第三个阶段是 20 世纪 90 年代至今。90 年代，生态运动产生了“红色绿党”和“绿色绿党”两大阵营。红色绿党是指生态运动中以社会主义为理论基础的、主张生态社会主义的派别，包括马克思主义者和社会民主主义者。绿色绿党是指生态运动中以无政府主义为理论基础的、主张生态中心主义的派别。后来，生态运动进入深层生态运动阶段，在深层生态运动中，经济被视为生态学的辅助手段。深层生态运动的倡导者认为技术方案不能创造一个可持续的社会，而要以系统整体观和生态中心主义思想为基础来构造全盘改造工业社会的方案，最终实现“生态社会”的目标，建立真正的基于生态原则的可以调节人与自然关系的自由社会。

意义 生态运动的最大贡献是广泛提升了人们的生态意识，深化了人类对生态问题重要性和迫切性的认识，为“福利”概念增加了生态环境质量的内容，使人类生态需要满足程度成为衡量生活质量的重要指标。

（鞠美庭　楚春礼）

Shengbabala Jingpen Shijian

圣巴巴拉井喷事件 （Santa Barbara Blowout Event） 1969 年 1 月 28 日，在美国圣巴巴拉海湾海上钻井平台发生井喷从而导致石油大量溢出、污染海面、造成海洋污染的事件。

1969 年 1 月 28 日，在位于美国加利福尼亚州的圣巴巴拉海湾，海上钻井 A 平台发生井喷事故，原油从 5 条裂缝中涌了出来，在海面漫延数十平方英里（1 平方英里=2.589 988 km^2），附近海面覆盖了一层 1～2 cm 厚的油层，共泄漏原油将近 1 135.7 万 L。溢出的石油使整个南加利福尼亚的海岸都受到了污染，对当地居民造成巨大影响。此后，美国的近海采油受到越来越多的民众和环保组织抵制，于是，美国国会于 1982 年通过了一项法律，禁止在大部分大陆架上从事石油和天然气开采活动。

（楚春礼　叶頔）

Shidi Guoji

湿地国际 （Wetlands International） 致力于湿地保护与合理利用、实现湿地可持续发展的独立的、非营利性的全球组织。创建于 1996 年，由亚洲湿地局、国际水禽和湿地研究局和美洲湿地组织三个国际组织合并组成，在全球、区域和国家开展工作，总部设在荷兰瓦格宁根。

组织机构 湿地国际董事会由 50 多个成员国的代表、有关国际组织代表和湿地专家组成，董事会指导湿地国际的政策、监测和评价战略的实施。湿地国际通过各个办事处来贯彻执行由湿地国际理事会批准的全球战略。理事会由每个成员国的两名国家代表、合作伙伴、专家组协调员和名誉顾问组成。湿地国际首席执行官与全球管理小组和各办事处主任合作负责监督战略实施。湿地国际在全球设置 21 个办公室，覆盖了东非、西非、萨赫勒地区、东南亚、东亚、南亚、欧洲、拉丁美洲和加勒比海地区。

主要活动 湿地国际的宗旨是维持和恢复湿地，保护湿地资源和生物多样性，造福子孙后代。湿地国际主要采取湿地保护与合理利用的行动，保护依赖湿地而生存的湿地物种、珍贵的水资源以及其他湿地产品和服务，从而对生物多样性保护、可持续发展和减贫做出贡献。湿地国际通过开发工具、提供信息来协助政府制定和实施相关的政策、公约和条约，以满足湿地保护的需求。

通过设置湿地国际开发和管理等多个部门以及全球、区域和国家项目，由当地政府、非政府组织、企业和科研机构实施，湿地国际致力于发展长期伙伴关系，为自然资源保护和管理奠定基础。目前已有2 000多人参与、支持项目，成立了鸻鹬专家组、火烈鸟专家组、淡水鱼专家组等16个专家组提供科学建议。湿地国际与世界自然基金会（WWF）、国际泥炭地保护组织（IMCG）和世界自然保护联盟（IUCN）等《关于特别是作为水禽栖息地的国际重要湿地公约》（简称《湿地公约》）的国际伙伴组织密切合作，与《湿地公约》《生物多样性公约》《保护野生动物迁徙物种公约》签署了正式的伙伴协议，还与许多国家政府和相关机构签订了谅解备忘录和合作计划以支持湿地的保护与合理利用。

湿地国际与中国 湿地国际于1996年在北京成立中国办事处，开始在中国大陆开展工作，目的是通过引进技术和资金、提供人员培训和技术支持、开展信息交流来促进中国和东北亚的湿地保护与合理利用。湿地国际中国办事处的主要任务包括：促进国家湿地保护行动计划的编制与实施；支持开展湿地资源调查与编目；支持建立湿地监测网络，促进国际重要湿地保护与合理利用；评估和确认具有国际意义的湿地生境；协助和支持建立标准化的湿地数据库；开展湿地保护与合理利用示范研究，鼓励对退化湿地进行恢复重建；通过引进资金和技术，支持和促进湿地保护与合理利用优先项目的研究；建立湿地专家网络，组织和协助湿地专家参与国际湿地项目；组织召开各种与湿地有关的研讨会、论坛、培训班等活动，促进东北亚地区湿地保护；通过湿地出版物提高公众意识。

湿地国际协助中国制定《全国湿地保护行动计划》，建立中国湿地专家网络，协助开展四川、甘肃的泥炭地恢复和管理项目，改善新疆的生物多样性、湿地和流域综合管理，协助建立云南拉市海高原湿地自然保护区等。

（楚春礼　姜贵梅）

Shijie Diqiu Ri

世界地球日 （World Earth Day） 联合国为世界环境环保运动而设置的节日，为每年的4月22日，旨在通过在这天各国以各自不同的方式宣传和实践环境保护的观念，唤起人类爱护地球、保护家园的意识，促进资源开发与环境保护的协调发展，协力扭转环境恶化的趋势，进而改善地球的整体环境。

最早的世界地球日活动起源于美国，1970年4月22日，美国首次举行了声势浩大的环境保护运动，被看作第一届地球日活动，这次活动的组织者丹尼斯·海斯（Denis Hayes）被称为“地球日之父”。1990年4月22日，全世界有100多个国家举行了环境保护活动，地球日开始从美国走向世界。2009年4月22日，第63届联合国大会一致通过决议，决定将今后每年的4月22日定为“世界地球日”。

从1990年开始，我国每年于4月22日都要开展世界地球日纪念宣传活动。我国自1996年以来的世界地球日主题见下表。

我国历年世界地球日主题

年份	主题
1996	认识地球，热爱地球，保护地球，珍惜资源，造福人类
1997	保护地球资源与环境
1998	海洋地质与人类
1999	防治地质灾害
2000	2000年世界地球日——中国行动
2001	地质遗产保护
2002	善待地球
2003	生命之水
2004	善待地球，科学发展
2005	善待地球——科学发展，构建和谐
2006	善待地球——珍惜资源，持续发展
2007	善待地球——从节约资源做起
2008	认识地球，和谐发展
2009	认识地球，保障发展——了解我们的家园深部
2010	珍惜地球资源，转变发展方式，倡导低碳生活
2011	珍惜地球资源，转变发展方式
2012	珍惜地球资源，转变发展方式——推进找矿突破，保障科学发展

续表

年份	主题
2013	珍惜地球资源，转变发展方式——促进生态文明，共建美丽中国
2014	珍惜地球资源，转变发展方式——节约集约利用国土资源，共同保护自然生态空间
2015	珍惜地球资源，转变发展方式——提高资源利用效率
2016	节约集约利用资源，倡导绿色简约生活
2017	节约集约利用资源，倡导绿色简约生活——讲好我们的地球故事
2018	珍惜自然资源，呵护美丽国土——讲好我们的地球故事
2019	珍爱美丽地球，守护自然资源
2020	珍爱地球　人与自然和谐共生

（楚春礼　叶頔）

Shijie Dongwu Ri

世界动物日　（World Animal Day）　为保护世界动物而由德国作家、杂志出版商海因里希·齐默尔曼（Heinrich Zimmerman）发起，由世界动物保护组织大会通过而设定的日子，为每年的10月4日，这一天为纪念西方传说中的动物保护神圣·弗朗西斯的节日。

海因里希·齐默尔曼也是动物保护主义者，在积极推动动物保护运动的同时，他还每两周出版一期《人与狗》杂志，利用该杂志唤起公众对动物的爱护意识，并创建了世界动物日委员会。1925年3月24日，海因里希·齐默尔曼发起首届世界动物日，并在柏林组织了活动。1929年，他将世界动物日改为10月4日。最初海因里希·齐默尔曼只是得到了德国、奥地利、瑞典和捷克斯洛伐克几个国家的支持，直到1931年，世界动物保护组织在意大利召开的委员大会通过了他的提议，每年的10月4日才真正被确定为世界动物日。

在这一天，世界各地会通过多种渠道举办有关动物保护的宣传活动，网站、广告、世界动物日标志、教育等各种方式被用于唤起人们对于动物问题的关注，呼吁人们保护动物，更好地照顾动物。世界动物日活动的主要类型包括：意识和教育类活动、开放日和宠物收养类活动、会议交流活动、动物祷告活动、青少年校园活动、动物工作者培训活动、动物疾病预防类活动等。　　（楚春礼　叶頔）

Shijie Fangzhi Huangmohua Yu Ganhan Ri

世界防治荒漠化与干旱日　（World Day to Combat Desertification and Drought）　联合国为有效提高世界人民对《联合国防治荒漠化公约》的认识，加强防治荒漠化的国际合作，促进《联合国防治荒漠化公约》及其附件的执行而设置的节日，为每年的6月17日。在这一天，相关国际组织和缔约方按照自行确定的主题开展纪念活动。

土地荒漠化已经成为世界上最严重的全球性环境问题之一，威胁全世界生态安全、社会经济稳定与可持续发展。1968—1974年，非洲撒哈拉地区（布基纳法索、尼日尔和塞内加尔）干旱期发生特大干旱，造成20万人和数百万头牲畜死亡，这场旱灾持续时间之长、破坏之大，令世界震惊，引起人们对荒漠化问题的极大关注。联合国在1975年的3337号决议中提出“与荒漠化斗争”的口号，并于1977年8月29日至9月9日在肯尼亚首都内罗毕召开荒漠化问题会议，形成全球共同行动的综合协调方案，制订防治荒漠化行动计划，拟投入数十亿美元进行治沙行动，并明确了多项抗旱防荒漠化的具体行动计划。1992年6月1—12日，在巴西里约热内卢召开的联合国环境与发展大会上，防治荒漠化被列为国际社会优先采取行动的领域。联合国环境与发展大会以后，联合国通过一项新的决议，就防治荒漠化公约进行全球谈判，并先后在内罗毕、日内瓦、纽约、巴黎召开过5次会议，其中第4次会议于1994年6月6—18日在巴黎召开。在第4次会议上，《联合国防治荒漠化公约》于6月17日通过。1994年12月，联合国大会通过49/115号决议，确定将6月17日设为“世界防治荒漠化与干旱日”。1995—2001年，每年的6月17日缔约方和相关国际组织按照自行确定的主题开展纪念活动。2001年第五次缔约方大会期间在中国代表团的建议下，大会通过第 22 号决议，自 2002 年起，每年发布世界防治荒漠化与干旱日的国际主题。自 2002 年以来的世界防治荒漠化与干旱日主题见下表。

历年世界防治荒漠化与干旱日主题

年份	主题
2002	荒漠化与土地退化
2003	水资源管理
2004	移民与贫困
2005	妇女与荒漠化
2006	美丽的沙漠和荒漠化的挑战
2007	荒漠化与气候变化——一个全球性的挑战
2008	防治土地退化，发展可持续农业
2009	保护水土是我们共同未来的保障
2010	改善四方土壤，造福天下众生
2011	树木维持干旱地带生机
2012	土地滋养生命——携手遏制退化
2013	干旱和水资源短缺
2014	依靠生态系统，适应气候变化
2015	通过可持续粮食体系保障每一个人的粮食安全
2016	包容性合作，实现土地退化零增长
2017	我们的土地，我们的家园，我们的未来
2018	土地无价，值得投资
2019	让我们一起种未来
2020	粮食、饲料、纤维

（楚春礼　叶峋）

Shijie Guancha Yanjiusuo

世界观察研究所　（Worldwatch Institute）致力于环境可持续性与社会公正，以期在不威胁到自然环境或未来人类利益的情况下满足社会需求的独立的国际性研究机构，成立于 1974 年，总部设在美国华盛顿。

世界观察研究所拥有一个国际性的董事会和多个全球合作伙伴，旨在鼓励与环境相结合的可持续经济发展，重点关注能源、水资源、农业和政府管理等领域。该机构在交叉学科研究方面一直处于领先地位，并且以其引人注目及求实的信息交流方法闻名，研究成果为数百个非政府组织机构、企业及政府提供支持。世界观察研究所发行的出版物有《世界观察》《重要信号》《世界状况》等，其中《世界状况》以 36 种语言出版，成为多个国家决策层了解及剖析最新国际形势的重要信息渠道。

现今，世界观察研究所积极寻求政策支持，尝试推进世界经济与环境在以下领域的进步：①改善能源系统，寻求低碳发展，减少化石燃料使用，减少温室气体排放；②鼓励可持续食物生产系统研究，推进健康、营养饮食，保护支撑生命系统的土地、水及生物资源；③推动经济、文化、社会进步，满足人类需求，促进人类繁荣，与自然和谐共生。

（楚春礼　姜贵梅）

Shijie Haiyang Ri

世界海洋日　（World Ocean Day）　联合国为进一步加强人类与海洋的联系，提高公众对海洋的重要性的认识，以寻求保护海洋的途径而设立的节日，为每年的 6 月 8 日，相关国家在这一天举行与保护海洋环境有关的纪念活动。

海洋覆盖地球表面的近 3/4，占地球全部水资源的 97%，若以体积衡量，海洋占据了生物在地球上所能发展空间的 99%。目前已知的海洋生物有近 20 万种，预计实际的数量则可能要成百上千万，63%的全球生态系统服务由海洋和沿海生态系统提供，海洋蕴藏着世界上最大的蛋白质资源，超过 26 亿人口主要靠海洋为他们提供蛋白质，超过 30 亿人的生计依赖于海洋和沿海的多种生物，海洋渔业直接或间接雇用 2 亿多人，海洋吸收约 30%的人类活动产生的二氧化碳，缓冲着全球变暖的影响。但是，全球多达 40%的海洋被认为受到了人类活动的严重影响，包括污染、渔业耗竭、沿海栖息地的丧失。在 1992 年的联合国环境与发展大会上，“世界海洋日”的概念被首次提出，以提高人类对海洋重要性的认识，了解保护海洋的意义。2008 年 12 月 5 日，联合国大会通过 A/RES/63/111 号决议，决定将 6 月 8 日设立为“世界海洋日”。2009 年 6 月 8 日，联合国首次庆祝世界海洋日，联合国环境规划署与海洋保育协会于当天公布了海洋废弃物调查报告，以反映海洋垃圾问题的严重性。

为了提高全民海洋意识，促进海洋事业的发展，2008 年国家海洋局决定启动全国海洋宣传日活动，将时间定于每年的 7 月 18 日。自 2010 年起，我国于每年的 6 月 8 日举办“世界海洋日暨全国海洋宣传日”活动，包括组织专题讨论，总结海洋发展经验和问题，开展宣传，进行海洋法律法规、管理政策学习与交流，评选年度海洋人物等。

历年世界海洋日主题以及中国的全国海洋宣传日主题见下表。

历年世界海洋日主题以及中国的全国海洋宣传日主题

年份	世界海洋日主题	中国的全国海洋宣传日主题
2009	我们的海洋，我们的责任	—
2010	我们的海洋：机遇与挑战	关爱海洋：我们一起行动
2011	我们的海洋：绿色未来	辛亥百年，海洋振兴
2012	海洋与可持续发展	海洋与可持续发展
2013	团结一致，我们就有能力保护海洋	建设海洋强国
2014	众志成城，保护海洋	建设“海上丝路”，联通五洲四海
2015	健康的海洋，健康的地球	依法建设生态文明海洋
2016	健康的海洋，健康的地球	关注海洋健康，守护蔚蓝星球
2017	我们的海洋，我们的未来	扬波大海，走向深蓝
2018	清洁我们的海洋	奋进新时代，扬帆新海洋
2019	性别与海洋	珍惜海洋资源，保护海洋生物多样性
2020	为可持续海洋创新	保护红树林，保护海洋生态

（楚春礼　叶頔）

《Shijie Huanjing》

《世界环境》（World Environment）　由生态环境部主管、生态环境部宣传教育中心和联合国环境规划署联合主办的权威性环保综合刊物，旨在把握最新的全球环境态势，以一线的资料深度报道相关实例，追踪全球环境发展趋势，在精湛的分析下探讨新观点、新思路，为中国的环境决策者提供富有建设性的意见，为每一位读者提供有效的信息。

《世界环境》由国家环境保护局和联合国环境规划署于 1983 年创办，现为双月刊。刊物坚持突出唯一性、权威性、政策性、专业性、知识性和服务性的特点，下设卷首语、封面故事、环球扫描、读者来信、绿色圆桌、绿色科普、权威报告、青年论坛等栏目。读者对象为各级政府官员、各级环境保护官员、环保企业及相关产业人员、外商投资企业人士，以及关心环保的各界人士。该刊被数字化期刊全文数据库（万方）、中文科技期刊数据库（维普）等网络媒体收录。国际标准刊号为 ISSN 1003-2150，国内统一刊号为 CN 11-2397/X，邮发代号为 82-803。

（楚春礼　张士秋）

Shijie Huanjing Ri

世界环境日（World Environment Day）
联合国大会根据斯德哥尔摩人类环境会议的提议设置的联合国与各国政府开展相关活动以倡导全球关注环境的行动日，为每年的 6 月 5 日。从 1974 年开始，联合国系统和各国政府要在这一天开展各种活动，提醒全世界关注全球环境状况和人类活动对环境的危害，强调保护和改善人类环境的重要性，倡导人们成为推动可持续发展和公平发展的积极行动者，以纪念和发扬斯德哥尔摩人类环境会议提出的“为了这一代和将来的世世代代而保护和改善环境”的会议精神。

联合国环境规划署（UNEP）每年年初公布当年的世界环境日主题，并在当年的世界环境日发表环境状况的年度报告书。从 1987 年开始，UNEP 每年都会选择一个成员国的城市作为世界环境日的宣传活动中心，举行纪念活动。如今，世界环境日的影响越来越大，许多国家、团体和民众都在这一天开展各种活动。

中国从 1985 年开始举办纪念世界环境日的活动，北京、深圳和杭州分别于 1993 年、2002

年和 2019 年成为世界环境日的主办城市。从 2004 年开始，中国开始设立独立的环境日主题。历年世界环境日主题、主办城市及当年中国的环境日主题见下表。

历年世界环境日主题、主办城市以及当年中国的环境日主题

年份	世界环境日主题	主办城市	中国的环境日主题
1974	只有一个地球	—	—
1975	人类居住	—	—
1976	水：生命的重要源泉	—	—
1977	关注臭氧层破坏、水土流失、土壤退化和滥伐森林	—	—
1978	没有破坏的发展	—	—
1979	为了儿童的未来——没有破坏的发展	—	—
1980	新的十年，新的挑战——没有破坏的发展	—	—
1981	保护地下水和人类的食物链，防治有毒化学品污染	—	—
1982	斯德哥尔摩人类环境会议十周年——提高环境意识	—	—
1983	管理和处置有害废弃物，防治酸雨破坏和提高能源利用率	—	—
1984	沙漠化	—	—
1985	青年、人口、环境	—	—
1986	环境与和平	—	—
1987	环境与居住	肯尼亚内罗毕	—
1988	保护环境、持续发展、公众参与	泰国曼谷	—
1989	警惕全球变暖	比利时布鲁塞尔	—
1990	儿童与环境	墨西哥墨西哥城	—
1991	气候变化——需要全球合作	瑞典斯德哥尔摩	—
1992	只有一个地球——一起关心，共同分享	巴西里约热内卢	—
1993	贫穷与环境——摆脱恶性循环	中国北京	—
1994	一个地球，一个家庭	英国伦敦	—
1995	各国人民联合起来，创造更加美好的未来	南非比勒陀利亚（今茨瓦内）	—
1996	我们的地球、居住地、家园	土耳其伊斯坦布尔	—
1997	为了地球上的生命	韩国汉城（今首尔）	—
1998	为了地球上的生命——拯救我们的海洋	俄罗斯莫斯科	—
1999	拯救地球就是拯救未来	日本东京	—
2000	环境千年——行动起来吧！	澳大利亚阿德莱德	—
2001	世间万物，生命之网	意大利都灵与古巴哈瓦那	—
2002	让地球充满生机	中国深圳	—
2003	水——二十亿人生命之所系	黎巴嫩贝鲁特	—
2004	海洋存亡，匹夫有责	西班牙巴塞罗那	碧海行动，我们对海洋的承诺
2005	营造绿色城市，呵护地球家园!	美国旧金山	人人参与，创建绿色家园
2006	莫使旱地变荒漠	阿尔及利亚阿尔及尔	生态安全与环境友好型社会
2007	冰川消融，后果堪忧	挪威特罗瑟姆	污染减排与环境友好型社会
2008	转变传统观念，推行低碳经济	新西兰惠灵顿	绿色奥运与环境友好型社会
2009	地球需要你：团结起来应对气候变化	墨西哥墨西哥城	减少污染——行动起来
2010	多样的物种·唯一的地球·共同的未来	卢旺达基加利	低碳减排·绿色生活

续表

年份	世界环境日主题	主办城市	中国的环境日主题
2011	森林：大自然为您效劳	印度孟买和新德里	共建生态文明，共享绿色未来
2012	绿色经济：你参与了吗？	巴西巴西利亚	绿色消费，你行动了吗？
2013	思前，食后，厉行节约	蒙古国乌兰巴托	同呼吸，共奋斗
2014	提高你的呼声，而不是海平面	巴巴多斯布里奇顿	向污染宣战
2015	七十亿人的梦想：一个地球，关爱型消费	意大利罗马	践行绿色生活
2016	为生命呐喊	安哥拉罗安达	改善环境质量，推动绿色发展
2017	人与自然，相联相生	加拿大渥太华	绿水青山就是金山银山
2018	塑战速决	印度新德里	美丽中国，我是行动者
2019	应对空气污染	中国杭州	蓝天保卫战，我是行动者
2020	关爱自然，刻不容缓	哥伦比亚	美丽中国，我是行动者

（楚春礼　叶頔）

Shijie Huanjing Yu Fazhan Weiyuanhui

世界环境与发展委员会（World Commission on Environment and Development，WCED）

又称布伦特兰委员会，是为应对世界环境与发展问题而成立的国际组织，于1984年正式成立。

世界环境与发展委员会的主要任务是审查世界环境和发展的关键问题，创造性地提出解决这些问题的现实行动建议，提高个人、团体、企业界、研究机构和各国政府对环境与发展的认识水平。

1987年，世界环境与发展委员会发表了关于人类未来的报告——《我们共同的未来》，集中分析了全球人口、粮食、物种和遗传资源、能源、工业和人类居住等方面的情况，并系统探讨了人类面临的一系列重大经济、社会和环境问题，鲜明地提出了资源环境危机和发展危机不能分割、地球的资源和能源远不能满足人类发展的需要、必须为当代人和后代人的利益改变发展模式三个观点，提出了“可持续发展”的理念，将环境保护与人类发展切实结合起来，改变了以往单纯考虑环境保护的思维模式，实现了人类有关环境与发展思想的重要飞跃。

（楚春礼　姜贵梅）

shijie liangshi huiyi

世界粮食会议（world food conferences）

联合国粮食及农业组织举办的关于粮食问题的一系列国际会议，旨在制定世界粮食战略，解决世界粮食问题。

为了应对1972—1974年爆发的世界范围内的粮食危机，1974年11月5—16日，世界粮食会议在意大利罗马召开。会议讨论了粮食生产、粮食援助、粮食安全等重大问题。会议提出成立农业发展国际基金；建立粮食和农业的全球信息和早期预警系统，进行粮食储备，开展粮食援助；建立制度框架以执行大会决议。会议通过了《世界粮食安全国际协定》，发表了《消除饥饿与营养不良全球宣言》。根据会议决议，世界粮食理事会开始发挥职能作用，国际农业发展基金于1977年设立，用以资助贫困国家农业发展。

1996年开始，联合国粮食及农业组织发起世界粮食首脑会议（World Food Summit），各国首脑以及主要负责人员参加会议，共同讨论关于粮食的问题。世界粮食首脑会议提高了世界粮食会议的会议级别，是关于粮食安全问题的最高级别会议。第一届世界粮食首脑会议于1996年11月13—17日在意大利罗马举行，来自世界158个国家和欧洲共同体的代表出席了会议。会议通过了《世界粮食安全罗马宣言》和《世界粮食首脑会议行动计划》，重申人人有获得安全而富有营养的粮食的权利，并且确定了要在2015年之前把全世界营养不良的人数减少到1996年全球8.4亿人的一半的近期目标，提出了各国政府应当作出的七项承诺。中国国务院总理李鹏出席会议。

2002 年 6 月 10—13 日，第二届世界粮食首脑会议在意大利罗马举行，来自 183 个国家和联合国系统 27 个机构的数千名代表出席了会议，其中共有 27 个国家派出国家元首和政府首脑级代表团与会。会议旨在总结 1996 年首届世界粮食首脑会议取得的成果，商讨实现 2015 年之前将世界饥饿人口减半目标所需采取的新措施。中国政府代表团出席会议。

2009 年 11 月 16—18 日，世界粮食安全首脑会议在意大利罗马举行。联合国秘书长潘基文强调在粮食供应及保护最贫困和最弱势群体方面做出显著改善，提出粮食生产量必须提高 70%以达到 2050 年解决 90 亿人口的粮食问题的目标。发展中国家每年则需要 440 亿美元海外发展援助以保证粮食安全。会议再次强调 2009—2015 年期间，需要完成消除一半饥饿和营养不良的人口数量。中国国务院副总理回良玉代表中国政府出席会议。

（楚春礼　蒋婧博）

Shijie Liangshi Ri

世界粮食日　（World Food Day）　1979 年举行的第 20 届联合国粮食及农业组织大会通过决议设置的为唤起全世界对发展粮食和农业生产的高度重视而举行纪念活动的日子，为每年的 10 月 16 日。

随着世界人口的增加，粮食消费量也在不断增加，而以谷物为代表的粮食种植面积却在逐渐减少。20 世纪 70 年代以来，世界性粮食危机不断出现，粮食供求矛盾日益尖锐，世界饥饿人口比例超过 10%，特别是发展中国家，粮食短缺问题尤为突出，有 1/5 的人无法获得足够的粮食，非洲地区甚至有 1/3 的儿童长期营养不良。为了提醒人们关注世界特别是第三世界国家长期存在的粮食短缺问题，敦促各国政府和人民采取行动，增加粮食生产，更合理地进行粮食分配，与饥饿和营养不良作斗争，联合国粮食及农业组织根据 1979 年举行的第 20 届大会的决议，将 1981 年 10 月 16 日定为首个世界粮食日。历年世界粮食日主题见下表。

历年世界粮食日主题

年份	主题
1981	粮食第一
1982	粮食第一
1983	粮食安全
1984	妇女参与农业
1985	乡村贫困
1986	渔民和渔业社区
1987	小农
1988	乡村青年
1989	粮食与环境
1990	为未来备粮
1991	生命之树
1992	粮食与营养
1993	收获自然多样性
1994	生命之水
1995	人皆有食
1996	消除饥饿和营养不良
1997	投资粮食安全
1998	妇女养供世界
1999	青年消除饥饿
2000	没有饥饿的千年
2001	消除饥饿，减少贫困
2002	水：粮食安全之源
2003	关注我们未来的气候
2004	生物多样性促进粮食安全
2005	农业与跨文化对话
2006	投资农业促进粮食安全以惠及全世界
2007	食物权
2008	世界粮食安全：气候变化和生物能源的挑战
2009	应对危机，实现粮食安全
2010	团结起来，战胜饥饿
2011	粮食价格——走出危机、走向稳定
2012	办好农业合作社，粮食安全添保障
2013	发展可持续粮食系统，保障粮食安全和营养
2014	家庭农业——供养世界，关爱地球
2015	社会保护与农业：打破农村贫困恶性循环
2016	气候在变化，粮食和农业也在变化
2017	改变移民未来——投资粮食安全，促进农村发展
2018	努力实现零饥饿
2019	行动造就未来，健康饮食实现零饥饿

（楚春礼　叶皡）

Shijie Qihou Jihua

世界气候计划 （World Climate Programme，WCP） 世界气象组织（WMO）发起和组织的一项全球性气候研究国际合作计划，旨在研究和发展气候预测方法，监测气候变化和变迁，提高对气候过程的了解，确定人类对气候的影响程度，以保护气候环境和气候资源，应用气候知识服务于人类的社会、经济活动。

产生背景 气候是自然环境的组成部分，对人类活动有着促进或者阻碍的作用，同时也受到人类活动的影响。为此，需要增加对气候变化以及变迁的影响的正确认识，应用气候知识，为人类的社会经济发展服务。1979 年，世界气候大会召开，通过了拟订“世界气候计划”的决议。1980 年，WMO 正式公布了《1980—1983 年世界气候计划提要与基础》。1987 年，WMO 第十届世界气象大会审议通过了《世界气候计划——世界气象组织的第二次长期规划（1988—1997 年）》。

主要内容 包括世界气候资料计划、世界气候应用计划、世界气候影响研究计划、世界气候研究计划四个分计划。

世界气候资料计划 旨在保证气候应用和研究能及时获得可靠的、能够按规定格式加工和可以交换的资料，资料的范围包括整个气候系统，即大气、海洋、冰雪圈、陆地生物圈的各种资料。该分计划主要开展以下工作：①援助各国改善气候资料管理和服务系统。具体包括：利用微缩胶片拯救原始记录；借助技术专家的援助组建资料库，改进管理及服务；组织收集区域气候资料和筹建用户服务中心的协调会议；编写关于气候资料观测网、资料质量控制、资料加工及管理的技术指南；协调建立气候参考站，编辑资料集；推进计算机化程序，提供教育和培训机会，推动各方合作。②在资料管理和用户服务方面转让技术。主要是通过提供满足全面性能要求的微机系统而实现的，强调“技术包”的观念，包括计算机硬件、面向用户的软件以及培训。具体工作为：按期编写和分发有关资料管理和用户服务转让技术的微机硬件及软件信息；安装或更新微机系统；组织教育及培训活动。③统一气候资料要求，加强气候资料交流。组建利用卫星遥感及地面基地业务校正网，定期开展全面检查，修订气候资料，以满足技术变化和成员国的需要，扩大气候资料交换站，按需要增加交换资料的项目和参数类型，建立气候参考站网。④建立气候资料参考系统，满足各种研究项目的基本资料要求。编制资料集的目录及摘要介绍，提供关于资料中心的资料内容及其活动的情报和有关气候系统的国际其他资料中心的地球物理资料档案的情报，提供电子化的气候资料参考服务，实现气候系统情报共享。⑤发展全球和区域气候系统资料集，其中包括地面站及高空站，以及海洋、冰雪圈、地面及地下、植被、土壤、地形等方面的资料。⑥提高气候系统监测能力。

世界气候应用计划 旨在改善气象数据管理、气象分析、气象科技标准等领域的数据支持能力，推进工作进程，并加强各国在相关领域的能力建设。该分计划的范围包括：气象数据及分析；气象监测、分析与预测；气象系统运营及基础设施；气象应对与风险管理等。其中，气象数据与监测、气象应用及服务是其对外提供服务的两个主要方面。

世界气候影响研究计划 旨在说明在制定合理政策时考虑气候的重要性，主要是通过把气候、生态、社会经济因子综合起来考虑，探讨气候对社会产生的重大影响，如对水、粮食、健康条件、能源等的影响。该分计划包括以下主要内容：①气候变化对自然和人类系统的影响的表达研究，例如，通过转化为受影响者的基本反应来表达；②关于气候变化同人类社会经济活动之间关系的研究；③关于气候、环境和社会经济因子相互作用的模拟研究；④不同发展水平和不同自然环境中，人类社会对气候变化的敏感程度以及维持稳定和健康发展的能力研究。

世界气候研究计划 其主要任务是提高对地球系统变量及其变化的分析和预测能力，以服务于与人类社会直接相关或者间接获益的多方面实践活动。该分计划的主要目标包括：①确定气候预报的范围；②确定人类对气候影响的程度。

作用及影响 世界气候计划在WMO的领导下，与政府间气候变化专门委员会（IPCC）、全球气候观察系统（GCOS）共同组成了WMO关于气候行为的工作框架，为应对全球气候问题、保障人类福祉提供了基础性数据和研究支持。 （楚春礼 张清）

Shijie Qixiang Ri

世界气象日 （World Meteorological Day） 1960年，世界气象组织（WMO）通过决议，为使各国更清晰了解WMO的组织活动，以及气象部门在经济和国防建设等方面所做出的贡献，推动气象学在航空、航海、水利、农业和人类其他活动方面的应用而设置的节日，为每年的3月23日。

为使庆祝世界气象日的活动更具有实际意义，WMO执行理事会为每年的世界气象日选定一个集中反映人类关注的与气象有关的问题作为宣传主题，号召各成员国以多种方式开展宣传活动，主题的选取主要围绕气象工作的内容、主要科研项目以及世界各国普遍关注的问题。历年世界气象日主题见下表。

历年世界气象日主题

年份	主题	年份	主题
1961	气象	1987	气象——国际合作的典范
1962	气象对农业和粮食生产的贡献	1988	气象与宣传媒介
1963	交通和气象（特别是气象应用于航空）	1989	气象为航空服务
1964	气象——经济发展的因素	1990	气象和水文部门为减少自然灾害服务
1965	国际气象合作	1991	地球大气
1966	世界天气监测网	1992	天气和气候为稳定发展服务
1967	天气和水	1993	气象与技术转让
1968	气象与农业	1994	观测天气与气候
1969	气象服务的经济效益	1995	公众与天气服务
1970	气象教育和训练	1996	气象与体育服务
1971	气象与人类环境	1997	天气与城市水问题
1972	气象与人类环境	1998	天气、海洋与人类活动
1973	国际气象合作100年	1999	天气、气候与健康
1974	气象与旅游	2000	气象服务五十年
1975	气象与电讯	2001	天气、气候和水的志愿者
1976	天气与粮食	2002	降低对天气和气候极端事件的脆弱性
1977	天气与水	2003	我们未来的气候
1978	未来气象与研究	2004	信息时代的天气、气候和水
1979	气象与能源	2005	天气、气候、水和可持续发展
1980	人与气候变迁	2006	预防与减轻自然灾害
1981	世界天气监测网	2007	极地气象：认识全球影响
1982	空间气象观测	2008	观测我们的星球，共创更美好的未来
1983	气象观测员	2009	天气、气候和我们呼吸的空气
1984	气象增加粮食生产	2010	世界气象组织——致力于人类安全和福祉的六十年
1985	气象与公众安全	2011	人与气候
1986	气候变迁，干旱和沙漠化	2012	天气、气候和水为未来增添动力

续表

年份	主题	年份	主题
2013	监视天气，保护生命和财产	2017	观云识天
2014	天气和气候：青年人的参与	2018	智慧气象
2015	气候知识服务气候行动	2019	太阳、地球和天气
2016	直面更热、更旱、更涝的未来	2020	气候与水

（楚春礼　叶岫）

Shijie Qixiang Zuzhi

世界气象组织（World Meteorological Organization，WMO）　联合国系统内有关地球大气现状和特性、大气与海洋的相互作用、全球气候以及由此形成的水资源分布方面的权威机构，是联合国专门机构之一。其前身为国际气象组织，成立于1873年，1950年改名为世界气象组织，总部位于瑞士日内瓦。截至2019年，拥有193个会员国和会员地区。

组织机构　世界气象大会是WMO的最高权力机构，每四年召集一次会员的代表，为履行WMO的宗旨制定总政策，审查会员资格，制定总则、技术规则、财务条例和人事条例，协调组织机构的活动，批准下一财期的长期计划和预算，选举主席和副主席以及理事会成员，任命秘书长。理事会是执行机构，负责执行大会的决定。秘书处由秘书长领导。秘书长由大会任命，任期四年，最长任职期限八年。根据大会制定的规则并经理事会批准，秘书长负责秘书处整体的技术和行政工作。WMO设四个区域办事处，即非洲和最不发达国家办事处、美洲办事处、亚洲及西南太平洋地区办事处、欧洲办事处，负责协调各自区域内的气象、水文和有关活动。共有八个技术委员会，即基础系统委员会（CBS）、大气科学委员会（CAS）、观测仪器和方法委员会（CIMO）、水文学委员会（CHy）、气候学委员会（CCl）、农业气象学委员会（CAgM）、航空气象学委员会（CAeM）、世界气象组织/政府间海洋学委员会海洋和海洋气象联合委员会（JCOMM），负责研发气象和水文业务系统与应用以及开展科研，制定气象和水文业务系统与应用的方法和程序并向理事会和大会提出建议。技术委员会由具体领域的专家组成，这些专家由会员按照其科学专长进行指定，但其不代表各自的国家。技术委员会通常每四年举行一次届会，但基础系统委员会例外，其在届会休会期间召开一次特别届会。每个技术委员会届会期间将选举主席和副主席。

主要活动　WMO的宗旨是在天气、气候、水文和水资源及相关环境问题的专业领域和国际合作方面发挥领导作用，并借此为全世界人民的安康和福祉以及各国的经济效益做出贡献。WMO的责任包括：推动站、网建设方面的国际合作，以进行气象和与气象有关的水文和地球物理观测，促进气象服务中心的组建和维护；促进气象及其相关情报快速交换系统的建设和维护；促进气象观测的标准化，确保以统一的标准出版观测和统计资料；推进气象学信息在航空、海运、水问题、农业和其他人类活动中的应用；推动针对水文开展的活动，增进气象与水文部门间的密切合作；鼓励气象及相关领域内的研究和培训活动。

鉴于天气、气候和水循环无国界，因此国际合作对于气象和水文业务的发展以及获取其应用的效益至关重要，WMO为此类国际合作提供了框架。WMO不断促进实时或近实时免费和无限制地交换有关社会安全和保障、经济福祉及环境保护等方面事宜的资料和信息、产品和服务，推动在这些领域制定国家和国际性政策。WMO通过各项计划在监测和保护环境等国际工作中发挥着主导作用。WMO与联合国各机构及各国家气象和水文部门合作，支持落实一系列环境公约，并在就相关事宜向各政府提供建议和评估方面发挥着积极作用。

WMO 与中国 WMO 是中国在联合国恢复合法席位后最早加入的联合国专门机构之一。1972 年 2 月，中国恢复在 WMO 的合法席位。改革开放之后，中国更加活跃地参与国际气象交流合作，在学习先进经验的同时，为国际气象事业的发展做出了重要贡献。长期以来，中国政府支持 WMO 在气象防灾减灾、应对气候变化等领域发挥重要作用。自 1976 年起，中国气象局组织多国别考察活动，包括来自亚洲、非洲在内的全球诸多国家及其气象部门的高级管理和技术人员来华学习中国气象事业的发展经验。中国气象局原局长邹竞蒙 1983 年当选为 WMO 第二副主席，1987 年当选为 WMO 主席，1991 年连任主席，是在联合国专门机构中担任专门组织主席职务的第一位中国人。中国作为台风委员会七个创始成员之一，积极推动互动交流，参与相关科学研究项目，为区域内国家开展业务培训和技术援助提供支持。中国积极参与政府间气候变化专门委员会（IPCC）评估报告的编写工作，参与 IPCC 运行制度改革，为推动全球可持续发展进程贡献力量。中国是 WMO 空间计划的重要参与方之一，在轨运行 8 颗气象卫星并向世界免费提供基本气象卫星资料，已向亚太地区多个国家赠送中国气象局卫星广播系统（CMACast 系统）。2017 年，中国气象局和 WMO 共同签署《中国气象局与世界气象组织关于推进区域气象合作和共建“一带一路”的意向书》，2018 年签署《“一带一路”倡议信托基金协议》，为中国与“一带一路”沿线国家构建了畅通完善的气象合作机制。2017 年 5 月 12 日，中国气象局被 WMO 认定为世界气象中心，由此，中国成为发展中国家里唯一拥有“世界气象中心”称号的国家。中国目前承办了包括世界气象中心、全球信息系统中心、区域专业气象中心、区域气候中心、区域培训中心等在内的 20 个 WMO 全球或区域业务中心。由中国承办的 WMO 南京/北京区域培训中心开展了天气预报、气候服务、卫星应用、航空气象等领域的国际培训课程，迄今已为约 4 000 名国外学员提供了短期气象培训。

（楚春礼　姜贵梅）

Shijie Renkou Ri

世界人口日（World Population Day） 联合国为引起人们对于世界人口问题的紧迫性和重要性的关注而设置的节日，为每年的 7 月 11 日。

基于 1987 年 7 月 11 日全球人口达到 5 亿这一基本事实，1989 年，联合国开发计划署（UNDP）提议将 7 月 11 日设置为世界人口日。1990 年，联合国大会 45/216 号决议通过 UNDP 设置世界人口日的提议，以提高人们对于世界人口问题的意识，加强人们对人口与环境和发展的关系的关注。1990 年，全球 90 多个国家承认了 7 月 11 日这个日子，从此，各国政府、组织在世界人口日这一天开展各种宣传纪念活动。历年世界人口日主题见下表。

历年世界人口日主题

年份	主题
1996	生殖健康与艾滋病
1997	为了新一代及其生殖健康和权利
1998	走近 60 亿人口日
1999	60 亿人口日倒计时
2000	拯救妇女的生命
2001	人口、发展与环境
2002	贫困、人口与发展
2003	青少年的性健康、生殖健康和权利
2004	纪念国际人口与发展大会 10 周年
2005	公平=授权
2006	为了年轻人，与年轻人一起行动起来
2007	男性参与孕产妇保健
2008	计划生育：这是一项权利，让我们把它变为现实
2009	应对经济危机：投资于妇女是一个明智的选择
2010	每个人都很重要
2011	关注 70 亿人的世界
2012	普及生殖健康服务
2013	青少年怀孕
2014	投资于年轻人
2015	紧急状况中的弱势群体
2016	投资于少女
2017	计划生育：增强人民能力，促进国家发展
2018	计划生育是一项人权
2019	国际人口与发展会议 25 周年：加快进程，实现承诺
2020	终止新冠肺炎疫情：当下该如何保障妇女和女童的健康和权利？

（楚春礼　叶頔）

《Shijie Renkou Xingdong Jihua》

《世界人口行动计划》 （World Population Plan of Action） 有关世界人口发展的政策性文件，旨在协调世界人口同经济、社会的发展趋势，促进人口问题的解决和推动人口与社会经济更为平衡合理的发展。该计划于1974年在罗马尼亚布加勒斯特的世界人口会议通过。

制定背景 人口是影响人类福祉的关键因素之一，但是世界人口却面临着国家之间、国家内部不同地区之间的严重不公平，即贫困水平、卫生条件、教育程度等都存在着严重的不公平，同时，自然生态系统的不断恶化也给人类社会带来严峻挑战。因此，将环境问题与发展问题综合考虑，提高对其的重视程度，满足人类生活的基本需求、改善所有人的生活条件、保护自然生态系统，人类才有可能获得一个更安全、更繁荣的未来。1974年，联合国在罗马尼亚首都布加勒斯特召开了全球性的世界人口会议，来自136个国家的代表，联合国有关机构、国际机构组织与非政府组织的代表参加了大会，参会人数约3 000人。大会以协商的方式通过了有关世界人口发展的纲领性文件——《世界人口行动计划》，以协调世界人口发展趋势和经济、社会发展的前景，敦促各国政府在人口增长问题上采取适当措施，推动人口和经济、社会更为平衡合理的发展。

主要内容 包括计划的背景、原则和目标、建议采取的行动和提请实施的建议四个部分，共109条。《世界人口行动计划》分析了世界人口的发展状况和增长趋势，强调人口增长和社会发展之间相互协调的重要性，认为人口政策的制定和执行是每个国家的权利，不应受外来因素的干涉，国际社会应该在同一原则指导下，拓展国际研究，加强合作，相互协助，增进相互间对人口、社会、经济、资源、环境等方面的了解，各国政府应在努力降低人口死亡率和发病率的前提下，制定人口数量指标及其实现的措施，以降低人口出生率。

原则和目标 制定该计划所依据的主要原则包括：社会经济和文化发展的主要目的在于改善人民的生活水平和生活质量；对于处理人口问题的政策建议必须承认各国内和各国间条件的多样性；尊重人的生活质量是社会的根本等。该计划的首要目的是加强各国有效处理国家和地方人口问题的能力，并通过增加国际研究活动、信息交流和应要求提供援助的措施，促进国际上对各国的需求作出适当的响应。这些目的可以具体为以下目标：促进对全球、区域、国家和地方各级人口状况的了解，承认有关问题的多样性；促进国家和国际对人口和社会经济因素在发展中的相互关系的了解；促进旨在影响人口增长率、发病率和死亡率，生殖、家庭形成和妇女地位，人口分布和国内迁移、国际移民，以及人口结构的社会经济措施和方案等。

建议采取的行动 是该计划的主体部分，包括人口目标和政策、社会经济政策以及知识与政策的宣传三个方面。

人口目标和政策 ①人口增长。分析了人口增长的未来趋势，提出不同的国家为实现不同的人口增长目标应采取不同的战略和政策。②发病率与死亡率。提出尽量降低发病率和死亡率是人类社会的一个主要目标，应该结合大规模的社会和经济发展予以实现，要采取多项措施降低发病率和死亡率。③生殖、家庭形成和妇女地位。提出各国应该在制定生育政策时考虑人权自由，将保健服务和包括家庭津贴与产妇福利在内的其他旨在提高家庭生活质量的措施结合起来并相互协调，并考虑把计划生育服务纳入各国公办医疗保险和社会保险制度之内；确定恰当的发展目标以帮助降低生育率水平对社会经济环境产生的影响；各国政府应尽可能协助家庭，使其发挥在社会中的作用；确保妇女在男女平等的基础上充分参与其所在国家的教育、社会、经济和政治生活。④人口分布与国内迁移。提出纠正人口迁移对城市造成的各种影响需要优先建立不同国家之间以及本国不同地区之间的公平经济关系，并在农村地区推行深入的经济及社会改善方案，注重均衡发展。⑤国际移民。提出了国际移民的重要原则和规定，以及各国政府对待移民应采取的态

度和做法；提出了针对国际移民可能带来的影响的应对建议。⑥人口结构。提出各国在制定发展政策和计划时，应充分考虑人口结构的影响，并提出了各不同发展水平的国家在人口结构方面所应考虑的问题以及采取的方案。

社会经济政策　提出经济和社会发展是解决人口问题的中心因素，经济和社会发展计划和以此为目的的国际援助计划应该把着重点放在保健和教育两个领域；为每一个国家确定最适合其劳动人口状况的技术和生产方法，以提高生产力。

知识与政策的宣传　提出必须采取措施，宣传关于所涉及的各种关系和问题的知识，以便协助人口政策的拟定，最终实现所有有关方面的合作和参与这些政策的制定与实施，包括数据的收集和分析、研究、管理培训教育和宣传以及人口政策的拟订和评价四个方面的内容。

提请实施的建议　①各国政府的作用。提出了各国政府在人口方面的行动可能带来的影响，以及可能对该计划成败的影响。②国际合作的作用。该计划认为，建立在不同社会制度国家和平共存基础上的国际合作会对该计划目标的达成起支援作用，各国以及国际组织需要共同努力促进国际合作，以促成计划政策的落实和目标的实现。③监测、审查和评估。建议对该计划述及的人口趋势和政策进行持久的监测，以此作为联合国的一项专门活动；建议联合国系统对实现该计划的目标和建议的进展情况，每五年进行一次全面而彻底的审查和评估。

（楚春礼　张清）

Shijie Shidi Ri

世界湿地日　（World Wetlands Day）　国际湿地公约常务委员会为纪念旨在保护和合理利用全球湿地的《关于特别是作为水禽栖息地的国际重要湿地公约》的签署，提高公众对湿地价值的认识，以更好地保护湿地而设立的节日，为每年的2月2日。

湿地具有调节地下水、涵养水源、防洪抗灾、净化水质、调节区域气候的作用，被喻为“地球之肾”。由于湿地被开垦与改造、污染，生物资源过度利用，泥沙淤积和水资源不合理利用等，导致湿地功能下降，景观破碎化，甚至消失。为了推进湿地保护，1971年2月2日，来自18个国家的代表在伊朗拉姆萨尔签署了《关于特别是作为水禽栖息地的国际重要湿地公约》，为湿地保护及其资源合理利用提供国家行动和国际合作框架。1996年，为纪念公约的签署，提高公众湿地保护意识，公约常务委员会决定从1997年起将每年的2月2日设置为世界湿地日。截至2018年，已有158个缔约方，共有1 754个湿地列入《国际重要湿地名录》。历年世界湿地日的主题见下表。

历年世界湿地日主题

年份	主题
1997	湿地是生命之源
1998	湿地之水，水之湿地
1999	人与湿地，息息相关
2000	珍惜我们共同的国际重要湿地
2001	湿地世界：有待探索的世界
2002	湿地：水、生命和文化
2003	没有湿地就没有水
2004	从高山到海洋，湿地在为人类服务
2005	湿地文化多样性与生物多样性
2006	湿地与减贫
2007	湿地支撑着渔业的健康发展
2008	健康的湿地，健康的人类
2009	从上游到下游，湿地连着你和我
2010	湿地、生物多样性与气候变化
2011	森林与水和湿地息息相关
2012	湿地与旅游
2013	湿地与水资源管理
2014	湿地与农业：共同成长的伙伴
2015	湿地：我们的未来
2016	湿地与未来：可持续的生计
2017	湿地减少灾害风险
2018	湿地：城镇可持续发展的未来
2019	湿地与气候变化
2020	湿地与生物多样性——湿地滋润生命

（楚春礼　叶頔）

Shijie Shuju Zhongxin

世界数据中心 （World Data Center，WDC）为地球科学、地球环境和空间科学领域提供数据收集、交换和服务的国际科学联合会（以下简称国际科联）所属的国际数据组织。成立于1957年，在国际科联WDC专门委员会的指导下开展工作。WDC不仅在地球、空间和环境科学领域中极大地推进了数据工作的发展，努力为各类科学团体服务，而且积极参与了许多较大的国际科学计划，为科学发展做出了重要贡献。WDC共建立52个数据中心，分布在全球12个国家。

2008年，根据国际科联大会决议，WDC进行改革，2009年，在WDC系统以及国际科联天文与地理数据分析服务联盟的原有基础上组建新的国际科联世界数据系统（WDS）。

早期WDC的数据主要用于对地圈、生物圈、外层空间以及天文现象变化的研究，而后扩展到生物多样性、生态环境、人文、健康、遥感和土地覆被等新的学科领域。WDC的数据来源于科研单位和人员、课题或项目、国家数据中心系统内的成员。WDC系统各中心所需的经费由所在国或隶属的科技机构负责。

WDC的三个主要活动是数据的收集、交换和服务，此外，应国际科联的要求，承担了一系列重要的国际科学计划申明要保存的数据的管理工作。WDC按照国际科联的各国际学科团体及其他国际组织所推荐，并按照WDC专门的执行委员会所认可的程序和标准，收集和存储国内外的数据，并保证数据和有关文件的质量可靠。WDC对接收的数据承担同化、编辑、编目、存档、检索和散发的责任，此外，还负责探索数据存储、通信及在用户存取数据方面的现代技术的应用，并在数据格式标准化方面开展国际合作。

WDC的基本原则规定，WDC根据现行系统指南的有关条款履行数据交换的任务，WDC系统内每一个数据中心所拥有的数据应以各种形式供给各国科学家利用，各中心之间的数据交换建立在相互同意和互利的基础上。在一般情况下，WDC系统内的数据交换建立在对等的基础上免费进行，WDC向科学家或研究机构提供服务，通常只收取成本费。

中国于1988年加入WDC，并建立了WDC中国学科中心。WDC中国学科中心目前设有9个分中心，分别为海洋学科数据中心、地震学科数据中心、地质学科数据中心、空间学科数据中心、天文学科数据中心、气象学科数据中心、冰川冻土学科数据中心、可再生资源与环境学科数据中心和地球物理学科数据中心。自成立以来，WDC中国学科中心在国家各有关部门的支持下，积极开展数据的积累、存储、处理工作，为国内外科研人员和科研工作提供服务。

（楚春礼　蒋婧博）

Shijie Shui Luntan

世界水论坛 （World Water Forum）　为了让全世界的人们关注水问题，1996年由世界水理事会创立的有关水资源问题的大型国际论坛活动。每三年举办一次，为国际社会共同关注、参与水资源可持续利用提供了新的体制和运行机制。

世界水论坛为国际重要的水资源会议，论坛的宗旨是落实国际社会达成的有关水与可持续发展问题的决议，促进各国在水资源可持续利用方面进行交流与合作，明确在水资源领域的政治承诺和重要举措。

背景　20世纪70—90年代，联合国针对环境、人口、食品、妇女、人居等全球性问题举行了专题会议，在这期间，水资源问题未能引起足够的关注，基本没有纳入政治议程。为了引起人们对水问题的重视，促进水资源的保护，在斯德哥尔摩水资源专题讨论会与全球水资源联盟的共同努力下，成立了多个水资源保护机构，提出化解世界水资源危机要从现在做起，要求水行动计划各方在“谁做”“做什么”“何时做”“怎样做”等问题上作出具体承诺。为了维护和引导国际水事趋势的良性发展，以及就21世纪国际水问题的解决方法进行更深层次的讨论并提出具体建议，世界水理事会决定从 1997 年开始，每隔三年举办一次世界水资源的大型国际会议，即世界水论坛。

历次世界水论坛 自 1997 年开始至今，一共举办了 8 次世界水论坛会议。

①第一届世界水论坛于 1997 年 3 月 20—25 日在摩洛哥的马拉喀什举行，来自 63 个国家和地区的 500 名代表与会。论坛以“水，共同的财富”为主题，发表了《马拉喀什宣言》，呼吁各国政府、国际组织、非政府组织和世界各国人民进一步团结奋斗，为展开永久确保全球水资源的蓝色革命奠定基础。论坛还委托世界水理事会制订有关 21 世纪水、生命和环境的规划。

②第二届世界水论坛于 2000 年 3 月 17—22 日在荷兰海牙举行，5 700 名来自世界各国的水利问题专家和非政府组织代表出席。论坛以“世界水展望”为主题，通过了确保 21 世纪水安全的《海牙宣言》和相关行动计划，并对未来 25 年的水资源管理和消除水危机的措施提出展望，世界水蓝图也在这次会议上问世。

③第三届世界水论坛于 2003 年 3 月 16—23 日分别在日本的京都、大阪和滋贺召开，24 000 余名来自 180 个国家和地区的政府官员、专家学者和民间人士就如何拿出具体行动解决水问题进行了研究和探讨。论坛共包括“水和粮食、环境”“水和气候变化”“水和社会”“水和发展”等 38 个主题，举行了 350 场分组会议。会议通过了《部长宣言》，公布了根据各国及国际机构提交的水行动计划整理而成的《水行动计划集》。

④第四届世界水论坛于 2006 年 3 月 16—22 日在墨西哥首都墨西哥城召开，来自 121 个国家的政府代表和世界各地两万多名各界人士与会。论坛以“采取地方行动，应对全球挑战”为主题，通过了《部长声明》，提出水是持续发展和根治贫困的命脉，为保证所有人都能用上洁净水，必须改变当前水资源的利用模式。

⑤第五届世界水论坛于 2009 年 3 月 16—22 日在土耳其的伊斯坦布尔召开，共有 182 个国家和地区的约 3 万名代表与会，其中包括 10 多位国家元首和政府首脑、65 位部长以及 150 位市长。论坛以“架起沟通水资源问题的桥梁”为主题，通过了《部长声明》，强调必须加强水资源的管理和国际合作，保证数十亿人的饮水安全。

⑥第六届世界水论坛于 2012 年 3 月 12—17 日在法国马赛召开，来自 180 多个国家和地区的约 2.5 万名代表与会，其中包括 140 个部长级代表团，中国首次以世界水理事会成员的身份参加。论坛以“治水兴水，时不我待”为主题，旨在总结往届水论坛和其他国际会议成果，并在水资源管理的关键领域制定和实施切实有效的解决方案。

⑦第七届世界水论坛于 2015 年 4 月 12—17 日在韩国的大邱和庆州召开，来自 170 多个国家和地区的水资源主管部长、国际机构负责人，科研机构、学术团体和企业代表等约 3.5 万人与会。论坛以“水——人类的未来”为主题，旨在重申有关水和卫生设施的联合国决议以及其他成果文件，认识当前全世界所面临的与水资源相关的主要挑战，以及以可持续方式解决这些问题的必要性、从历届世界水论坛所认同的解决水问题的“解决方案”向“履行”迈进的必要性，并表明了将本次论坛达成的决议付诸国家政策、计划和行动，并在全球范围内共同努力加强水资源领域合作的政治决心。

⑧第八届世界水论坛于 2018 年 3 月 19—23 日在巴西首都巴西利亚召开，来自 170 个国家和地区的总统、总理、政府首脑、水资源主管部长、国际机构负责人，科研机构、学术团体和企业的代表等约 1.5 万人出席了会议。论坛以“分享水资源”为主题，研讨汇聚全球水治理经验，推动各国全面实现可持续发展涉水目标。本届论坛包含“主题进程、地区进程、政治进程”三大进程，以及市民论坛、水展等。论坛发表了《第八届世界水论坛部长宣言》。

意义和影响 世界水论坛是世界上规模最大的水事活动，汇集了来自世界各地、各个层面的参会人员，涉及政界、多边机构、学术界、民间团体以及私营部门。多年来，水论坛的参会人员从几百人增加到了几万人，既有来自国际社会也有来自主办国的参会者，为水利界和重要决策者开展合作、应对全球水挑战取得长足进展搭建了独特的平台，为提高全球应对水挑战的能力做出了贡献。

（楚春礼　蒋婧博）

Shijie Shui Ri

世界水日　(World Water Day)　联合国为推动对水资源进行综合性统筹规划和管理，加强水资源保护，解决日益严峻的缺乏淡水问题，开展广泛的宣传以提高公众对开发和保护水资源的认识而设置的节日，为每年的3月22日。

在全球范围内，水体污染、需水量增加以及不同用水主体之间竞争性开发所导致的不合理利用，使水资源进一步短缺，水环境更加恶化，严重影响了社会经济的发展，威胁人类的福祉。全世界有半数以上的国家和地区缺乏饮用水，特别是经济欠发达的第三世界国家，已有70%的人喝不上清洁水，世界上有近80%的人口受到水荒的威胁。联合国人类环境会议和联合国水事会议向世界发出警告：人类在石油危机之后，下一个危机就是水。因此，保护和更有效合理地利用水资源，是世界各国政府面临的一项紧迫任务。为此，1993年1月18日，第47届联合国大会根据联合国环境与发展大会制定的《21世纪议程》中提出的建议，通过了第193号决议，确定自1993年起，将每年的3月22日定为“世界水日”。

中国政府自1988年《中华人民共和国水法》颁布起，就确定每年的7月1—7日为“中国水周”，从1994年开始，时间改为每年的3月22—28日。历年世界水日和中国水周主题见下表。

历年世界水日和中国水周主题

年份	世界水日主题	中国水周主题
1994	关心水资源人人有责	—
1995	女性和水	—
1996	为干渴的城市供水	依法治水，科学管水，强化节水
1997	水的短缺	水与发展
1998	地下水——看不见的资源	依法治水——促进水资源可持续利用
1999	我们（人类）永远生活在缺水状态之中	江河治理是防洪之本
2000	卫生用水	加强节约和保护，实现水资源的可持续利用
2001	21世纪的水	建设节水型社会，实现可持续发展
2002	水与发展	以水资源的可持续利用支持经济社会的可持续发展
2003	水——人类的未来	依法治水，实现水资源可持续利用
2004	水与灾害	人水和谐
2005	生命之水	保障饮水安全，维护生命健康
2006	水与文化	转变用水观念，创新发展模式
2007	应对水短缺	水利发展与和谐社会
2008	涉水卫生	发展水利，改善民生
2009	跨界水——共享的水、共享的机遇	落实科学发展观，节约保护水资源
2010	关注水质、抓住机遇、应对挑战	严格水资源管理，保障可持续发展
2011	城市用水：应对都市化挑战	严格管理水资源，推进水利新跨越
2012	水与粮食安全	大力加强农田水利，保障国家粮食安全
2013	水合作	节约保护水资源，大力建设生态文明
2014	水与能源	加强河湖管理，建设水生态文明
2015	水与可持续发展	节约水资源，保障水安全

续表

年份	世界水日主题	中国水周主题
2016	水与就业	落实五大发展理念，推进最严格水资源管理
2017	废水	落实绿色发展理念，全面推行河长制
2018	借自然之力，护绿水青山	实施国家节水行动，建设节水型社会
2019	不让任何一个人掉队	坚持节水优先，强化水资源管理
2020	水与气候变化	坚持节水优先，建设幸福河湖

（楚春礼　叶頔）

Shijie Weisheng Ri

世界卫生日　（World Health Day）　世界卫生组织（WHO）为引起国际社会对卫生问题的重视，并动员世界各国人民普遍关心和改善当前的卫生状况，提高人类健康水平，促进卫生领域工作的开展而设置的节日，为每年的4月7日。

推进全民卫生与健康是 WHO 的目标。世界上至少有一半人口无法获得基本卫生服务，近 1 亿人因不得不自付卫生服务费用而陷入极度贫困。为了推动国际社会对公共卫生问题的关注，1948 年，WHO 在第一届世界卫生大会上设立世界卫生日，倡议各国举行相关纪念活动，日期为 7 月 22 日，1950 年改为 4 月 7 日。历年世界卫生日的主题见下表。

历年世界卫生日主题

年份	主题	年份	主题
1950	了解你周围的卫生机构	1973	健康从家中开始
1951	为了你和孩子们的健康	1974	清洁的食物，更好的身体
1952	在清洁的环境里健康地生活	1975	天花：只能前进，不能后退
1953	健康就是金子	1976	预见和预防盲症
1954	护士：卫生的先锋	1977	预防注射，保护你的孩子
1955	水：健康的镜子	1978	当心你的血压
1956	疾病的同谋犯	1979	健康的儿童，世界的未来
1957	食物和健康	1980	要吸烟还是要健康，任君选择
1958	卫生进步的十年	1981	2000 年人人享有卫生保健
1959	当今世界精神疾患和精神卫生	1982	活得更长一些
1960	消灭疟疾：向世界的宣战	1983	2000 年人人享有健康：倒计时已经开始
1961	可以不发生的事故	1984	儿童的健康，明天的财富
1962	防盲	1985	健康的青年，我们最好的资源
1963	饥饿：大众的疾病	1986	健康地生活，人均可为胜者
1964	对结核病仍要提高警惕	1987	免疫：每个儿童应有的机会
1965	天花：经常的警报	1988	第一个世界无烟日
1966	人和他的城市	1989	大家谈健康
1967	健康的卫士	1990	环境与健康
1968	未来世界的卫生	1991	居安思危，有备无患，防备意外
1969	健康、工作和生产力	1992	心搏：健康的节律
1970	为抢救生命，及时发现癌症	1993	善待生命：预防意外伤亡和暴力
1971	患有糖尿病也能正常地生活	1994	健康的生活需要口腔卫生
1972	心脏：健康的中心	1995	2000 年目标——无脊髓灰质炎世界

续表

年份	主题	年份	主题
1996	创建卫生城市，为了美好生活	2008	应对气候变化，保护人类健康
1997	全球警惕，采取行动——防范新出现的传染病	2009	拯救生命，加强医院应对紧急情况的能力
		2010	城市化与健康
1998	母亲安全	2011	抵御耐药性：今天不采取行动，明天就无药可用
1999	积极健康的老年生活	2012	老龄化与健康：健康有益长寿
2000	安全血液，从我开始	2013	降压让生活更美好
2001	精神卫生：消除偏见，勇于关爱	2014	预防病媒传播的疾病
2002	运动有益健康	2015	食品安全
2003	创建未来生活，让儿童拥有一个健康的环境	2016	应对糖尿病
		2017	关注抑郁症
2004	道路安全，防患未然	2018	全民健康覆盖：每一个人，每一个地方
2005	珍爱每一位母亲和儿童	2019	全民健康覆盖：每一个人，每一个地方
2006	通力合作，增进健康	2020	支持护士和助产士
2007	国际卫生安全		

（楚春礼　叶皈）

Shijie Weisheng Zuzhi

世界卫生组织　（World Health Organization，WHO）　联合国下属的卫生问题的指导和协调机构，为联合国专门机构之一。1948 年 4 月 7 日成立，每年的 4 月 7 日被定为“世界卫生日”。总部设在瑞士日内瓦。

组织机构　世界卫生大会是 WHO 的最高权力机构。1948 年 6 月 24 日，WHO 在日内瓦召开了第一届世界卫生大会，之后每年召开一次会议，审议 WHO 总干事的工作报告、规划预算，接纳新会员国和讨论其他重要议题。执行委员会是大会的执行机构，负责执行大会的决议、政策和委托的任务。WHO 的最高领导为总干事，由世界卫生大会根据执行委员会提名任命。WHO 会员国分成 6 个区域，每个区域设立一个区域办事处，分别为非洲区域办事处、美洲区域办事处、欧洲区域办事处、东地中海区域办事处、东南亚区域办事处和西太平洋区域办事处。截至 2019 年，共有 194 个会员国，经费来源于会员国会费、泛美卫生组织志愿基金、联合国环境规划署、世界银行等提供的专款和其他收入。

主要活动　WHO 以使世界人民获得尽可能高水平的健康为宗旨，领导全球卫生事务，拟订卫生研究议程，制定规范和标准，提出国际卫生公约、规定、协定，阐明政策方案，改善公共卫生，向各国提供技术支持，监测和评估卫生趋势，防治和消灭流行病、地方病和其他疾病，促进医学教育和培训工作，协助在各国开展卫生宣传教育工作。WHO 的核心职能是指导和协调国际卫生工作，其与各国、联合国系统、国际组织、民间团体、学术界等开展合作，改善世界各地人民的健康状况，并支持其发展。

WHO 与中国　自 1972 年恢复在 WHO 的合法席位以来，中国出席了 WHO 历届大会和地区委员会会议，并被选为执行委员会委员。1978 年，中国卫生部长和 WHO 总干事在北京签署“卫生技术合作谅解备忘录”，成为双方友好合作史上的里程碑。1981 年，WHO 在北京设立驻华代表处。2007 年 1 月 5 日，中国香港的陈冯富珍正式就任 WHO 总干事。

（楚春礼　姜贵梅）

Shijie Wuyan Ri

世界无烟日　（World No Tobacco Day）　世界卫生组织（WHO）为提高公众对烟草危害的认识，倡导社会广泛参与而设立的节日，为每年的 5 月 31 日。

烟草燃烧所产生的烟雾是由 7 000 多种化合物所组成的复杂混合物，如烟焦油、尼古丁等，绝大多数对人体有害，其中至少有 69 种为已知的致癌物，如多环芳烃、亚硝胺等，而尼古丁是引起成瘾的物质。研究表明，吸烟与心血管疾病、呼吸系统疾病、消化系统疾病、内分泌疾病、口腔疾病、眼科疾病等都有关联。1977 年，美国癌症协会首先提出通过设置"无烟日"的宣传教育方式来控制吸烟。美国把每年 11 月第 3 周的星期四定为本国的无烟日，在美国全国范围内进行"吸烟危害健康"宣传。英国、马来西亚、中国等国家和地区也相继制定了无烟日。1987 年，世界卫生大会通过了第 WHA40.38 号决议，要求 4 月 7 日成为"世界无烟日"。这一天的目标是敦促全世界的烟草使用者在 24 小时内不使用烟草制品，希望这一行动能为那些试图戒烟的人提供帮助。1988 年，世界卫生大会通过了第 WHA42.19 号决议，呼吁在每年的 5 月 31 日庆祝世界无烟日。我国也将 5 月 31 日定为中国的无烟日，截至目前，多个城市已制定了控烟措施，例如，北京明确规定，公共场所、工作场所的室内区域以及公共交通工具内禁止吸烟；深圳规定室内工作场所、室内公共场所和公共交通工具内禁止吸烟；广州、杭州等地明确禁止烟草制品销售者在"世界无烟日"售烟。历年世界无烟日的主题见下表。

历年世界无烟日主题

年份	主题
1988	要烟草还是要健康，请您选择
1989	妇女与烟草
1990	青少年不要吸烟
1991	在公共场所和公共交通工具上不吸烟
1992	工作场所不吸烟
1993	卫生部门和卫生工作者反对吸烟
1994	大众传播媒介宣传反对吸烟
1995	烟草与经济
1996	无烟的文体活动
1997	联合国和有关机构反对吸烟
1998	在无烟草环境中成长
1999	戒烟
2000	不要利用文体活动促销烟草
2001	清洁空气，拒吸二手烟
2002	无烟体育——清洁的比赛
2003	无烟草影视及时尚行动
2004	控制吸烟，减少贫困
2005	卫生工作者与控烟
2006	烟草吞噬生命
2007	创建无烟环境
2008	无烟青少年
2009	烟草健康警示
2010	两性与烟草——关注针对女性的促销行为
2011	《世界卫生组织烟草控制框架公约》
2012	烟草业干扰
2013	禁止烟草广告、促销和赞助
2014	提高烟草税
2015	制止烟草制品非法贸易
2016	为平装做好准备
2017	烟草——对发展的威胁
2018	烟草和心脏病
2019	烟草和肺部健康
2020	保护青少年，远离传统烟草产品和电子烟

（楚春礼　叶頔）

Shijie Yichan Weiyuanhui

世界遗产委员会　（World Heritage Committee）1976 年由联合国教育、科学及文化组织根据 1972 年第 17 届会议通过的《保护世界文化和自然遗产公约》设立的负责公约实施、决定《世界遗产名录》收录的遗产并监督指导已列入名录的世界遗产的保护工作的机构。

组织机构　世界遗产委员会是政府间组织，由 21 个成员国组成，每年召开一次会议。委员会成员每届任期 6 年，每两年改选其中的 1/3。委员会内设有主席团，主席团每年举行两次会议，筹备委员会的工作。

主要任务　负责对录入《世界遗产名录》的文化和自然遗产地的定义进行解释；审查世界遗产保护状况报告；挑选濒危遗产将其列入《濒危世界遗产名录》；管理世界遗产基金，对申请援助的国家给予技术和财力援助。

中国世界遗产　中国于 1985 年加入《保护世界文化和自然遗产公约》，成为缔约方，1999 年和 2017 年当选为世界遗产委员会成员。中国于 1986 年开始向联合国教育、科学及文化组织申报世界遗产项目，1987—2019年，中国先后有55处遗产被批准列入《世界遗产名录》，名列世界第一，其中，世界文化遗产37项，世界自然遗产14项，世界文化与自然双重遗产4项。中国的55处世界遗产地为：长城，明清故宫，秦始皇陵及兵马俑坑，莫高窟，周口店北京猿人遗址，泰山，黄山，武陵源风景名胜区，九寨沟风景名胜区，黄龙风景名胜区，布达拉宫历史建筑群，承德避暑山庄及周围寺庙，曲阜孔庙、孔府及孔林，武当山古建筑群，庐山国家公园，峨眉山—乐山大佛，丽江古城，平遥古城，苏州古典园林，北京皇家园林颐和园，北京皇家祭坛天坛，大足石刻，武夷山，青城山—都江堰，龙门石窟，明清皇家陵寝，皖南古村落（西递、宏村），云冈石窟，云南三江并流保护区，高句丽王城、王陵及贵族墓葬，澳门历史城区，四川大熊猫栖息地，安阳殷墟，中国南方喀斯特，开平碉楼与村落，福建土楼，三清山国家公园，五台山，“天地之中”历史建筑群，中国丹霞，杭州西湖，元上都遗址，新疆天山，澄江化石遗址，神农架，可可西里，广西左江花山岩画，红河哈尼梯田，鼓浪屿，土司遗址，丝绸之路（长安—天山廊道路网），中国大运河，良渚古城遗址，贵州梵净山，黄（渤）海候鸟栖息地（一期）。

（楚春礼　姜贵梅）

Shijie Ziyuan Yanjiusuo

世界资源研究所（World Resources Institute，WRI）　致力于寻求保护环境、发展经济和改善民生的实际解决方案的独立研究机构。成立于1982年，总部位于美国华盛顿。

WRI采用全球合作的工作方式，倡导实践战略，提倡寻求解决问题的工具和具体行动方案，其任务是使人类社会在发展的同时，保护地球的环境，以满足当代以及子孙后代的需求，主要工作集中在气候、能源、粮食、森林、水、可持续城市六个方面，通过商业中心、经济中心、金融中心和治理中心四个中心分析六大关键目标并制定相应的解决方案。

WRI拥有超过700名专家和员工，工作覆盖60多个国家，在美国、中国、墨西哥、印度、巴西、印度尼西亚设有办公室。WRI通过与联合国开发计划署、联合国环境规划署和世界银行合作，组织世界各地的学者对世界范围的环境状况及环境对社会和经济发展的影响进行全面调查和分析，并将成果编辑成《世界资源报告》出版。

WRI于2008年在北京设立办公室，WRI中国办公室与各领域领导者密切合作，将研究成果转化为行动，从而维护经济发展机遇和构成人类发展根本基础的自然资源。中国经济发展进入“新常态”，正在从高速增长转向高质量发展，WRI致力于帮助中国迈向可持续发展，既借鉴其他国家的最佳经验，同时通过吸取中国的经验惠及其他国家。（楚春礼　姜贵梅）

Shijie Ziran Baohu Lianmeng

世界自然保护联盟（International Union for Conservation of Nature，IUCN）　又称国际自然保护联盟，是致力于为政府、公众和非政府组织提供实现人类进步、经济发展和自然保护和谐统一的知识和有效工具的国际机构，是唯一一个由政府和社会组织共同创立的国际联盟。

IUCN于1948年成立，总部位于瑞士格朗，如今已经拥有约1 400个成员组织，15 000名专家，在物种保护、环境法、保护区、社会经济政策、生态系统管理、教育与交流领域做出了重要贡献。

组织机构　世界自然保护大会是IUCN的最高决策机构，每四年召开一次，制定联盟的政策，通过联盟的工作计划，并选举主席及理事会成员。理事会是IUCN的主要管理机构，负责设定联盟工作的战略方向和政策指南，履行大会对各成员的职责，为大会主席提供支持。IUCN设有6个专家委员会，即世界保护区委员会，物种幸存委员会，环境、经济和社会政策委员会，生态系统管理委员会，教育与通信委员会以及环境法委员会。

主要活动　IUCN为联合国教育、科学及文化组织（UNESCO）的A级咨询机构，为政府、非政府组织、科学家、商人、社区等之间的对话提供了一个国际平台，其经费来自各国政府、双边和多边机构、各类基金会、会员机构等。IUCN的主要活动包括制定全球保护战略并协助在各国实施；参与各国进行物种多样性保护的活动及自然保护区和国家公园的建设；监督实施国际环境法规；开展保护自然的培训和教育等。IUCN的出版物有《IUCN通信》《世界自然保护政策》《红色数据书》《联合国国家公园和自然保护区名录》以及有关自然保护的书籍等。

IUCN与中国 1996年，中国加入IUCN成为成员国，2003年，IUCN在中国建立联络处。IUCN通过信息共享、能力建设、地方示范项目等方式协助中国政府、民间组织和企业提高保护自然环境的能力，参与中国自然保护工作，涉及物种评估、保护区管理和世界遗产、环境法和环境经济学等方面。

（楚春礼　姜贵梅）

Shijie Ziran Jijinhui

世界自然基金会 （World Wide Fund for Nature，WWF） 致力于保护世界生物多样性及生物生存环境的国际独立性非政府环境保护组织。其前身是1961年成立的世界野生生物基金会，1986年改名为世界自然基金会。总部位于瑞士格朗。

主要活动 WWF是全球最大的独立性非政府环境保护组织之一，由国家级会员、项目办公室以及附属会员组织组成，其以遏制地球自然环境的恶化、创造人类与自然和谐相处的美好未来为使命，自成立以来一直致力于环保事业，在全世界范围内已经开展了13 000多个自然保护项目。WWF致力于保护世界生物多样性、确保可再生自然资源的可持续利用、推动降低污染和减少浪费性消费的行为。进入21世纪，WWF的目标主要集中在减缓气候变化、减少环境污染、保护海洋和淡水、阻止森林砍伐和保护物种等领域。

WWF与中国 WWF于1980年正式来到中国，1996年在北京设立了办事处，之后又相继在长沙、西安、成都、武汉、东北、上海以及深圳设置了地区办公室。WWF资助中国开展了100多个重大项目，致力于物种、森林、淡水与海洋、能源与气候变化、环境教育和野生物贸易等方面的工作。如今，WWF在中国的项目主要集中在长江生态区保护、野生虎保护、气候与能源、大熊猫保护、国际野生物贸易研究和环境教育等领域。 （楚春礼　姜贵梅）

《Shijie Ziran Ziyuan Baohu Dagang》

《世界自然资源保护大纲》 （World Conservation Strategy） 是一份保护世界自然资源的纲领性文件，其既是一个知识纲领，也是一个保护自然和资源的行动指南，旨在防止资源的继续退化和耗竭，唤起各国政府和广大人民的重视。

制定背景 由于社会生产力的不断进步，人类社会和经济不断发展，但同时也带来了巨大的负面影响，人口爆炸式增长，资源过度开发，导致全球性资源短缺，某些资源遭到了严重的破坏，甚至已经枯竭，直接威胁人类的生存。因此，1975年，联合国环境规划署、世界自然保护联盟和世界野生生物基金会提出编纂《世界自然资源保护大纲》，并委托世界自然保护联盟起草。大纲初稿经联合国粮农组织、教科文组织、环境规划署和世界野生生物基金会的审议，修改后于1980年3月5日在世界30多个国家同时公布。

主要内容 包括自然资源保护目标、对各国应该采取的行动建议和对国际共同行动的要求三部分。

①提出保护自然资源的目标以及实现这些目标的必要条件。包括：保持基本的生态过程和生命维持系统；保存遗传的多样性，即保存世界上有机体遗传物质种类的多样性；保证物种和生态系统的永续利用（特别是渔场、野生生物、森林和牧场）。

②建议各国采取的行动。要求必须改变目前开发和保护相脱节的做法，把两者紧密结合起来。各国在制定开发政策以及贯彻执行的过

程中，要同自然保护结合起来，制定能促进资源再循环利用的环境政策和保证资源永续利用的自然保护政策。

③要求采取国际行动。大纲指出，许多自然资源是共有的，保护某些自然资源往往不是一个国家的事，而是需要大家的共同努力。一个国家的自然资源可能受到另一个国家开发活动的影响，所以只有通过国际合作才能实现有效保护。例如，热带森林的保护，干旱地区土地的合理利用，公海、大气和南极等全人类共有资源和财富的利用，国际性江河和海洋的保护，以及在全球设立遗传资源保护区等，都应制定国际公约和开展国际合作。

作用及影响 《世界自然资源保护大纲》特别强调人类是自然的一部分，只有保护好自然环境与自然资源，人类才能在地球上生存发展下去，并提出“可持续发展”的口号，为人类指出了正确的发展方向。大纲发表后，引起了全世界的广泛重视，对全球的自然资源保护工作产生了较大的影响。很多国家都作出了积极的响应，并按照大纲所确定的原则，制定了本国的自然资源保护的方针、原则，从而掀起了全球性的自然保护热潮，对协调人类同自然的关系、保护全球生态环境等起到了推动作用。

（楚春礼　张清）

《Shui Chuli Jishu》

《水处理技术》　（Technology of Water Treatment）　原名《海水淡化》，是由中国蓝星（集团）总公司主管，杭州水处理技术研究开发中心有限公司、中国海水淡化与水再利用学会主办的学术性刊物，是我国水工业最早创刊的两本期刊之一。该刊专业报道膜和膜过程研究开发及应用、水处理系统设计和运行管理、工业纯水和超纯水制造、海水和苦咸水淡化、瓶装水等优质饮用水净化、工业软化水冷却水处理、电厂给水排水、废水处理和再利用、液体分离浓缩和提纯、水处理药剂的研制和应用等的研究进展以及国内外行业的最新信息和市场动态。

创刊于1975年，为月刊，大16开本，涉及化工、电力、电子、煤炭、石油、医药、食品、纺织、印染、造纸、冶金、机械、铁路、环保、建筑、市政、军事等领域，读者对象为市政机关、科研院所、大专院校、工程公司的相关人员，以及水处理设备制造商与销售商等。该刊是全国中文核心期刊、中国期刊方阵双效期刊、中国科技论文统计源期刊、中国科学引文数据库（CSCD）来源期刊，被中文科技期刊数据库（维普）、中国期刊全文数据库（CNKI）、中国学术期刊（光盘版）、数字化期刊全文数据库（万方）、美国《化学文摘》（CA）、美国《剑桥科学文摘（自然科学）》（CSANS）等收录。国际标准刊号为ISSN 1000-3770，国内统一刊号为CN 33-1127/P，邮发代号为32-38。

（楚春礼　张士秋）

Shuihuanjing Lianhehui

水环境联合会　（Water Environment Federation，WEF）　一个非营利性质的国际水环境教育与技术组织，旨在通过会员间的协作促进全球水资源的保护和水环境的健康。

WEF成立于1928年，成立之初名为污水厂协会联合会，1950年更名为污水与工业废物协会联合会，1960年更名为水污染管制联合会，1991年更名为水环境联合会。总部设在美国弗吉尼亚州，有75个会员组织，大约35 000名会员，汇集了世界范围内的水环境领域专家。

WEF设执行理事会，由执行主任和3名执行副主任组成，负责审议WEF运营情况以及战略计划的实施。

WEF作为水环境领域的领导者，积极组织世界水领域的科学家、学者、管理者、设施运营者等，坚持在全球范围内推动水领域的教育、培训、贸易，提高水资源保护意识，搭建水资源与水环境合作平台，推进改善水质、保护环境与公众健康。

（楚春礼　姜贵梅）

《Shuitu Baochi Xuebao》

《水土保持学报》　（Journal of Soil and Water Conservation）　由中国科学院主管、中国土壤

学会和中国科学院水利部水土保持研究所共同主办的国内外公开发行的学术刊物。主要刊登有关水土保持、土壤侵蚀方面的基础研究和应用研究成果，具体包括水土流失和荒漠化防治，土壤侵蚀（水蚀、风蚀等）过程及模型，水土流失预防监督与管理，流域植被修复与生态环境建设，区域水土保持与农业可持续发展，土地利用、退化（荒漠化、沙化、石化）与评价，土壤水分与养分的变化特征，水土保持生物、工程措施及其综合治理效益与评价，自然灾害的防治与监测，以及与之相关的交叉、边缘学科和高新技术在水土保持方面的最新研究成果。

创刊于 1987 年，为双月刊，A4 开本，主要满足国内外从事水土保持、土壤侵蚀及相关学科的科研人员、高等院校师生和有关管理工作者等读者的需求。该刊是中文核心期刊、中文科技核心期刊，中国科技论文与引文数据库（CSTPCD）、中文科技期刊数据库（维普）、中国期刊全文数据库（CNKI）、中国科学引文数据库（CSCD）等来源期刊，被英联邦农业局（CAB）文摘、英国国际农业与生物科学研究中心（CABI）数据库、日本科学技术振兴机构数据库（JST）等收录。2011 年荣获“中国精品科技期刊奖”，2012—2015 年连续四次荣获“中国国际影响力优秀学术期刊”称号，2015 年荣获“RCCSE 中国核心学术期刊（A 类）”称号，2014 年、2016 年荣获“陕西省精品科技期刊奖”。国际标准刊号为 ISSN 1009-2242，国内统一刊号为 CN 61-1362/TV，邮发代号为 52-150。

（楚春礼　张士秋）

Shuiyubing Shijian

水俣病事件　（Minamata Disease Event）

20 世纪 30 年代到 60 年代发生在日本熊本县的因环境污染物甲基汞经过食物链进入人体而导致发生神经性系统疾病的事件，因发生在水俣地区而得名为水俣病，后在日本新潟地区又发生类似事件，称为日本第二水俣病事件。水俣病事件是世界“八大公害事件”之一。

事件过程　20 世纪 30 年代，位于日本九州岛不知火海之滨的熊本县水俣市的 CHISSO 氮肥公司向水俣湾排放含汞废水，导致长期食用水俣湾中海产品的居民患病，出现口齿不清、手脚发抖、神经失常等症状，严重者不治身亡。1956 年，出现首例水俣病患者，熊本医院认定水俣病的原因是含汞废水所致。1960 年，日本厚生省“水俣病患者诊查协会”确认首例胎儿性水俣病患者。1968 年，日本政府发表正式声明，称 CHISSO 公司排放的含汞污水是水俣病的病因，禁止 CHISSO 公司继续向水俣湾排放含汞废水，同时认定水俣病是一种公害病。1969 年，熊本水俣病受害者向熊本地方法院对 CHISSO 公司提起诉讼，为熊本水俣病第一次诉讼。1973 年，熊本水俣病受害者向熊本地方法院对 CHISSO 公司提起第二次诉讼。1975 年 5 月，熊本水俣病第一次诉讼原告全面胜诉。1979 年，熊本地方法院对熊本水俣病第二次诉讼作出判决，原告胜诉。1980 年，熊本水俣病受害者第三次诉讼提诉，不仅追究加害企业的责任，而且还要追究日本政府和熊本县损害赔偿的责任。1987 年，熊本地方法院对水俣病第三次诉讼作出判决，认定日本政府、熊本县对防止水俣病悲剧的发生、扩大，都没有尽责，要负损害赔偿的责任；同年，日本水俣病受害者向联合国、世界卫生组织、联合国环境规划署和联合国人权委员会提出申请，要求给予救济和援助。2004 年，水俣病患者在关西地区法院的第四次诉讼由最高法院终审判决，日本政府在 1956 年知道水俣病病因的情况下，直到 12 年之后才作出决定责令污染企业停止侵害，应当对未能及时作出决定而导致水俣病伤害范围扩大而承担行政责任。2005 年 5 月，日本政府又公布了一项新的救济水俣病患者的计划，新的救济计划将为那些不幸的水俣病患者提供一些救助。

致病机理　含汞废水进入水俣湾，汞在底泥中细菌的作用下转变成甲基汞，甲基汞通过饮用水或者鱼、虾、贝类等食物进入人胃，经肠道吸收后进入血液，由于其具有脂溶性、原形积累和高神经毒性等特性，在脑细胞中原形蓄积，损害脑细胞。同时，水俣病具有遗传性，到 2006 年，先后有 2 265 人被确诊为水俣病患者（其中有 1 573 人已病故），另外有 11 540 人虽未获得医学认定，但其身体或精神也遭受到水俣病的影响。

影响 水俣病事件给日本带来了巨大灾难，也为世界各国敲响了警钟。为了防治水俣病，日本出台了《关于公害健康受害救济的特别措施法》《公害健康被害补偿法》《水俣病认定促进临时措施法》《水污染防治法》等法律，限定工厂排放废水的总汞最高浓度、烷基汞浓度、可出售的鱼类和贝类总汞和烷基汞最高允许含量等指标。美国、加拿大、瑞典等国家也纷纷制定食品的含汞标准。日本水俣病事件对我国开展松花江沿岸慢性甲基汞中毒综合防治工作也起到了重要的指导性作用。

（楚春礼　叶頔）

《Site'en Baogao：Qihou Bianhua Jingjixue》

《斯特恩报告：气候变化经济学》（Stern Review on the Economics of Climate Change） 简称《斯特恩报告》。由英国经济学家尼古拉斯·斯特恩（Nicholas Stern）于 2006 年完成的有关气候变化在经济学上的影响的报告。

报告包括减少温室效应的成本与收益、气候变化的原因和未来途径、气候变化对经济活动及人类生活和环境的影响、综合评估模型、温室气体的减排、建议、各国在气候变化方面可采取的行动等几个部分，其以气候科学为基础，采用经济学成本效益分析的框架，分析比较了气候变化对自然和人类社会经济系统的预期损失与减缓气候变化的成本之间的关系，由此得出全球 2℃的升温上限，进而呼吁各国迅速采取切实可行的措施并建立国际合作机制。报告强调，为了避免气候变化的最坏影响，各国政府必须采取有效的减排行动，否则气候变化将对经济增长和社会发展造成严重影响，其损失和风险将相当于每年全球 GDP 的 5%～20%，而且损失将一直延续。如果立即行动，将大气中温室气体的质量浓度稳定在 500～550 mL/m^3 二氧化碳当量的成本就可以被控制在每年全球 GDP 的 1%左右。而要达到这一控制目标，全球排放必须在今后 10～20 年中封顶，然后以每年 1%～3%的速率下降，到 2050 年至少比现在低 25%，即使发达国家减排 60%～80%，发展中国家 2050 年的排放也不能超过在 1990 年的基础上增幅 25%。报告提出了全球减排的三种有效政策，即通过税收、贸易或法规进行碳定价，支持低碳技术的创新和推广应用，以及消除在提高能源效率和其他改变行为方面的障碍。因此，排放贸易制度、国际技术合作、减少毁林和适应气候变化将是构建后京都国际气候制度框架的重要内容。

《斯特恩报告》是在全球气候变化的后京都谈判的背景下发布的，从科学和经济学两个方面为英国乃至欧洲的谈判立场提供了重要支持。报告发表以后，得到了英国、法国等国家政府的支持，在促进欧盟形成统一立场、对外推动后京都谈判方面发挥了重要的作用。

（楚春礼　蒋婧博）

Sichuan Tuo Jiang Wuran Shijian

四川沱江污染事件（Tuojiang River Pollution Incident in Sichuan Province） 2004 年中国四川省境内发生的由于化工企业生产事故泄漏氨氮污染物污染沱江，造成沱江鱼类死亡、生态系统破坏的环境污染事件。

事件过程 2004 年 2 月 11 日，四川川化股份有限公司第二化肥厂进行技改项目试车，给料泵因故障无法运行，导致生产中的工艺冷凝液未经解吸塔有效处理而直接外排，这些含高浓度氨氮的废水流入了青白江污水处理厂。由于处理能力不足以及处理工艺欠缺，青白江污水处理厂将未经处理的污水直接偷排出去，污水质量浓度高达 2 000 mg/L，直到 3 月 2 日，四川省环保局接到事故报告，污染源才被强制切断并停止生产。到 3 月 3 日，一共有近 2 000 t 纯氨氮被排入了沱江，简阳江段氨氮的最高值约超标 50 倍，这些水顺流而下直入长江，经过沿途稀释，到长江入口仍略有超标。

3 月 2 日下午 6 点，政府关闭简阳市自来水管，城区及沿江 20 余万居民只能依靠城中水井以及外调水生活。3 月 4 日，内江市政府下令关闭 820 余家餐饮娱乐企业。3 月 9 日下午，四川省政府办公厅下令沱江资阳、内江段的 6 个电站全部开闸放水，同时都江堰、三岔湖等水利工程也向沱江放水。从 3 月 19 日起，政府又在沿线实施 7 次人工降雨，用清水冲洗稀释污水。3 月 19 日，内江恢复供应非饮用水，人们用它生产或冲洗厕所、地板、街道。3 月 27 日晚 6 时，内江市水厂取水氨氮含量下降到 4mg/L，正式恢复饮用自来水供应。

影响 沱江污染事件导致简阳市、资阳市、内江市等地饮用水供应停止 26 天，逾百万人受影响。据统计，内江市沿江的 1 个县 32 个乡镇 266 个行政村，共有 88 万人受灾。该次事件造成实际损失 2.19 亿元。专家认为，污染对沱江流域生态系统造成了巨大危害，该江段底栖和浮游动植物种类非常单一，此次事件导致大部分鱼类死亡，使鱼类的食物链遭到了破坏，至少需要 5 年时间才能恢复到事故前水平，如果单纯依靠自然恢复或许需要 20 年。

后续治理 为了不让沱江悲剧重演，四川省在事件发生后开始着力整治排污企业。2004 年 7 月，有 564 家污染企业被勒令停业整顿或限期改正。截至 2004 年年底，沱江“污染大户”的 4 家下属企业同时停产，投资 6 000 万元建造环保治污工程，小糖厂、小农药、小染料等一批污染严重的小企业全部关闭。此外，四川省还投资了 2 200 万元在岷江、沱江流域的成都、眉山、资阳、内江、自贡等市的交界断面建设了 11 个水质自动监测站，对水质进行监测。

（楚春礼 王小虎）

Siri Shi Xiaochuan Shijian

四日市哮喘事件

（Yokkaichi Asthma Event） 20 世纪 60 年代，日本四日市由于工业生产而污染城市大气，从而导致大量市民常年受到哮喘病折磨乃至死亡的事件。四日市哮喘事件是世界“八大公害事件”之一。

1961 年，四日市哮喘病大发作，大量市民患上慢性支气管炎、支气管哮喘、肺气肿或者其他呼吸系统疾病。1964 年，四日市连续三天浓雾不散，严重的哮喘病患者开始死亡。1967 年，一些哮喘病患者不堪忍受痛苦而自杀。到 1970 年，哮喘病患者达到 500 多人，其中有 10 多人在哮喘病的折磨中死去。1972 年，全市共确认哮喘病患者达到 817 人。由于该病发生在四日市，在症状中尤其以支气管哮喘最为突出，因此，被称作“四日市哮喘”。

后来的调查研究表明，二氧化硫是导致该病发生的原因。1955—1959 年，日本快速发展三菱油化等 100 多家大小规模不等的炼油企业，逐步在四日市建成了“石油联合企业城”，使其成为日本石油工业的重要临海工业区。石油冶炼和工业燃油产生大量二氧化硫废气，并排放至空气中，使整个四日市终年黄烟弥漫，大气中二氧化硫浓度超出标准 5～6 倍。1961 年，四日市工厂粉尘、二氧化硫年排放量达到 12 万 t，烟雾厚度达到 500 m，同时烟雾中还伴有重金属粉末，导致市民哮喘发作，甚至死亡。

（楚春礼 叶皕）

Songhua Jiang Shuiwuran Shijian

松花江水污染事件

（Songhua River Pollution Incident） 2005 年位于松花江支流的化工厂爆炸造成大量毒性有机物进入松花江，污染水体、破坏生态系统，导致下游居民饮水安全受到威胁的事件。松花江水污染事件是一次重大环境污染事件，引发了政府和学者对突发性重大环境污染事件的应急预案、信息公开、跨国协作、法律责任、生态补偿、饮用水安全等问题的讨论，促进了中国重大环境污染事件应急处理能力的建设和提高。

事件过程 2005 年 11 月 13 日，地处吉林市的中石油吉化公司双苯厂的化工车间连续发生爆炸，事故区域排出的以苯、苯胺和硝基苯等有机污染物为主的污水，通过吉化公司东 10 号线进入松花江，流经哈尔滨市后在同江汇入黑龙江，造成松花江和黑龙江千余公里的水质严重污染，导致哈尔滨市全面停水四天，俄罗斯沿江居民饮水安全受到威胁，同时致使松花江下游沿岸的多个市（县）以及俄罗斯的哈巴罗夫斯克市面临严重的城市生态危机。

采取措施 松花江水污染事件发生后，政府紧急采取利用活性炭对水进行净化的应对措施，此外，为了确保沿江人民饮用水安全，政府加强了对松花江、黑龙江水环境的监测，在松花江支流事故发生点下游至黑龙江抚远段共设 16 个监测断面监测地表水，同时加强对沿江城镇集中式饮用水水源和地下饮用水水源的水质监测，并开展了松花江底泥、冰及水生生物监测，以及中俄界河联合监测。组织吉林和黑龙江两省环保部门严密监控沿江污染源情况，加强城市供水安全管理，保证沿江取水口取水安全。密切关注水质对鱼类的影响，加强水产品安全监测工作。做好爆炸现场残余物的处置工作，防止新的环境污染。组织实施松花江水污染防治中长期规划，以促进松花江流域社会经济与生态环境协调发展为出发点，优先保护大中城市集中式生活饮用水水源地，重点改善流域内对生产生活及生态环境影响大的水域水质，通过进行产业结构调整、开展清洁生产、实施污染物总量控制等减少污染物的产生和排放，进一步改善松花江水环境质量。

（楚春礼　王小虎）

Sufeijiang

苏菲奖 （Sophie Prize）　是一项国际环境与发展奖项，由挪威作家乔斯坦·贾德（Jostein Gaarder）及其妻子席芮·丹妮薇格（Siri Dannevig）于 1997 年设立，旨在奖励为人类发展和环境保护做出积极贡献的组织或个人。

1997 年乔斯坦·贾德写了一本风行世界的小说——《苏菲的世界》，他和他的妻子用销售这本书的收入创办了一个苏菲基金会，并以这本小说主人公的名字命名该环境奖项。苏菲奖每年评选一次，申请者可以是从事环境或者可持续发展领域的组织、研究中心或者个人，奖金 10 万美元。该奖项于 1998—2013 年颁发。

（楚春礼　王小虎）

T

Tai Hu Lanzao Shijian

太湖蓝藻事件 (Cyanobacteria Flooding Event of the Taihu Lake) 2007 年 5 月，中国太湖由于废水大量排入导致湖泊富营养化，蓝藻集中暴发，致使江苏省无锡市部分地区自来水无法饮用，引起市民恐慌的事件。

背景 环太湖流域自古以来就是中国的“鱼米之乡”，水源充足、土地肥沃。改革开放以来，该地区经济发展迅速，同时，随着太湖流域乡镇工业的飞速发展，大量废水未经任何处理直接排入流域内的江河水体中，使太湖流域水质发生巨大变化。20 世纪 80 年代以来，太湖水质不断恶化，蓝藻开始呈规模性暴发，80 年代中后期，太湖每年平均暴发 2～3 次蓝藻，90 年代中后期，每年暴发 4～5 次，并逐渐向太湖中心区域蔓延，2000 年以后，太湖的湖心区域开始出现严重的蓝藻水华，而蓝藻的暴发几乎涉及整个太湖流域。2005 年，仅东太湖和南部沿岸区为中营养水平，占太湖水面 86.8%的其他湖区均为富营养水平，其中梅梁湖等北部湖湾富营养化程度十分严重。

事件过程 2007 年 5 月，由于太湖水质污染导致富营养化程度加剧，蓝藻大量繁殖。夏季的东南风把几乎整个太湖水域的蓝藻都刮到太湖无锡水域的梅梁湖和贡湖岸边，而高温天气和阳光的暴晒导致蓝藻在岸边死亡、腐烂，发出刺鼻的臭味，污染了湖水。5 月 25 日，无锡市贡湖水源地水中溶解氧急剧下降，26 日早晨，无锡市自来水中夹带有较重的异味，有市民投诉，一夜之间水管里流出的水如同下水道的水一般臭。与此同时，市民开始大批抢购纯净水。

事件发生后，时任国务院总理温家宝作出重要批示，要求在认真调查分析原因和已有工作基础上，加大综合治理力度，研究提出具体的治理方案和措施。国务院先后两次在无锡市召开会议，对应急处置和环境综合治理作出重要部署。由国家发展和改革委员会牵头，会同环保、水利等有关部门及环太湖江苏、浙江、上海两省一市政府紧急启动了太湖流域水环境综合治理总体方案的编制工作。江苏省政府启动“引江济太”工程，实施梅梁湖调水、人工增雨作业，并组织加大对蓝藻的打捞力度。无锡市政府通过调入货源、开启绿色通道等方式，确保超市、卖场的纯净水供应。无锡市专门召开市委常委会议，加大力度彻底整治太湖污染，一系列措施随之出台。2008 年 5 月 7 日，国务院正式批复《太湖流域水环境综合治理总体方案》，提出确保 2008 年太湖流域饮用水安全、4 年内遏制太湖湖泊富营养化趋势的目标。

原因 工业化和城市化过程中的负面影响是太湖蓝藻事件发生的直接原因。太湖流域是长三角经济圈的核心区域，是我国工业生产门类齐全、配套能力强的综合性工业基地，加工业较发达。周边企业大多属于粗加工型企业，技术含量低、生产工艺简单，缺乏先进技术和污染治理的能力与设备，很多小型企业都直接将污水排入河道。此外，农村城镇化进程加快，外来人口大量增加，导致生活污水和大量废弃物都被排放出来。政府监管不力，重污染的化工、造纸等行业大量聚集，也是造成本次事件的重要原因。（楚春礼　王小虎）

Tai Hu "lingdian dabiao" xingdong

太湖"零点达标"行动　（Taihu Lake zero o'clock action）　1998 年 12 月 31 日深夜，由国家环境保护总局、水利部等 9 个部委组成的联合检查组，联合江苏、浙江、上海沿太湖各地党政机关干部和环保执法人员 1 000 多人同时出击，出动 200 多台执法车辆，对太湖沿岸重点企业污水处理设施的运行状况和污水排放情况进行的检查行动，是我国在水环境治理方面继淮河治污后的第二次大规模、大力度的行动。

背景　太湖位于江苏和浙江两省的交界处、长江三角洲的南部，是我国东部近海区域最大的湖泊，也是我国的第三大淡水湖。太湖哺育着上海、苏州、无锡等 7 座城市的经济增长，但它也是中国水质最差的淡水湖之一，水环境形势严峻，加强治理刻不容缓。上海、江苏、浙江等省市的污染河道都超过了河道总量的 50%，19 条省界河道的 20 个断面中有 60%～80%的河流受到不同程度的污染，75%～80%的断面水质为Ⅳ类或Ⅴ类。对出入太湖的 27 条主要河流的 35 个断面的监测表明，除浙江天目山区入湖河流水质较好外，其余河流基本为污染河流，且污染河段在不断加长，污染物浓度不断提升。此外，太湖富营养化问题严重，蓝藻暴发频率增加，发生期不断延长，已经威胁到湖中的生物和沿湖居民的健康。

党中央和国务院非常关心太湖流域的水污染防治和水资源保护工作，1983 年，决定成立长江口及太湖流域开发整治领导小组，领导太湖流域治理规划工作。1987 年，国家计划委员会批准并发布《太湖流域综合治理总体规划方案》。1991 年，国务院召开治淮治太会议，作出全面治理太湖的决策。1994 年，国务院召开第三次治太会议，决定进一步加大治太工程建设力度。1997 年，国务院又一次召开治太工作会议，进一步明确了治太工程建设的目标和任务。1998 年，国务院发布《太湖水污染防治"九五"计划及 2010 年规划》，提出太湖地区水污染治理是一个复杂的生态工程，必须坚持控源和湖泊生态修复相结合、治理措施和管理措施相结合、点源治理和面源（包括内源）治理相结合。

措施　太湖"零点达标"行动中联合检查组与各地党政机关干部、环保执法人员同时出击，对沿湖重点企业污水处理设施运行和排污状况进行突击检查，关停严重超标排污企业，监督非重点排污单位污染治理设施施工建设及投产使用情况。此外，清理供水水源地周围网箱养殖，开展环太湖旅游宾馆饭店污水达标处理行动，启动农业面源治理，全面推进航运污染控制，推广无磷洗衣。

效果　在"零点行动"的压力下，企业纷纷提前采取措施，到 1998 年 12 月 31 日零点各部门检查重点企业达标情况时，太湖流域 1 035 家重点排污单位的总达标率为 97.3%，日排废水 100 t 或日排 COD 30 kg 以下的 1 052 家非重点排污单位的治污设施已完工 70%，清理供水水源地周围围网养殖 4 000 多亩，环太湖 77 家旅游宾馆饭店污水全部达标处理，农业面源治理启动，航运污染控制措施全面推进，推广无磷洗衣的准备工作也全部就绪，并已开始实施。

从水质改善情况来看，1999 年梅梁湾水域的总氮、总磷及叶绿素的浓度略有下降，湖水含氧量有所改善，西北部湖区总氮几乎没有变化，全湖总磷浓度有所下降，太湖污染源限期治理、达标排放等各项治理措施取得一定成效。但是从总体来看，湖域水质改善效果并不显著。

水质改善不显著的原因，除了一些污染源违规排放和个别地区监管不力外，主要是非点源污染和内源污染的影响发挥了很大的作用。非点源主要包括流域农田径流、禽畜养殖、水产养殖和降水降尘等。例如，太湖氮化物的非点源入湖量是点源的两倍，主要来自农田土地和大气降水。而内源则主要是湖泊内底泥积累的污染物排放。由于长期以来的积累，太湖沉积物中氮、磷负荷很高，沉积物释放的营养盐仍能被藻类等水生植物逐步吸收，使水生植物大量繁殖，富营养化不断发展。

（楚春礼　邵超峰）

Taile Huanjing Jiang

泰勒环境奖（Tyler Prize for Environmental Achievement）　由美国人约翰·泰勒（John Tyler）和爱丽丝·泰勒（Alice Tyler）于1973年设立，旨在提醒全世界来关注人类居住的地球环境，奖励在生态和环境领域内从事对人类有重大益处的科研项目的集体或个人的奖项。每年评选一次，1979—1981年因故中断。

泰勒环境奖是国际环境科学的最高奖项，被学术界称为“环境科学诺贝尔奖”。该奖项由美国南加州大学负责颁发，获奖者可以获得20万美元奖金和金质奖章。2002年，中国科学院院士、中国科学院地质与地球物理研究所研究员刘东生被授予“泰勒环境奖”，成为首位获此殊荣的中国大陆科学家。（楚春礼　王小虎）

Tichuan Huanjing Jiang

笹川环境奖（Sasakawa Environment Prize）由联合国环境规划署于1984年设立，旨在奖励在全球环境保护领域做出突出贡献的组织和个人的奖项。每年评选一次，从1990年开始总奖金为20万美元，之前为5万美元。

国际环境奖于1982年接受了日本造船工业基金会100万美元的捐赠，其中大部分为时任日本造船工业基金会主席笹川良一先生的个人捐赠，因此该奖项最初称为“笹川国际环境奖”。

（楚春礼　王小虎）

Tongtongbing Shijian

痛痛病事件（Itai-Itai Disease Event）　20世纪30年代发生在日本中部富山县地区因工业生产造成的河流镉污染通过食物链而导致人发生骨质流失、骨骼疼痛、骨折等疾病的事件，因发生疾病的人难以忍受病痛而大呼“痛死了”而得名，是世界“八大公害事件”之一。

1931年，日本富山县出现了一种怪病，患者大多为妇女，最初出现腰、手、脚等关节疼痛等症状，后会逐渐发展到全身神经痛、骨痛。患者由于难以忍受而大呼“痛死了！痛死了！”，甚至有人因为无法忍受剧痛而自杀，因此，这种病被称为“痛痛病”。经过长期研究发现，“痛痛病”是神通川上游的神冈矿山废水引起的镉中毒造成的。

由于工业的发展，富山县神通川上游的神冈矿山从19世纪80年代开始成为日本铝矿、锌矿的生产基地。神通川流域从1913年开始炼锌，冶炼厂的废水中含有较多的镉，镉随废水被排入河中，又随河水从上游流到下游，污染了整条河流。人们食用使用这种含镉废水灌溉而生产的稻米，或者食用受污染河中的鱼类，就摄入了镉，当蓄积到一定量时就造成了镉中毒。截至1968年5月，共确诊“痛痛病”患者258例，其中死亡128例，到1977年12月又死亡79例。

1961年，富山县成立了“富山县地方特殊病对策委员会”，开展流行病学、临床、病理以及动物实验等方面的深入研究，1967年，研究小组发表联合报告，声明“痛痛病”主要是由重金属，特别是镉慢性中毒引起的。镉能够取代钙离子而与体内的负离子结合，导致骨骼中因镉的含量增加而脱钙，造成严重的骨质疏松。它首先使肾脏受损，继而引起骨软化症，是在妊娠哺乳、内分泌失调、老年化和钙不足等诱因作用下形成的疾病，中毒者将会出现全身骨骼疼痛，几天后病人的近端肾小管被破坏，导致肾脏萎缩，产生尿毒症，且大量流失钙质，易发生骨折现象。

神冈矿山由三井金属矿业公司经营，1968年，9名受害者和20名受害者家属在富山县法院对三井金属矿业公司提出民事诉讼，1971年法院判决原告胜诉，被告不服并上诉，1972年再次判决原告胜诉。（楚春礼　叶頔）

W

《Women Gongtong De Weilai》

《我们共同的未来》 （Our Common Future）又称《布伦特兰报告》，是世界环境与发展委员会在1987年发表的关于人类未来的报告，于同年5月由牛津大学出版社（Oxford University Press）出版。该报告是由挪威前首相布伦特兰夫人组织和领导21位专家用近三年的时间，在全世界范围内广泛征求政府领导人、专家、群众组织以及各行各业人群的意见的基础上完成的。

报告以“可持续发展”为基本纲领，以丰富的资料为佐证，论述了当今世界在环境与发展方面存在的问题，提出了处理这些问题的具体的和现实的行动建议。报告分为共同的关切、共同的挑战、共同的努力三个部分，在集中分析全球人口、粮食、物种和遗传资源、能源、工业和人类居住等方面的状况，并系统探讨人类面临的一系列重大经济、社会和环境问题之后，鲜明地提出环境危机、能源危机和发展危机不能分割，地球的资源和能源远不能满足人类粗放式发展的需要，必须为当代人和后代人的利益改变发展模式，在此基础上，报告最终提出了“可持续发展”的概念。报告指出，要摆脱人类面临的危机，必须打破旧的发展模式，建立一条新的发展道路，一条能支持人类在未来永远进步的道路——可持续发展的道路。

可持续发展的理念使人们从单纯考虑环境保护问题转变为把环境、经济和社会发展切实结合起来，是人类环境与发展思想的重要飞跃。时至今日，各国仍然高举可持续发展的旗帜，为寻求社会、经济与环境的协调发展，实现人类社会的永续发展而努力。

（楚春礼　蒋婧博）

Wo'erwo Huanjing Jiang

沃尔沃环境奖 （Volvo Environment Prize）由在沃尔沃集团赞助下于1988年建立的沃尔沃环境基金会设立，旨在鼓励和奖励在环境科学领域做出重大创新或发明的科学工作者的实践环境科学领域的最高奖项。

该奖项每年颁发一次，首先由科学委员会对候选人进行初步筛选和评估，最终由国际知名科学家组成的评委会小组评选出获奖者，每年11月在斯德哥尔摩举办颁奖仪式，奖品包括证书、纪念品和150万瑞典克朗的奖金。从1990年首次颁奖开始，沃尔沃环境奖已经奖励数十人，获奖者的研究涉及海洋生态系统、气候变化和环境经济学等诸多领域。

（楚春礼　王小虎）

X

Xide Senlin Kusibing Shijian

西德森林枯死病事件（Forest Dieback Event of West Germany） 20 世纪 80 年代，西德（联邦德国）森林受到酸雨影响发生大规模枯死病导致森林资源损失超过一半的事件。

西德共有森林 740 万 hm^2，到 1983 年为止有 34%染上枯死病，每年枯死的蓄积量超过同年森林生长量的 21%，先后有 80 多万 hm^2 森林被毁。在黑森州 2 300 平方英里（1 平方英里=2.589 988 km^2）的森林面积中，一半以上的树木遭到毁坏，中部 10%的云杉消失了，海拔 500 m 以上的枞树相继枯死，全州 57%的松树病入膏肓。在汉堡北部的城区，约 25%的松树受灾。巴伐利亚 1 800 平方英里的森林一半以上的树木遭到毁坏。

科学家认为，虽然这一危害首次发现于 1970 年，但其在 20 年前就已经出现了，因为在 20 世纪 50 年代，标志着损害发生的树截面年轮的宽间隔已经开始变窄。研究认为，这种枯死病是酸雨造成的，酸雨使关键营养物（如钙和钾）从土壤中流失，或者使有害金属（如铝）沉积，同时还抑制土壤中的微生物将有机纤维转变为肥料。

森林的破坏给西德带来巨大的经济损失，据估计，损失金额约为 110 亿美元。为了保护森林，西德政府投入大量经费，并采取了新的污染控制措施，限制工厂硫、氮和金属的排放量，鼓励使用石灰性肥料，以阻止土壤酸化，并在 1986 年批准大量引进无铅汽油和催化变换器，以减少汽车尾气中铅、碳氢化合物、氮氧化物和一氧化碳的排放。 （楚春礼 叶頔）

Y

Yadian "Jinji Zhuangtai" Shijian

雅典"紧急状态"事件 （Athens Emergency Incident of CO_2 Pollution） 1989年希腊首都雅典市因空气中二氧化碳监测浓度超过国家紧急危险线而导致中央政府宣布雅典进入紧急状态并采取系列应急措施的事件。

1989年11月2日上午9时，希腊首都雅典市中心大气质量监测站显示，空气中二氧化碳质量浓度达到318 mg/m^3，超过国家标准（200 mg/m^3）59%，因而发出红色危险信号。11时，二氧化碳质量浓度升至604 mg/m^3，超过500 mg/m^{3}的紧急危险线。数据提交到中央政府后，中央政府当即宣布雅典进入"紧急状态"，禁止或限制私人汽车、出租车和摩托车在市中心行驶，下令熄灭所有燃料锅炉，主要工厂削减燃料消耗量50%，学校一律停课。之后，二氧化碳质量浓度一度增至631 mg/m^3，超过历史最高纪录，一氧化碳浓度也突破危险线，许多市民出现头疼、乏力、呕吐、呼吸困难等中毒症状，市区到处响起救护车的呼啸声。16时30分，戴着防毒面具的自行车队在大街上示威游行，高喊："要污染，还是要我们！""请为排气管安上过滤嘴！"

在这次严重空气污染事件的影响下，雅典市开始采取各种措施治理大气、预防空气污染。例如，发展公共交通；实行轮流驾车日制度，遇到空气污染达到污染极限时，汽车限行；削减冒烟的工厂；兴建大量地下停车场；制定空气标准；提倡使用更加清洁的燃油；大量种植绿色植物；夏季调控工作时间等。在多种措施的共同作用下，雅典市内的空气逐步改善。

（楚春礼　叶頔）

Yazhou Kaifa Yinhang

亚洲开发银行 （Asian Development Bank，ADB） 简称亚行，是亚洲和太平洋地区的区域性国际开发金融机构，旨在帮助发展中国家成员消减贫困，提高人民的生活水平，以实现"一个没有贫困的亚太地区"的远景目标。由联合国亚洲及太平洋经济社会委员会赞助建立，成立于1966年，总部位于菲律宾马尼拉。

组织机构 亚洲开发银行由68名成员组成，其中有49名成员来自亚洲和太平洋地区。理事会是亚洲开发银行的最高权力和决策机构，由所有成员代表组成，负责接纳新成员、变动股本、选举董事和行长、修改章程等。理事会每年召开一次会议，主要探讨亚太地区的经济金融形势、发展趋势和面临的挑战，推动亚洲开发银行作为地区性开发机构在促进本地区社会经济发展方面发挥作用，同时还审议年度业务开展情况，并通过年度报告、财务报告、外部审计报告、净收入分配报告、预算报告等。

主要活动 亚洲开发银行的主要合作伙伴包括政府、私营部门、非政府组织、开发机构、社区性组织和基金会，主要通过开展政策对话、提供贷款、担保、技术援助和赠款等方式支持其成员在基础设施、能源、环保、教育和卫生等领域的发展。亚洲开发银行为农业与自然资源、能源、金融、工业与非燃料矿物、社会基础设施、交通与通信等行业的众多项目提供支持，其援助的基础设施建设为商业与经济增长奠定了基础，并使贫困人口获得了基本的公共服务。根据亚洲开发银行2030年战略目标，其将继续推进亚洲和太平洋地区可持续发展进程，促进区域繁荣、开放、协调。

亚行与中国 1986年，中国加入亚洲开发银行，成为其成员。1987年，当选为董事国并获得单独董事席位。亚洲开发银行驻中国代表处成立于2000年，是亚洲开发银行与中国政府、私营部门、民间团体利益相关方和发展合作伙伴的主要联络机构，主要负责与政府部门展开政策对话，制定国别合作伙伴战略和规划，开展项目管理，是亚洲开发银行研究中国发展问题的知识中心。中国处理亚洲开发银行事务的机构为财政部。中国人民银行为中国对亚洲开发银行的官方联系机构和亚洲开发银行在中国的保管银行，负责中国与亚洲开发银行的联系及保管亚洲开发银行所持有的人民币和在中国的其他资产。 （楚春礼　姜贵梅）

1993 Nian Zhongguo Shachenbao Shijian

1993年中国沙尘暴事件 （China Sandstorm Event in 1993） 1993年发生在中国西部地区的一次严重的沙尘天气造成人畜伤亡和生态环境破坏的事件。

1993年5月，一场罕见的沙尘暴袭击了中国新疆、甘肃、宁夏和内蒙古部分地区，沙尘暴经过时最高风速为34 m/s，最大风力达12级，能见度最低时为零。这场沙尘暴造成85人死亡，31人失踪，264人受伤，12万只牲畜死亡或丢失，73万只牲畜受伤，37万 hm^2 农作物受灾，4 330间房屋倒塌，直接经济损失达7.25亿元人民币。

沙尘暴一般发生于春夏之交，其形成与大气环流、地形地貌以及气候条件有关，更与人为的生态环境破坏密切相关。沙尘暴是沙漠化加剧的象征。人口快速增长带来的不合理农垦、过度放牧、过度采樵、单一耕种，必然导致植被和地表结构破坏，使草原萎缩、土地沙化、生态系统失衡，最终造成地表固沙能力降低，在一定气候条件下容易形成沙尘暴。

（楚春礼　王小虎）

《Yingyong Shengtai Xuebao》

《应用生态学报》 （Chinese Journal of Applied Ecology） 中国科学院主管、中国生态学学会和中国科学院沈阳应用生态研究所联合主办的综合性学术期刊，由科学出版社出版。该刊注重理论与应用结合，主要报道应用生态学领域的创新性科研成果与科研进展，反映我国应用生态学的学术水平和发展方向，跟踪学科发展前沿，促进国内外学术交流合作与人才培养。

创刊于1990年，为月刊，设置研究论文、综合评述等栏目，内容主要涉及森林生态学、农业生态学、草地生态学、渔业生态学、海洋与湿地生态学、资源生态学、景观生态学、全球变化生态学、城市生态学、产业生态学、生态规划与生态设计、污染生态学、化学生态学、恢复生态学、生态工程学、生物入侵与生物多样性保护生态学、流行病生态学、旅游生态学和生态系统管理等，以满足从事生态学、地学、林学、农学和环境科学研究、教学、生产的科技工作者，有关专业学生及经济管理和决策部门的工作者等读者的需求。入选中国期刊方阵（双效期刊）、中国科技核心期刊、中文核心期刊，被中国科学引文数据库（CSCD）、中国科技论文与引文数据库（CSTPCD）、中国学术期刊综合评价数据库（CAJCED）、数字化期刊全文数据库（万方）、中国期刊全文数据库（CNKI）、美国《化学文摘》（CA）、俄罗斯《文摘杂志》（AJ）、美国《生物学文摘》（BA）、日本《科学技术文献速报》（CBST）、英国《生态学文摘》（EA）等收录。曾获全国优秀科技期刊三等奖，中国科学院优秀期刊二等奖及百种中国杰出学术期刊称号。国际标准刊号为ISSN 1001-9332，国内统一刊号为CN 21-1253/Q，邮发代号为8-98。 （楚春礼　张士秋）

《Yingyong Yu Huanjing Shengwu Xuebao》

《应用与环境生物学报》 （Chinese Journal of Applied and Environmental Biology） 由中国科学院主管、中国科学院成都生物研究所主办、科学出版社出版的国内外公开发行的全国性学术科技期刊，是我国应用生物学和环境生物学的核心刊物。

创刊于 1995 年，1999 年由季刊改为双月刊，大 16 开。该刊主要介绍生物学及相关学科中的资源开发利用与可持续发展、环境整治、退化生态系统的恢复与重建，以及在农、林、牧、医、能源、轻工、食品等领域的生物学研究，报道应用生物学和环境生物学及相关科学领域的基础研究、应用基础研究和应用研究，包括研究论文、研究简报和该刊邀约的综述或述评，旨在交流国内外生物学及相关学科领域的新成果、新技术、新方法和新进展，加强生物科学研究为国民经济建设、提高人民生活水平服务的功能，为生物学及相关学科的科研人员、大专院校师生和科研管理人员等服务。该刊是中国科技论文与引文数据库（CSTPCD）、中国科学引文数据库（CSCD）、中国期刊全文数据库（CNKI）、中国学术期刊综合评价数据库（CAJCED）、中国核心期刊（遴选）数据库等收录期刊，并被美国《化学文摘》（CA）、美国《生物学文摘》（BA）、美国《乌利希期刊指南》（UPD）、美国《剑桥科学文摘（自然科学）》（CSANS）、日本科学技术振兴机构数据库（JST）、英国《动物学记录》（ZR）、俄罗斯《文摘杂志》（AJ）、荷兰文摘与引文数据库（Scopus）等期刊、数据库收录。1998 年获评为四川省一级学术期刊，2000 年获评为四川省第二届优秀期刊，2002 年入选中国期刊方阵双效期刊，2006 年获得第五届全国农业期刊金犁奖学术类一等奖，2008 年获评为中国精品科技期刊，2009 年入选 RCCSE 中国核心学术期刊，2012 年获评为中国国际影响力优秀学术期刊，同年获中国科学院科技期刊审读优秀奖。国际标准刊号为 ISSN 1006-687X，国内统一刊号为 CN 51-1482/Q，邮发代号为 62-15。 （楚春礼 张士秋）

yuantou kongzhi

源头控制 （source control） 在污染物产生的源头削减或消除污染物，以控制污染物产生量的一种污染控制理念。源头控制与末端治理相对应，是一种治本的措施，体现的是污染预防的思想。

1990 年，美国颁布《污染预防法》，标志着其污染防治理念已经从末端治理转向源头控制。其他国家和地区也纷纷采取污染预防的措施，1996 年，欧盟制定《综合污染预防和控制指令》；1999 年，加拿大《环境保护法案》明确规定，将污染预防作为环境保护的优先途径。近年来，西方发达国家着力追求的物质减量化就是一种源头控制的理念，通过在经济系统输入较少的原料和能源，来达到既定的生产或消费目的，从而从经济活动的源头节约资源，实现减少污染的目的。2003 年我国开始实施《中华人民共和国清洁生产促进法》，提出从源头削减污染。同年，《国家重点行业清洁生产技术导向目录（第二批）》提出“可从源头控制生产过程中污染物的产生”；《医院污水处理技术指南》提出减量化原则，“在污水和污物发生源处进行严格控制和分离，医院内生活污水与病区污水分别收集，即源头控制、清污分流”。2005 年国务院发布了《关于落实科学发展观 加强环境保护的决定》，提出从源头防治污染和生态破坏，综合运用法律、经济、技术和必要的行政手段解决环境问题。2015 年，《国务院关于印发水污染防治行动计划的通知》提出，“强化源头控制，水陆统筹、河海兼顾”，强调将源头控制理念应用在水污染防治实践中。综上可以看出，中国在推进行业清洁生产、具体行业污染控制以及污染防治国家行动等方面全面实施源头控制理念。

对于源头控制包括的活动范围，美国在《污染预防法》中指出，源削减是指以下活动：①在进行再利用、处理和处置以前，减少进入任何废物流或释放到环境中的任何有害物质、污染物的数量；②减轻与这些有害物质、污染物相关的对公众健康与环境的危害。 （鞠美庭 楚春礼）

Z

《Zengzhang De Jixian》

《增长的极限》（Limits to Growth） 由罗马俱乐部（Club of Rome）于1972年发布的一份关于在有限的星球——地球上无止境地追求经济增长所带来的后果的研究报告。报告是由美国麻省理工学院教授丹尼斯·梅多斯（Dennis L. Meadows）等科学家组成的团队，经过深入研究后提交给罗马俱乐部的，后来不断被再版，并被翻译成多种国家语言，在世界范围内广泛传播，产生了巨大影响。

在《增长的极限》报告发布之前，当时正处于西方国家全面走出第二次世界大战的负面影响、经济迅速发展的黄金时期，工业大生产带来的经济快速发展让受到第二次世界大战影响的许多国家经济迅速恢复，甚至超越了战前的水平，因此很多人，特别是工业界，沉浸于快速工业化带来的经济迅速繁荣的神话中，“人类中心主义”思想极度膨胀。在这种背景下，《增长的极限》提出人类不能无限地增长，特别是用模型设定关键指标进行模拟预测的科学方法，得到有限增长的结论，对于工业化神话论者无疑是一个巨大的挑战，让一部分人开始冷静下来，重新思考人类发展与限制因素的关系。

在该报告中，作者通过建立世界模型预测和研究历史发展趋势，提出了5个基本问题，即人口爆炸、粮食生产的限制、不可再生资源的消耗、工业化以及环境污染。作者认为，按照原有模式发展，这个星球的增长极限将在100年内出现，并警告人们盲目追求增长必将给整个地球带来灾难性的后果，提出了“零增长”对策。该报告被译成几十种语言，广为传播报道。虽然各方对报告提出的一些结论和解决方案有着不同的意见，有些学者批评该报告低估了现代科学技术在社会发展中的巨大作用，仅局限于控制现有自然资源的使用，忽视了社会因素对世界发展的影响，幻想从“零增长”角度解决资本主义危机，但是该报告提出的“地球已不堪重负，人类正面临增长极限的挑战，各种资源短缺和环境污染正威胁着人类生存”的问题已经得到认可，国际相关组织和机构也纷纷开展研究，寻求应对措施。

（楚春礼　蒋婧博）

Zhengfu Jian Qihou Bianhua Zhuanmen Weiyuanhui

政府间气候变化专门委员会（Intergovernmental Panel on Climate Change，IPCC） 专责研究由人类活动所造成的气候变迁的国际机构，成立于1988年，由世界气象组织和联合国环境规划署联合建立。

组织机构 IPCC向联合国环境规划署和世界气象组织的所有会员国开放，目前共有195个成员。委员会由成员国的代表组成，他们在全体会议上做主要决定。主席团由成员国政府选举产生，就委员会工作的科技方面的问题向委员会提供指导，并就相关管理和战略问题提供建议。IPCC下设3个工作组和1个专题组，第一工作组评估气候系统和气候变化的科学问题；第二工作组评估社会经济和自然系统对气候变化的脆弱性、气候变化正负两方面后果及其适应方案；第三工作组评估限制温室气体排放和减缓气候变化的方案；国家温室气体清单专题组负责 IPCC“国家温室气体清单”计划。

主要活动 IPCC 在全面、客观、公开和透明的基础上，根据世界上有关全球气候变化的现有最好的科学、技术和社会经济信息，评估与探究人为引起的气候变化、这种变化的潜在影响以及适应和减缓方案。

IPCC 主要编写评估报告、特别报告、技术报告和方法报告。评估报告由若干卷组成，提供有关气候变化及其成因、可能产生的影响及相关对策的全面的科学、技术和社会经济信息。特别报告提供对具体问题的评估，如气候变化的区域影响、航空与全球大气、技术转让的方法和技术问题、排放前景、土地利用及土地利用变化和林业、保护臭氧层和全球气候系统、二氧化碳的捕获和封存等。技术报告以 IPCC 评估报告的内容为基础，提供对某个具体专题的科学或技术观点，包括减缓气候变化的未来趋势以及相关政策和措施、限制二氧化碳排放建议的意义、气候变化与生物多样性等。方法报告描述了制定国家温室气体清单的方法，如《IPCC 国家温室气体清单指南》。

至今，IPCC 共发布了五次评估报告：《第一次评估报告》于 1990 年发表，报告确认了对有关气候变化问题的科学基础，促使联合国大会做出制定《联合国气候变化框架公约》的决定；《第二次评估报告》于 1995 年发表，并提交给了《联合国气候变化框架公约》第二次缔约方大会，为《京都议定书》会议谈判做出了贡献；《第三次评估报告》（2001 年）包括三个工作组的有关“科学基础”、“影响、适应性和脆弱性”和“减缓”的报告，以及侧重于各种与政策有关的科学与技术问题的综合报告；《第四次评估报告》于 2007 年年初发布，由于气候变化的明显表现，该报告在世界范围内引起极大反响；《第五次评估报告》（2013 年）的综合报告指出，人类对气候系统的影响是明确的，而且这种影响在不断增强，在世界各个大洲都已观测到种种影响，如果任其发展，气候变化将会增强对人类和生态系统造成严重、普遍和不可逆转影响的可能性。然而，当前有适应气候变化的办法，而实施严格的减缓活动可确保将气候变化的影响保持在可管理的范围内，从而可创造更美好、更可持续的未来。这些报告已成为国际社会认识和了解气候变化问题的主要科学依据之一。（楚春礼　姜贵梅）

Zhishu Jie

植树节（Arbor Day）　一些国家以法律形式规定的以宣传森林效益、组织植树造林为活动内容的节日，旨在通过这种活动激发人们爱林、造林的感情，提高人们对森林功用的认识，促进国土绿化，达到扩充森林资源、改善生态环境的目的。

植树节在各国的称呼不尽相同，如“绿之日”“植树日”“森林周”“植树月”等，总称“植树节”。1979 年 2 月 23 日，第五届全国人民代表大会常务委员会第六次会议决定，3 月 12 日为我国的植树节。（楚春礼　叶岻）

《Zhiyou Yi Ge Diqiu——Dui Yi Ge Xiaoxiao Xingxing De Guanhuai He Weihu》

《只有一个地球——对一个小小行星的关怀和维护》（Only One Earth: The Care and Maintenance of a Small Planet）　以论述经济发展和环境污染对不同国家产生的影响并呼吁各国人民重视保护人类赖以生存的地球为主要内容的、在全球环境保护领域产生广泛影响的著作，是为 1972 年在瑞典斯德哥尔摩召开的联合国人类环境会议提供的背景资料，由英国经济学家芭芭拉·沃德（Barbara Ward）和美国微生物学家勒内·杜博斯（Rene Dubos）在由 58 个国家的 152 位专家组成的通信顾问委员会的协助下编写完成的。

该书从整个地球的发展前景出发，从社会、经济和政治等不同角度论述了经济发展和环境污染对不同国家产生的影响。全书分为地球是一个整体、科学的一致性、发达国家的问题、发展中国家的问题、地球上的秩序五个部分，除专门讨论污染问题之外，还将污染问题与人口问题、资源问题、工艺技术影响、发展不平衡，以及世界范围的城市化困境等联系起来，从整体的角度探讨环境问题，最后呼吁各国人民重视维护人类赖以生存的地球。书中对环境及相关问题的看法是在归纳、总结各方面专家意见的基础上形成的，具有广泛的代表性。该书被译成多种文字广为传播，对于推动各国环境保护工作的开展有着广泛而深远的影响。

（楚春礼　蒋婧博）

Zhongguo Caoxuehui

中国草学会　（Chinese Grassland Society，CGS）　由草业科学技术工作者自愿组成的学术性、全国性和非营利性的社会组织。原名为中国草原学会，成立于1979年，2002年更名为中国草学会。

学会为"中—日—韩"草地会议的发起者和主要承办方，是国际草地大会（IGC）和国际草原大会（IRC）两大国际组织的成员，并于2008年成功举办了"世界草地与草原大会"。

学会的根本任务是团结全国草地科学技术工作者，开展国内和国际学术交流，普及草地科学知识，培养草地科学人才，促进草地学科发展。

组织机构　学会设理事会、秘书处和秘书处工作部，挂靠单位为中国农业大学。下设运动场专业委员会、草地管理专业委员会、农业伦理学专业委员会、能源草类专业委员会、草产品加工专业委员会、草业机械专业委员会、草业生物技术委员会、草地生态专业委员会、草地资源与利用专业委员会、草原火及自然灾害防控专业委员会、教育专业委员会、牧草遗传资源专业委员会、牧草育种专业委员会、青年工作委员会、饲料生产专业委员会、草业经济与政策专业委员会、种子科学与技术专业委员会、草地植保专业委员会、草坪专业委员会19个分支机构。

主办刊物　《草地学报》《草原与草坪》《中国草地学报》《草业科学》《草业学报》等。

业务范围　开展学术交流，活跃学术思想，促进学科发展，推动自主创新。弘扬科学精神，普及科学知识，传播科学思想和科学方法。捍卫科学尊严，推广先进技术，开展青少年科学技术教育活动，提高全民科学素质。开展民间国际科学技术交流活动，促进国际科学技术合作，发展同国（境）外科学技术团体和科学技术工作者的友好交往。编辑、出版、发行科技书籍报刊及相关音像制品，传播科学技术信息。反映会员和科技工作者的建议、意见和诉求，维护会员和科技工作者的合法权益，促进学术道德和学风建设。促进科学技术成果的转化，促进产学研相结合，促进行业或产业科技进步。组织会员和科技工作者为建立以企业为主体的技术创新体系，全面提升企业的自主创新能力做贡献。组织会员和科技工作者对国家科学技术政策、法规制定和国家事务提出科技建议，推进决策的科学化、民主化。开展科技奖励、继续教育和培训工作，培养和举荐人才。开展科学论证、咨询服务，举办科技展览，支持科学研究。接受委托承担项目评估、成果鉴定、技术评价，参与技术标准制定、专业技术资格评审和认证等工作。

（楚春礼　张清）

Zhongguo Chengshi Guihua Xuehui

中国城市规划学会　（Urban Planning Society of China，UPSC）　由城乡规划工作者和有关企事业单位自愿结成的学术性的、全国性的非营利性社会组织，于1990年正式成立。

学会宗旨　团结广大城乡规划工作者，遵守宪法、法律、法规和国家政策，遵守社会道德风尚，开展学术研究和交流活动，促进城乡规划学科建设，传播城乡规划科学知识，推动城市规划职业发展，提高中国城乡规划的理论与实践水平，为我国城乡可持续发展和城镇化健康发展服务。

组织机构　学会最高权力机构为会员代表大会，每届5年。理事会是会员代表大会的执行机构，在会员代表大会闭会期间领导学会开展日常工作，对会员代表大会负责。设立常务理事会，常务理事会由理事会选举产生，在理事会闭会期间行使理事会主要职责。设立学会秘书处，为学会的办事机构，内设学会联络部、会刊编辑部、学会咨询部。设立组织工作委员会、学术工作委员会、青年工作委员会、编辑出版工作委员会、标准化工作委员会 5 个工作委员会，区域规划与城市经济学术委员会、住房与社区规划学术委员会、风景环境规划设计学术委员会、历史文化名城规划学术委员会、城市规划新技术应用学术委员会、小城镇规划学术委员会、国外城市规划学术委员会、工程规划学术委员会、城市设计学术委员会、城市生态规划学术委员会、城市安全与防灾规划学术委员会、城市交通规划学术委员会、城市规划历史与理论学术委员会、城市影像学术委员会、城市总体规划学术委员会、城乡规划实施学术委员会、山地城乡规划学术委员会、乡村规划与建设学术委员会、城乡治理与政策研究学术委员会、城市更新学术委员会、控制性详细规划学术委员会等 21 个专业学术委员会。

主办刊物 《城市规划》《凤凰品城市》《人类居住》《城市交通》《小城镇建设》，以及“China City Planning Review”等。

业务范围 开展国内外学术交流活动；开展学科和专业教育研究，促进学科发展和专业人才培养；推广城乡规划先进适用技术，宣传普及城乡规划科学知识；提供咨询和技术服务，经政府有关部门授权，承担相关科技评估；经政府有关部门授权，进行成果鉴定、技术标准研制等工作，参与注册城市规划师的相关工作；依照有关规定，组织编辑出版学术刊物、专著、科普读物和其他出版物，主办网站和其他互联网传媒；开展继续教育、推动知识更新；开展国际学术交流，加强同国外学术团体和城乡规划工作者的友好交往，经政府有关部门授权，作为国家会员，代表中国规划界参加国际城市与区域规划师学会（ISOCARP）等国际规划组织；举办为城乡规划工作者服务的活动，反映其意见和要求、维护其合法权益，举荐人才；经政府有关部门批准，举办与城乡规划有关的表彰奖励活动；其他促进本学科和行业发展的业务工作和符合该学会宗旨的社会公益活动。

（楚春礼 张清）

《Zhongguo Da Baike Quanshu • Huanjing Kexue》

《中国大百科全书 •环境科学》（Encyclopedia of China：Environmental Science） 中国第一部全面阐述环境科学的大型工具书。1983 年 12 月由中国大百科全书出版社出版第一版，填补了我国在环境科学领域大型工具书方面的空白。该卷按照环境科学学科的体系、层次，以条目的形式编写，所收条目比较详尽地叙述和介绍了环境科学的基本知识，适于高中及其以上文化程度的读者使用，可供读者作为进入该学科并向其深度和广度前进的桥梁和阶梯。2002 年 5 月出版修订版。

该书开创性地将环境科学分为环境地学、环境生物学、环境化学、环境物理学、环境医学、环境工程学、环境管理学、环境经济学和环境法学等分支，囊括了环境科学各个分支的一些最基本、最常用的名词、术语，全面介绍了人类与环境相互作用的过程、机理和规律，提出了人类环境系统调节、控制、改善的措施和方法，以及环境保护应求得人类与环境协调发展的基本原则。它的编纂曾得到国务院相关机构以及环境保护部门专家、学者的鼎力支持，出版后对我国的环境保护事业和环境科学的发展产生了积极的作用，受到广大读者的欢迎和好评。

2002 年再版的修订工作是在第一版的基础上进行修改、补充。修订版重点增补了中国环境科学最新发展、最新变化和最新成就的内容，环境科学的新概念、新理论，中国与国外环境污染防治和保护的研究、措施、成果，以及 1983 年以后中国颁布的环境法律法规、政策、标准，受人民群众关注并与其生产、生活息息相关的知识等。修订版保留一版条目 293 条，新增加条目 881 条。 （楚春礼 蒋婧博）

《Zhongguo De Huanjing Baohu（1996-2005）Baipishu》

《中国的环境保护（1996—2005）白皮书》

[White Paper on Environmental Protection in China（1996-2005）] 2006年“世界环境日”之际中国政府为使全球各国更全面地了解中国的环境保护情况，系统介绍1996—2005年十年间中国为保护环境而进行的不懈努力而发布的白皮书。全书介绍了1996—2005年中国环境保护取得的成绩、面临的问题以及今后将采取的主要对策和措施，为增进国外对中国环保事业的了解、促进国际与中国的交流与合作提供了机会。

《中国的环境保护（1996—2005）白皮书》约1.7万字，包括前言、环境保护法制和体制、工业污染防治、重点地区污染治理、城市环境保护、农村环境保护、生态保护与建设、环境经济政策和投入、环境影响评价制度、环保科技产业和公众参与、国际环境保护合作和结束语12个部分。

①中国面临的环境形势。20世纪70年代末期以来，随着中国经济持续快速发展，发达国家上百年工业化过程中分阶段出现的环境问题在中国集中出现，环境与发展的矛盾日益突出，资源相对短缺、生态环境脆弱、环境容量不足逐渐成为中国发展过程中的重大问题。中国政府高度重视保护环境，将环境保护确立为一项基本国策，把可持续发展作为一项重大战略。经过多年努力，在资源消耗和污染物产生量大幅度增加的情况下，环境污染和生态破坏加剧的趋势减缓，部分流域污染治理初见成效，部分城市和地区环境质量有所改善，工业产品的污染排放强度有所下降，全社会环境保护意识进一步增强。

②取得的成绩。在法律法规制定方面，1996年以来，中国制定或修订了多部环保法律以及与环保关系密切的法律；制定或修订了50余项行政法规并发布了多项法规性文件；国务院有关部门、地方人民代表大会和地方人民政府依照职权，为实施国家环境保护法律和行政法规，制定和颁布了规章和地方法规660余项。在组织结构方面，中国政府在1998年将国家环境保护局升格为国家环境保护总局（正部级）。截至2005年年底，全国有各级环保行政主管部门3 226个，从事环境行政管理、监测、科学研究、宣传教育等工作的总人数达16.7万人；有各级环境监察执法机构3 857个，总人数达5万多人。在工业污染方面，工业污染防治是中国环境保护工作的重点，与1995年相比，2004年全国单位国内生产总值工业废水、工业化学需氧量、工业二氧化硫、工业烟尘和工业粉尘排放量分别下降了58%、72%、42%、55%和39%。与1990年相比，2004年全国每万元国民生产总值能耗下降45%。在城市环境质量方面，中国部分城市环境质量有明显改善，与1996年相比，2005年空气质量达到国家二级标准的城市比例增加了31个百分点，空气质量劣于国家三级标准的城市比例下降了39个百分点。在农村建设方面，中国解决了6 700多万农村人口的饮水困难和不安全问题，截至2005年年底，全国生态农业建设县达到400多个，此外还大力开发和推广农村新能源。在生态环境保护方面，中国一些地区生态环境开始得到改善，营造林面积自2002年以来连续4年超过667万hm^2，截至2005年年底，全国森林面积达1.75亿hm^2，森林覆盖率达18.21%。截至2005年年底，全国共建立各级各类自然保护区2 349处，面积达150万km^2，约占陆地国土面积的15%。在环保投入方面，这十年是中国环保投入增幅最大的时期，已初步建立起以政府为主导的多元环保投融资体制。1996—2004年，中国环境污染治理投入达到9 522.7亿元人民币，占同期国民生产总值的1.0%。2006年，环境保护支出科目被正式纳入国家财政预算。在制度建设方面，中国已将环境影响评价制度从建设项目扩展到各类开发建设规划。在公众参与方面，中国政府努力创造条件，鼓励公众参与环境保护工作，积极组织民间组织和环保志愿者参与环境保护并发挥积极作用。截至2005年，中国成立的非政府环保组织超过1 000家。此外，发布了《环境影响评价公众参与暂行办法》，完善了公众参与

制度，为公众参与程序和方式提供了规范指南。在国际环境保护合作方面，中国参加了《联合国气候变化框架公约》《京都议定书》《关于消耗臭氧层物质的蒙特利尔议定书》《生物多样性公约》等多项涉及环境保护的国际条约，并积极履行这些条约规定的义务。

③面临的挑战。中国政府和人民为保护环境做出了巨大努力，但是，环境形势依然十分严峻。一些地区环境污染和生态恶化还相当严重，主要污染物排放量超过环境承载能力，水、大气、土壤等污染严重，固体废物、汽车尾气、持久性有机污染物等污染增加。21 世纪前 20 年，中国环境保护面临的压力越来越大。

④未来环保目标。《中国的环境保护（1996—2005）白皮书》明确提出了今后五年环境保护的主要目标：到 2010 年，在保持国民经济平稳较快增长的同时，使重点地区和城市的环境质量得到改善，生态环境恶化趋势基本遏制，单位国内生产总值能源消耗比“十五”期末降低 20%左右，主要污染物排放总量减少 10%，森林覆盖率由 18.2%提高到 20%。

（楚春礼　张清）

《Zhongguo De Huanjing Guanli》

《中国的环境管理》（Environmental Management in China）　1989 年由中国环境科学出版社出版的，著名环境科学专家、中国环境保护事业的开创者之一曲格平先生撰写的关于中国环境保护与环境管理工作的回顾、总结与思考的著作。

1972 年，中国政府代表团参加了在瑞典斯德哥尔摩召开的联合国人类环境会议，中国开始接触、了解国际环境保护，为在国内开展环境保护工作提供了基础。1973 年，中国首次以国务院名义召开了全国环境保护会议，提出环境保护是关系到能否多快好省地建设社会主义、关系到巩固工农联盟、关系到保护人民健康的大事，应该引起各级领导部门的充分重视。第一次全国环境保护会议让中国认识到环境问题的重要性，环境保护在中国被正式列入议事日程，中国的环保事业由此起步。1983 年，中国召开了第二次全国环境保护会议，“环境保护”被正式列为我国的一项基本国策，并提出了预防为主、防治结合，谁污染、谁治理及强化环境管理等三大政策体系，中国通过环境管理，指导环境保护实践，控制环境质量急剧恶化。同时，中国环境管理思想也逐步成熟起来，加强环境管理逐渐成为环境保护的中心环节，相应的政策和措施不断完善。1989 年第三次全国环境保护会议提出了新的环境管理五项制度，丰富了环境管理手段。曲格平先生曾担任国家环境保护局局长、全国人大环境与资源保护委员会主任委员、中华环境保护基金会理事长等职务，亲历、组织和领导了中国的环境保护工作从发轫到大力倡导再到蓬勃发展的各个历史阶段，在回顾个人参与中国环境管理的亲身经历的基础上，他客观总结中国环境管理的萌芽、起步和发展情况，科学分析中国环境管理与中国社会、经济发展的关系，最终形成本书。

《中国的环境管理》既是对中国的环境保护和环境管理工作的历史性概览，也充分总结了中国环境保护和环境管理方面的重要成果和先进经验，着重对现阶段环境保护和管理工作中存在的问题进行了深入阐述，为今后的环境管理工作提供了指导性建议。该书分为环境管理思想、回顾与总结、专项对策三篇，还收录了曲格平先生的《论环境保护与经济社会的同步发展》《正确处理经济建设与环境保护的关系》《环境管理的新起色》《城市大气污染的现状及对策》等文章。

该书围绕环境管理思想，总结了中国环境管理这一阶段的主要实践和经验，思考适合中国国情的环境保护理论、方针、政策和解决中国环境问题的有效途径，对中国环境保护工作具有重要指导意义，对从事环境保护的管理人员和科技工作者具有阅读参考价值。

（楚春礼　蒋婧博）

Zhongguo Diqiu Wuli Xuehui

中国地球物理学会（Chinese Geophysical Society，CGS）　开展地球物理学研究的中国科学技术协会的一级学会。于1947年在上海成立，1954年迁往北京，1957年召开了中国地球物理学会第一届会员代表大会。截至2017年年底，注册会员18 419人，其中两院院士54人。

组织机构 学会设理事会和常务理事会，理事会是全国会员代表大会的执行机构，常务理事会对理事会负责。学会设组织工作委员会、国际交流工作委员会、学术交流工作委员会、宣传出版工作委员会、社会服务工作委员会、科普工作委员会、继续教育工作委员会、地球物理科技推广工作委员会、学生工作委员会、团体标准化工作委员会、青年工作委员会等11个工作委员会，设固体地球物理委员会、勘探地球物理委员会、地球物理技术委员会、地磁与高空物理委员会、天灾预测专业委员会、环境地球物理专业委员会、中国大陆动力学专业委员会等21个学术委员会，设北美分会、铁道分会、水利电力分会、固体矿产测井分会4个分会，以及顾功叙地球物理发展基金、傅承义地球物理学术基金、陈宗器地球物理发展基金3个基金，在24个省、自治区、直辖市建立了地方学会（其中1个在筹备）。

主办刊物 《地球物理学报》、《地球物理学进展》、“Applied Geophysics”（《应用地球物理》）、“Earth and Planet Physics”（《地球与行星物理》）等。

业务范围 积极开展国内及国际学术交流，组织学术探讨和科学考察，活跃学术思想，交流工作经验，促进学科的交叉渗透，提高学术水平，推动本学科的发展，加强国内地球物理工作者的联系和团结，加强同国外地球物理科技团体和个人的友好联系。根据国民经济、社会及地球物理学科发展需要，组织本学科有关专家对有关国家经济建设和科技发展战略、政策等重大问题提出积极的建议或决策性意见，努力发挥本学科在国家经济建设、国防建设和学科发展中的作用。依照国家有关规定，编辑出版学术书刊和音像制品，利用多种形式推进科技进步，促进知识更新，提高会员学术水平，协助会员开拓更广泛的活动领域。发现并推荐人才，依照有关规定经批准，奖励和表彰在科技活动中取得优秀成绩的会员。通过多种形式进行地球物理科学技术的普及和推广，积极开展与地球物理有关的科技项目的技术开发、咨询、培训等服务，接受委托进行与地球物理有关的科技项目的论证、科技成果的评价与推广、技术职务任职资格的评审、科技文献和标准的编审等，促进科研成果迅速转化为生产力。维护会员的合法权益，反映会员的意见和呼声，举办为会员服务的各种事业及活动。

（楚春礼　张清）

Zhongguo Dizhen Xuehui

中国地震学会（Seismological Society of China，SSC）　由从事地震科技研究和参与防震减灾事业的科技工作者自愿结成，依法登记成立的具有法人资格的公益性、全国性学术团体。成立于1979年，业务主管单位为中国科学技术协会。

中国地震学会是发展中国地震科技事业的一支重要社会力量，旨在团结广大地震科技工作者，大力开展地震科学技术的学术交流和讨论，积极推动地震科学技术的繁荣和发展，为防震减灾事业做出贡献。

组织机构 学会最高权力机构是全国会员代表大会，全国会员代表大会每届5年。理事会是全国会员代表大会的执行机构，在闭会期间领导学会开展日常工作，对全国会员代表大会负责。目前设有31个分支机构。

主办刊物 《国际地震动态》《地震》《地震地磁观测与研究》，以及《地震学报》（中文版、英文版）等。

业务范围 围绕地震科技和防震减灾开展学术交流活动，组织学术讨论会、报告会和各种讲座以及科学考察等活动；编辑出版学术刊物、科技教材、科技音像制品、科普宣传等资料；开展防震减灾科学普及活动，宣传地震科学技术经验，推广地震科学技术成果，举办有关科技展览；对国家政策制定和国民经济建设发挥科技咨询作用，鼓励会员对防震减灾工作提出建议、做出贡献，经常向有关部门反映科技工作者的意见和呼声；积极开展国际学术交流活动，加强同国外地震科学技术团体和科技工作者的友好往来和合作；促进台湾海峡两岸的学术交往，推动民间学术交流，促进祖国的和平统一；根据学科发展需要，举办各种培训班和科技考察活动，努力提高会员的素质和学术水平；接受政府和有关部门委托，承担有关科技服务项目；根据建设社会主义市场经济的需要，发挥学科优势，开展合法经营活动。

（楚春礼　张清）

Zhongguo Dongwu Xuehui

中国动物学会（China Zoological Society，CZS）　由中国动物科学工作者自愿结成，依法在国家民政部登记的全国性、公益性、学术性社会团体。是中国科学技术协会的组成部分，旨在促进动物学科学技术的繁荣和发展，促进动物学技术的普及和推广，促进动物学科技人才的成长和提高，为推动我国动物科学的发展做出贡献。成立于1934年，现今挂靠在中国科学院动物研究所。

组织机构　下设15个二级分会(专业委员会)，12个工作委员会和学会日常办事机构秘书处，与30个省、自治区、直辖市地方学会（未含港、澳、台）保持联系。

主办刊物　《生物学通报》《动物学杂志》《寄生虫与医学昆虫学报》《兽类学报》《蛛形学报》《动物学研究》，以及“Current Zoology”(《动物学报》)、“Chinese Birds”（《中国鸟类》）等。

业务范围　开展有关动物科学学术活动，提高学术水平，组织专科学术讨论会和科学考察活动；开展有关动物科学教学经验交流，提高教学质量，促进人才培养；编辑出版动物科学的学术及科普书刊；普及动物科学知识，传播推广先进技术，组织、举办科技展览；对国家科技（有关动物学的）发展战略、政策和经济建设中的重大决策提供科技咨询服务；接受委托进行科技项目论证，科技成果鉴定，技术职称资格审定，动物科学名词、名称、文献和标准的编审，提供技术咨询等服务；向有关组织反映动物学科技工作者的合理化建议，维护动物学科技工作者的合法权益，反映动物学科技工作者的意见和要求；促进民间国际动物科学科技合作和学术交流活动，加强同国外科学技术团体和动物学科科技工作者的联系；认定会员资格，开展动物科学领域的继续教育活动，举办各种动物科学及相关的培训班、讲习班等，不断提高会员的学术水平；举荐人才，表彰、鼓励在科技活动中取得优秀成绩的会员和动物学科工作者。

（楚春礼　张清）

《Zhongguo 21 Shiji Yicheng》

《中国21世纪议程》（China’s Agenda 21）全称《中国21世纪议程——中国21世纪人口、环境与发展白皮书》。1994年，中国为履行《21世纪议程》，解决中国的贫困、饥饿、疾病和文盲问题以及人类福祉所依赖的生态系统持续恶化问题，推进中国国家可持续发展而制定的中国行动方案，是中国各级政府制订国民经济和社会发展中长期计划的指导性文件。

制定背景　1992年联合国环境与发展大会召开，100多个国家政府首脑出席会议，会议通过了以可持续发展为核心思想的《21世纪议程》，各国政府纷纷编制各国的21世纪议程，寻求各国实现可持续发展的路径。中国政府十分重视可持续发展理念的落实，专门建立了《中国21世纪议程》编写小组，形成由52个部门、300余位专家组成的团队，编写了《中国21世纪议程》。1994年3月25日，国务院第十六次常务会议审议通过《中国21世纪议程》。

主要内容　《中国21世纪议程》共20章，78个方案领域，主要内容分为四大部分。①第一部分为可持续发展总体战略与政策。从总体上论述了中国可持续发展战略的背景、必要性以及中国可持续发展的战略与对策，提出了到2000年中国各主要产业的发展目标、社会发展目标和与上述目标相适应的可持续发展对策。包括建立中国可持续发展的法律体系，通过立法保障妇女、青少年、少数民族、工人、科技界等社会各阶层参与可持续发展以及相应的决策过程；制定和推行有利于可持续发展的经济政策、技术政策和税收政策，包括考虑将资源和环境因素纳入经济核算体系；逐步建立《中国21世纪议程》发展基金，广泛争取民间和国际资金支持；加强现有信息系统的联网和信息共享；重视对各级领导和管理人员实施能力培训等。②第二部分为社会可持续发展。包括控制人口增长和提高人口素质；引导民众采用新的消费方式和生活方式，大力发展社会服务与第三产业，消除贫困；满足基本的保健需要，减少因环境污染和公害引起的健康危害，控制传染病，减少地方病的危害，保护易受害的人群，迎接城市的卫生挑战；城市化与人类住区管理，基础设施建设与完善人类住区功能，改善人类住区环境，向所有人提供适当住房，促进建筑业可持续发展，建筑节能和提高住区能源利用效率；防灾减灾。③第三部分为经济可持续发展。包括利用市场机制和经济手段推动可持续发展，提供新的就业机会；完善农业和农村经济可持续发展综合管理体系；在工业生产中积极推广清洁生产，尽快发展环保产业，发展多种交通模式，节约能源，提高能源效率，推广污染少的煤炭开发开采技术和清洁煤技术，开发利用新能源和可再生能源。④第四部分为资源的合理利用与环境保护。包括在自然资源管理决策中推行可持续发展影响评价制度；通过科学技术引导，对重点区域流域进行综合开发整治；完善生物多样性保护法规体系，建立和扩大自然保护区网络；建立全国土地荒漠化的监测和信息系统，采用新技术和先进设备控制大气污染和防治酸雨；开发消耗臭氧层物质的替代产品和替代技术；大面积植树造林；建立固体废物处理利用的法规、技术标准等。

《中国21世纪议程》设定了可持续发展的战略与重大行动和可持续发展的国际合作两个方案领域。对于可持续发展的战略与重大行动，提出建立可持续发展的经济体系、社会体系和保持与之相适应的可持续利用的资源和环境基础。2000年前，主要目标是：在保持经济快速增长的同时，依靠科技进步和提高劳动者素质，不断改善发展的质量；促进社会的全面发展与进步，建立可持续发展的社会基础；控制环境污染，改善生态环境，保护可持续利用的资源基础；逐步建立国家可持续发展的政策体系、法律体系，建立促进可持续发展的综合决策机制和协调管理机制。对于可持续发展的国际合作，提出中国政府将继续以强烈的历史责任感，高度重视自然资源和环境保护工作，以积极、认真、负责的态度参与保护地球生态环境。该方案领域的目标为：以“全球伙伴”精神参与环境与发展领域广泛的国际合作，使全球发展与环境的努力能够促进包括中国在内的发展中国家的可持续发展；认真履行中国加入的全球环境与发展方面的各项公约，不懈地致力于中国所应承担的义务；在资金、技术上广泛争取国际社会对中国的援助和支持，以使中国尽快消除贫困，走上可持续发展的道路。

中国21世纪议程管理中心 1994年3月25日，中国21世纪议程管理中心成立，以推进《中国21世纪议程》的实施。该中心以促进国家可持续发展为宗旨，开展国家科技计划中资源、环境、海洋、医药等领域的项目实施和管理及成果推广和产业化示范工作，注重可持续发展实验区的建设和管理，开展中国可持续发展信息网络建设，进行可持续发展领域的国际合作，推进可持续发展的宣传、教育、培训、技术咨询与服务等项工作，为促进我国社会实现可持续发展做出了贡献。

（楚春礼　张清）

《Zhongguo Guanyu Quanqiu Huanjing Wenti De Yuanze Lichang》

《中国关于全球环境问题的原则立场》

（China’s Principled Stand on the Problems of the Global Environment）　20世纪80年代以后，在全球环境问题成为国际社会关注热点的背景下，我国为了在对外国际交往中确立我国对待全球环境问题的原则立场而制定发布的文件。

1990年，国务院环境保护委员会通过了

《中国关于全球环境问题的原则立场》，该文件包括三个部分，第一部分为全球环境问题的背景，论述了国际社会为环境保护所采取的行动以及西方发达国家和发展中国家对环境问题的认识的变化趋势，总结了当前国际环境活动的特点，并提出环境问题已经在当前国际关系领域中处于前台位置；第二部分立足我国的实际情况，提出我国对解决全球环境问题的 8 条基本原则；第三部分阐述了我国对全球气候变化、保护臭氧层、生物多样性、有害废物越境转移、海洋污染等全球性重要环境问题的立场。

《中国关于全球环境问题的原则立场》为我国解决有关环境问题的国际交往提供了基本指南。

（楚春礼　邵超峰）

Zhongguo Haiyang Huzhao Xuehui

中国海洋湖沼学会　（Chinese Society for Oceanology and Limnology，CSOL）　由海洋湖沼科学技术工作者自愿结成的学术性、非营利性的法人社会团体，旨在促进海洋湖沼科学技术的繁荣、发展与推广普及，服务于中国经济建设，是国家发展海洋湖沼科学技术事业的重要社会力量。始建于 1950 年，是中国科学技术协会的组成部分，挂靠单位为中国科学院海洋研究所。

组织机构　现有会员 8 000 余人。全国会员代表大会是学会最高权力机构。理事会是全国会员代表大会的执行机构。下设 24 个专业委员会、7 个地方学会和 4 个工作委员会。中国海洋湖沼学会办公室是学会的常设办事机构，在学会上级单位的组织领导下，围绕学会业务开展工作。

主办刊物　《海洋与湖沼》《湖泊科学》《水生生物学报》《海洋科学》，以及“Journal of Oceanology and Limnology”（《海洋湖沼学报》）等。

业务范围　开展与海洋湖沼学科有关的学术交流，促进海洋湖沼科学学科发展，组织海洋湖沼科学重点学术课题的探讨和科学考察活动；开展国家间与海洋湖沼学科有关的学术交流，促进民间与海洋湖沼科学有关的国际科技合作以及同国外海洋湖沼学术团体和科技工作者的友好联系；对国家与海洋湖沼学科有关的科技发展战略、政治和经济建设中的重大决策提供科技咨询服务，组织海洋湖沼科技工作者参与国家科技政策、科技发展战略、法规制定和国家事务的科学决策、民主监督工作；接受委托进行海洋湖沼科技项目论证、科技成果鉴定、技术职称评定以及科技文献和标准的编审，提供技术咨询和技术服务；开展和支持对海洋湖沼资源的科技开发，组织、动员会员和有关科技人员投身经济建设；普及海洋湖沼科学技术知识，传播其科学思想和方法，推广先进技术；举荐海洋湖沼科学技术人才，表彰、奖励在科技活动中取得优秀成绩的会员和海洋湖沼科技工作者；维护海洋湖沼科技人员的合法权益，反映会员的意见和呼声，举办为会员服务的事业和活动；开展对会员和海洋湖沼科学技术人员的继续教育。　（楚春礼　张清）

Zhongguo Haiyang Xuehui

中国海洋学会　（Chinese Society for Oceanography，CSO）　由全国海洋科技工作者和涉海单位自愿组成的学术性、公益性法人社会团体，旨在通过开展海洋科学技术交流与合作、开展海洋科学考察与研究、提供海洋科学技术咨询与信息服务、推进海洋科学技术人才培养，为中国海洋发展战略提供政策与技术咨询服务，从而为普及和增进全民海洋意识、维护海洋权益、发展海洋经济做出贡献。成立于 1979 年，挂靠在中国国家海洋局，业务主管单位是中国科学技术协会。

组织机构　学会现有会员 16 000 多人，团体会员 288 个。下设 32 个分支机构、10 个工作委员会和 97 家全国海洋科普教育基地。

主办刊物　《海洋学报》《海洋工程》《海洋科学进展》《海洋学研究》《应用海洋学学报》《海洋环境科学》《海洋世界》《海洋通报》《海洋技术学报》等。

业务范围 开展海洋科技学术交流，组织和参加重大及重点海洋科学技术问题的研究和考察活动，促进学科发展；开展民间与国际以及港、澳、台地区的海洋科技学术交流活动，促进国内外海洋科技团体、科技工作者的交往与合作；普及海洋科学技术知识，传播科学思想、科学精神、科学方法，宣传海洋强国战略，增强民众的海洋意识；组织海洋科技工作者参与国家海洋政策、海洋发展战略、海洋法规的制定和国家海洋事务的决策咨询工作，为国家海洋行政管理提供科技支撑；主办海洋学术期刊和海洋科普期刊，编印制作海洋领域各学科出版物（含音像制品）；组织开展重大海洋科技经济项目的科学论证，提出对策建议，接受委托承担海洋项目评估，科技成果、技术职务资格、科学基金申请书的评审以及海洋标准的编审等有关任务；坚持海洋科技创新，发展海洋高新技术，推进产业化，开展海洋科技服务活动，提供技术咨询和服务，受政府委托承办或根据学科发展需要举办国内、国际海洋展览会，推广海洋科学技术成果；推荐海洋优秀人才，经政府部门批准，组织评选优秀海洋论著，表彰、奖励在海洋科技活动中取得优秀成绩的会员和科技工作者；开展海洋科技人员的继续教育和培训及其他服务活动；反映会员的意见和要求，维护会员的合法权益。

（楚春礼　张清）

Zhongguo Hexuehui

中国核学会 （Chinese Nuclear Society，CNS）由核科学技术工作者及有关单位自愿结成的全国性、学术性、非营利性社会组织。成立于1980年，是中国科学技术协会的组成部分，是党和政府联系核科学技术工作者的桥梁纽带，是发展我国核科学技术事业的重要社会力量。

学会宗旨 遵守宪法、法律、法规和国家各项方针政策，遵守社会道德风尚。本着“百花齐放，百家争鸣”的方针，充分发扬学术民主，提倡辩证唯物主义，坚持实事求是的科学态度和优良作风，倡导献身、创新、求实、协作的精神，团结广大核科技工作者和其他科技工作者，促进核科学技术的繁荣和发展，促进核科学技术的普及和推广，促进科技人才的成长和提高，为社会主义物质文明和精神文明建设服务。

组织机构 最高权力机关是全国会员代表大会，每 4 年召开一次。在全国会员代表大会闭会期间，理事会是执行机构，对全国会员代表大会负责。设常务理事会。设学会秘书处，下设综合发展部、学术与国际部、科普宣传部、会员与会展部 4 个部门。设学术工作委员会、组织工作委员会、科普咨询教育工作委员会、编辑工作委员会、财务工作委员会、妇女工作委员会、青年工作委员会、标准工作委员会 8 个工作委员会，定期召开会议，指导开展学会各项工作。设核化学与放射化学分会、核物理分会、核电子学与核探测技术分会、原子能农学分会、辐射防护分会、核化工分会、铀矿冶分会、核能动力分会、粒子加速器分会、铀矿地质分会、辐射研究与应用分会、同位素分离分会、核材料分会、核聚变与等离子体物理分会、计算物理分会、同位素分会、核技术经济与管理现代化分会、核科技情报研究分会、核技术工业应用分会、核医学分会、脉冲功率技术及其应用分会、辐射物理分会、核测试与分析分会、核安全分会、核工程力学分会、锕系物理与化学分会、放射性药物分会、辐照效应分会、核安保分会、船用核动力分会 30 个专业分会。

主办刊物 学会主办或联合主办“Nuclear Science and Techniques”、《核科学与工程》等刊物。

业务范围 开展学术交流活动，活跃学术思想，提高核科学技术水平，促进核科学技术的发展和应用；开展国际间核科学技术的交流活动，发展同国（境）外的核科技团体和核科技工作者的友好交流；普及核科学技术知识，推广先进技术，开展继续教育和青少年科技活动，举办核科学技术展览会；编辑出版学术和科技书刊；接受委托，进行科技项目论证、评估、咨询、鉴定等活动，提供技术咨询和技术服务；反映会员和科技工作者的意见和呼声，维护他们的合法权益，举办为会员服务的各项事业和活动；评选和奖励优秀的学术论文、学术著作和科普作品，推荐优秀的科技成果、产品和科技人才；推荐核科学技术和相关领域的中国科学院和中国工程院院士候选人等。

（楚春礼　张清）

《Zhongguo Huanjing Baohu Xingdong Jihua (1991-2000 Nian)》

《中国环境保护行动计划（1991—2000年）》　［Environmental Action Plan of China (1991-2000)］　1993年国务院批准的介绍中国20世纪90年代环境保护目标、采取的政策措施以及行动计划和优先领域的环境保护国家报告。

《中国环境保护行动计划（1991—2000年）》介绍了中国在该阶段推进环境保护工作的城市建设、能源、工业、农业、水利、海洋、地质、自然保护等部门和行业的环境保护目标和优先发展领域与项目，以及中国与国际合作的优先领域。该计划共六章，分别为中国90年代的环境保护目标、政策与管理、部门环境保护行动计划、环境保护投资、优先考虑的环境问题和环境保护的工作重点、建议开展国际合作的环境领域。

《中国环境保护行动计划（1991—2000年）》是中国的国家环境保护行动计划，覆盖环境保护诸多领域，具有实践指导意义，是中国政府向1992年联合国环境与发展大会提交的《中华人民共和国环境与发展报告》的补充。该计划提出解决中国的环境问题，要依靠科学技术进步，寻求积极的出路，促进了科学技术进步对于中国环境保护事业的支持作用。

（楚春礼　张清）

《Zhongguo Huanjing Bao》

《中国环境报》　（China Environment News）　生态环境部主管，中国环境报社主办，面向环保战线广大职工、社会各阶层读者，宣传环境保护的专业报。

创刊于1984年，为周五报，权威发布党和国家有关环境保护的方针、政策、法律、法规，监督环境违法行为，报道防治环境污染和保护生态的动态和经验，传播国内外环境保护相关知识、技术，反映公众的意见和要求，聚焦环境热点、焦点问题，真实地记录了中国环境保护事业蓬勃发展的历史足迹，为提高全民环境意识、传播环境保护知识发挥了积极作用。1985年获联合国环境规划署银质奖牌，1987年获“全球500佳环境奖”，并多次荣获全国“百强报刊”称号。国内统一刊号为CN 11-0085，邮发代号为1-59。

（楚春礼　张士秋）

《Zhongguo Huanjing Jiance》

《中国环境监测》　（Environmental Monitoring of China）　由生态环境部主管、中国环境监测总站主办的国内环境监测领域中央级科技期刊。该刊坚持学术性、专业性与实用性相结合的办刊原则，旨在宣传生态环境部关于环境监测工作的方针、政策，介绍国内外先进的环境监测技术，交流环境监测的科研成果。

创刊于1985年，现为双月刊，大16开本。设有特约来稿、特别关注、监测管理、分析测试、调查评价、应急预警、自动监测、环境遥感、仪器设备等栏目。该刊是中国期刊全文数据库（CNKI）、中国核心期刊（遴选）数据库、美国《化学文摘》（CA）收录期刊，中国科学引文数据库（CSCD）来源期刊，中国学术期刊综合评价数据库（CAJCED）统计源期刊。曾获环境保护部优秀期刊评比一等奖、《CAJ-CD规范》执行优秀奖。国际标准刊号为ISSN 1002-6002，国内统一刊号为CN 11-2861/X，邮发代号为2-804。

（楚春礼　张士秋）

《Zhongguo Huanjing Kexue》

《中国环境科学》　（China Environmental Science）　中国环境科学学会主办的国内外公开发行的综合性学术期刊，主要报道中国重大环境问题的最新研究成果，包括环境物理、环境化学、环境生态、环境地学、环境医学、环境工程、环境法、环境管理、环境规划、环境评价、监测与分析等研究领域，兼顾基础理论研究与实用性成果，重点报道国家自然科学基金资助项目、国家重大科技攻关项目以及各省部委重点项目的新成果。

创刊于1981年，为16开本，2008年起由双月刊改为月刊。该刊是中国自然科学重点核心期刊，被国外数据库美国工程索引（EI）、美国《化学文摘》（CA）、美国《水生科学和渔业文摘》（ASFA）等十几个检索系统收录，同时被我国检索刊物体系的数十个数据库、文摘刊物收录。2002年获得国家期刊奖提名奖、中国科协优秀科技期刊一等奖，2004年获得国家期刊奖百种重点期刊称号，2007—2009年、2013—2014年连续获得中国科协精品科技期刊工程项目资助，2011年、2013年、2014年被中国科学技术信息研究所评为“精品科技期刊”，2012年被中国科学技术信息研究所评为“百种中国杰出学术期刊”。此外，还于2012—2014年连续被评为“中国最具国际影响力学术期刊”。2015—2016年入选中国科协精品科技期刊工程项目TOP50。国际标准刊号为ISSN 1000-6923，国内统一刊号为CN 11-2201/X，邮发代号为2-572。（楚春礼　张士秋）

Zhongguo Huanjing Kexue Xuehui

中国环境科学学会（Chinese Society for Environmental Sciences，CSES）　我国专门从事环境保护事业的全国性、学术性科技社团。成立于1978年，是国家一级学会，也是我国环境学科最高学术团体和目前规模最大的环保科技社团组织，担负着为决策科学化服务、为环境管理和环境建设服务、为环境科技工作者服务的社会职能，是党和政府联系广大环境科技工作者的桥梁纽带，是国家环境保护事业和创新体系的重要社会力量。在管理体制上接受中华人民共和国民政部和中国科学技术协会的指导和监督管理，同时接受中华人民共和国生态环境部的业务指导。

组织机构　现有个人会员70 000余名，单位会员1 700余家，分布在全国各省（区、市）及港澳台地区。理事会为学会领导机构，常务理事会为理事会常设议事机构，并设有监事会。学会现设有8个工作委员会，分别为学术工作委员会、科普工作委员会、环境教育工作委员会、科技与产业发展工作委员会、国际交流工作委员会、咨询评估工作委员会、科技评价工作委员会、组织工作委员会；55个分会及专业委员会，包括环境管理分会、环境工程分会、国防环境分会、大气环境分会、生态与自然保护分会、环境影响评价专业委员会、环境标准与基准专业委员会、环境监测专业委员会、生态农业专业委员会、海洋环境保护专业委员会、核安全与辐射环境安全专业委员会、绿色包装专业委员会等，基本涵盖了环境科学技术管理等各个领域。秘书处是理事会领导下的日常工作机构，下设办公室、学术交流部、科普部、会员与网络部（继续教育部）、科技咨询评价与推广部、国际联络部、环境损害鉴定评估中心等职能部门；另有《中国环境科学》《环境与生活》《环境生态学》等期刊编辑发行机构。

业务范围　开展学术交流，组织召开学术年会、专题研讨会等多种形式学术会议，营造良好学术环境，促进环境学科发展与技术创新；开展环境保护科普工作，面向社会公众普及环境科学知识与技术，提高全民环境科学素养；为会员和环境科技工作者服务；有序承接政府委托的工作和转移的职能；建设环境智库，针对环境保护领域的科技创新、战略规划、管理政策和产业发展等组织相关研究，为政府、企业和其他社会组织或机构提供咨询建议；为环境保护科技创新服务，包括科技成果评价、技术鉴定、举办相关展览展示和技术交流等，提供科技成果引进、推广和交易服务，推动产学研用结合；编辑出版发行环境保护领域学术、科普、教育、文化等方面的期刊图书资料、音像和多媒体制品；推动国际民间环境科学技术的交流与合作，发展同其他国家和地区环境科学技术团体和科技工作者的友好交往。

（楚春礼　张清）

《Zhongguo Huanjing Nianjian》

《中国环境年鉴》（China Environment Yearbook） 由生态环境部主办，中国环境年鉴社编辑、出版的我国环境保护领域的大型政府工具书和史料文献总集。

创刊于1990年，每年出版一卷，基本宗旨和任务是全方位、多层次收录有关环境保护方面的信息、资料和数据，供各级领导、各条战线、环境保护系统各个岗位的工作人员、厂矿企业事业单位、高等院校师生和国际友人参阅，以研究探索我国经济建设与环境保护协调发展的经验和规律，不断促进我国环境保护事业健康发展。

《中国环境年鉴》是迄今为止唯一系统记录我国环保事业发展历程的史鉴，是了解我国环保建设历程的重要窗口，为环境经济社会发展做出了积极贡献。近年来，《中国环境年鉴》在保持年鉴资料性工具书和固定框架结构的基础上，根据我国环保事业的发展变化，在内容和形式上每年都有所创新，力求全面、客观、真实并尽可能丰富而生动地记载年度内基本史实，并体现出年度特征。

（楚春礼　张士秋）

Zhongguo Huanjing Yu Fazhan Guoji Hezuo Weiyuanhui

中国环境与发展国际合作委员会（China Council for International Cooperation on Environment and Development，CCICED） 由中外环境与发展领域高层人士与专家组成的、非营利的国际性高级咨询机构。成立于1992年。主要任务是交流、传播国际环境与发展领域内的成功经验，对中国环境与发展领域内的重大问题进行研究，向中国政府领导层与各级决策者提供前瞻性、战略性、预警性的政策建议，支持促进中国实施可持续发展战略，建设资源节约型、环境友好型社会。

中国环境与发展国际合作委员会的工作目标包括：在保证中国经济可持续增长、保护与改善中国环境、保障能源与自然资源的长期供给和安全、促进人与自然和谐发展等方面，提供战略咨询、政策建议和政策预警；促进针对中国环境与发展主要问题的计划、项目、科技开发、技术转让、培训等方面的国际合作；就涉及环境与发展的重大决策向中国政府提供咨询服务，并评估这些决策的经济、社会和环境影响；向中国政府提供在全球化、信息化和科技创新背景下的环境与发展领域的国际经验，同时协助把中国在这些领域的成就、经验和问题解决途径介绍到其他国家；提高中国参加以及履行旨在缓解全球环境问题的国际行动计划和国际公约谈判的能力；为促进公众意识和公众参与环境保护提供咨询与协助，并在促进中央政府各部门及地方政府的官员培训中发挥作用，帮助各级决策者提高可持续发展的决策意识。

中国环境与发展国际合作委员会每5年换届一次，每届委员会由60名左右中外委员组成，包括主席、执行副主席、副主席、秘书长、中外首席顾问及其他委员。每年举办中国环境与发展国际合作委员会年会（以下简称年会），包括主席团会议、委员全体会议及中国环境与发展高层论坛，形成提供给中国政府的政策建议。中国国家领导人出席年会，会见中外委员，听取政策建议。主席团由执行副主席、副主席和秘书长组成。主席团会议为闭门会议，审议讨论中国环境与发展国际合作委员会重大发展战略问题，审议批准年度工作报告和工作计划，审议通过年会初步日程、次年年会主题及召开日期，讨论其他重要事项。

自成立以来，中国环境与发展国际合作委员会先后组建了涉及环境与发展问题领域的诸多研究项目，其中包括能源战略、污染控制、生物多样性、环境与经济、环境与贸易、清洁生产、环境保护投融资机制、循环经济、农业与农村、流域综合管理、可持续城镇化战略、环境执政能力、环境和自然资源定价、生态补偿机制等，提出了多项重要的政策建议，为中外高层开放和坦诚对话提供了平台，推动中国的环境与发展事业全面走向世界，促进了中国与国际社会在环境与发展领域的交流与合作。

（鞠美庭　楚春礼）

Zhongguo huanjing yu fazhan shi da duice

中国环境与发展十大对策（China's ten strategic policies for environment and development）1992 年，中国政府为进一步促进中国经济和环境协调发展，更好地履行国际公约，为全球的环境与发展事业做出贡献，在总结中国过去 20 多年环保事业发展的历史经验和社会主义市场经济新形势的基础上提出来的中国环境与经济协调发展的战略对策。

中国环境与发展十大对策的基本精神可以概括为：把握世界发展趋势，强化环境监督管理，促进经济持续发展。其主要内容包括：

①实行持续发展战略。该对策旨在强调改变传统发展战略，走持续发展道路。主要内容包括：重申经济建设、城乡建设、环境建设同步规划、同步实施、同步发展，实现经济效益、社会效益和环境效益相统一的方针；要求各级人民政府和有关部门在制定和实施发展战略时编制环境保护规划，切实将环境保护目标和措施纳入国民经济和社会发展中长期规划和年度计划，并将有关污染防治费用纳入各级政府预算，确保其实施；要求在产业结构调整中严格执行产业政策，淘汰能源消耗高、资源浪费大、污染严重的工艺、装备和产品；要求在项目建设中必须严格按照法律规定先评价、后建设；要求在考核各地经济工作和干部政绩时，不但要看发展速度和经济效益，而且要考核社会效益和环境效益。

②采取有效措施，防治工业污染。该对策针对污染物占排放总量 70%的工业，提出了防治新污染和治理老污染的途径和措施。主要内容包括：要求在新建、扩建、改建项目时技术起点要高，尽量采取能耗、物耗小，污染物排放量少的新工艺，凡是采用落后工艺、布局不当、污染环境的工业项目，一律不予批准建设；要求根据环境承载能力，合理布局，实行资源优化配置；在工业污染防治模式上，提倡综合治理和集中控制，提高规模效益；对于乡镇企业的污染防治，坚持引导和限制并用的原则，严禁对资源的乱采滥挖；大力开展综合利用，最大限度地实现“三废”资源化。

③深入开展城市环境综合整治，认真治理城市“四害”。该对策提出了治理城市“四害”、改善城市环境面貌的主要措施。主要内容包括：治理烟尘污染，普及工业与民用型煤，限制原煤散烧，大力推行集中控制和联片供热；对城市污水逐步实行清污分流、污水截流和集中处理，并尽可能回收利用；广泛开展固体废物、生活垃圾综合利用和无害化处理，尽快改变垃圾围城的状况；严格控制工业与交通噪声污染；新区建设和老城改造，应把集中供热、燃气、园林绿化、垃圾和污水处理等统一规划、配套建设。

④提高能源利用效率，改善能源结构。该对策旨在提出节能和改善能源结构的主导思想及有关措施。主要内容包括：逐步改变能源价格体系，实行煤炭以质定价，扩大质量差价，逐步提高煤炭洗选加工比例；加快电力建设，提高煤炭转换成电能的比重；发展大机组，淘汰、改造中、低压机组以节能降耗，实现“2000 年全国供电煤耗每万千瓦时比 1990 年降低 60 g”的目标；鼓励城市发展煤气和天然气以及集中供热、热电联产，并把优质煤炭优先供应城市民用；逐步改变以煤为主的能源结构，加速水电和核电的建设，因地制宜地开发和推广太阳能、风能、地热能、潮汐能、生物质能等清洁能源。

⑤推广生态农业，坚持不懈地植树造林，切实加强生物多样性保护。主要内容包括：国家和地方要逐步增加对生态农业、植树造林和培育森林的投入，并且调动社会各方面的积极性，多渠道、多层次筹集资金，加快改土、造林步伐；加快查明生物资源家底和濒危物种现状，进一步加强对生物多样性的保护和合理利用；逐步增加自然保护区的面积，加强建设和管理；对乱捕滥猎、乱采滥挖珍稀动植物的行为要依法严惩。

⑥大力推进科技进步，加强环境科学研究，发展环境保护产业。该对策确立了依靠科技进步解决环境问题的主要思想，提出了当前推动科技进步的方式。主要内容包括：要求各级政府、有关部门、企事业单位都要针对本地区、本行业存在的主要环境问题，积极研究、开发或引进无废、少废、节水、节能的新技术、新工艺，筛选、评价和推广环境保护适用技术；正确引导和大力扶持环保产业的发展，把环保产业列入优先发展领域，积极发展绿色产品生产，建立产品质量标准体系，提高环保产品质量；各级计划、科技部门要充分支持污染防治和自然保护的示范工程和示范区建设，在项目和资金安排方面给予优先考虑。

⑦运用经济手段保护环境。该对策提出了运用经济手段保护环境的前景及方式。主要内容包括：按照资源有偿使用的原则，逐步开征资源利用补偿费，并开展对环境税的研究；研究并试行把自然资源和环境纳入国民经济核算体系，使市场价格准确反映经济活动造成的环境代价；制定不同行业污染物排放的时限标准，逐步提高排污收费标准；对环境污染治理、废物综合利用和自然保护等社会公益性明显的项目，给予必要的税收、信贷和价格优惠。

⑧加强环境教育，不断提高全民族的环境意识。主要内容包括：要求各级宣传部门和广播、电视、报刊等单位把环境保护宣传作为一项重要职责和经常任务，大张旗鼓地宣传环保方针、政策、法规和正反两方面典型；各级教育和有关部门都要注重环境教育，在中、小学和幼儿园普及环境保护知识，办好大中专院校环保专业；各级领导干部学校要加强环境教育，提高各级干部对环境与发展问题的综合决策能力。

⑨健全法制，强化环境管理。该对策强调立法和执法并重，运用法律手段管理环境。主要内容包括：进一步健全和强化环境管理体系，突出环保的政府职能，健全机构，充实人员，提高素质，提高工作效率；进一步完善适应社会主义市场经济要求的环保法律、法规、管理制度和标准；各级党政领导部门要支持环境管理部门依法行使监督权力，做到有法必依，执法必严，违法必究；继续推行各项行之有效的环境管理制度，全面加强环境管理；加强社会监督，扩大公众参与。

⑩制订中国行动计划。参照联合国环境与发展大会精神，制订中国行动计划。

（楚春礼　张清）

Zhongguo Kechixu Fazhan Yanjiuhui

中国可持续发展研究会　（Chinese Society for Sustainable Development，CSSD）　由从事可持续发展研究与实践的企事业单位和个人自愿结成的学术性的、全国性的、非营利性的社会组织。其前身为中国社会发展科学研究会，1991 年成立，1995 年更名为中国可持续发展研究会。

学会宗旨　严格遵守宪法、法律、法规和方针政策，严格遵守社会道德风尚；始终以普及和宣传可持续发展理念、促进可持续发展实践为基本出发点，以实现人与自然和谐为最高目标，大力弘扬“天人合一”的中华文化，积极探索和推广多样化的可持续发展模式；按照“尊重知识、尊重人才”“百花齐放、百家争鸣”“民主自律、民主办会”的原则，以实事求是的科学态度和脚踏实地的工作作风，积极开展与社会需求一致的各项活动，发挥并提升全方位服务于社会的能力；以全面贯彻落实“创新驱动发展”“生态文明建设”等国家战略为己任，力争为实现中华民族伟大复兴的中国梦和人类可持续发展的目标做出积极贡献。

组织机构　学会的最高权力机构是会员代表大会，每届 5 年。理事会是会员代表大会的执行机构，在会员代表大会闭会期间领导该团体开展日常工作，对会员代表大会负责。设立常务理事会，常务理事会由理事会选举产生，在理事会闭会期间行使理事会大部分职责。理事会下设秘书处。此外，学会还设立了学术工作委员会、国际交流工作委员会、可持续发展试验示范工作委员会、咨询工作委员会、气候变化工作委员会 5 个工作委员会，生态环境专业委员会、水问题专业委员会、人居环境专业委员会、可持续农业专业委员会、减灾与公共安全专业委员会、创新与绿色发展专业委员会 6 个专业委员会。

主办刊物 《中国人口·资源与环境》为学会会刊。

业务范围 开展战略与政策研究，建立服务于政府与社会的高端智库；推动非政府组织及时地发出反映中国社会诉求的民间声音，积极参与国际可持续发展进程；积聚并引导知识、人才、技术、资金等各类资源要素，搭建中国可持续发展公共服务平台；引导资本、技术、市场三大主导力量参与可持续发展进程；开展适应不同发展阶段、不同地域特点的可持续发展模式研究，为国家可持续发展实验区提供咨询服务；开展民间国际交流与合作，为地方、企业引进国外资本、技术和人才等提供服务；根据有关规定，编辑出版会刊和与学会有关的图书资料、音像制品；兴办符合学会章程、有利于可持续发展的社会公益事业。

（楚春礼　张清）

Zhongguo Kezaisheng Nengyuan Xuehui

中国可再生能源学会 （China Renewable Energy Society，CRES） 由从事新能源和可再生能源研究、开发、应用的科技工作者及有关单位自愿组成并依法登记的全国性、学术性和非营利性的社会团体。成立于 1979 年，接受中国科学技术协会和中华人民共和国民政部的业务指导和监督管理。

学会宗旨 遵守宪法、法律、法规和国家政策，遵守社会道德风尚；团结和动员新能源和可再生能源科学技术工作者以经济建设为中心，落实科学发展观，坚持科教兴国战略、人才强国战略、可持续发展战略，建设创新型国家；贯彻《中华人民共和国可再生能源法》，促进可再生能源科学技术与经济的结合，促进可再生能源科学技术的普及和推广，促进可再生能源与科学技术人才的成长和提高，反映可再生能源科学技术工作者的合法权益，为经济社会发展服务，为科学技术工作者服务，为提高全民素质服务。

组织机构 全国会员代表大会是学会的最高权力机构，每届 5 年。理事会是全国会员代表大会的执行机构，在全国会员代表大会闭会期间领导学会开展日常工作，对全国会员代表大会负责。设立常务理事会，常务理事会由理事会选举产生，在理事会闭会期间行使理事会大部分职责。设办公室、咨询中心、会议科普部、编辑部、联络部和奖励工作办公室等办事机构，各部门在理事长的领导和秘书长的主持下开展日常工作。设热利用专委会、光伏专委会、风能专委会、生物质能专委会、光化学专委会、氢能专委会、海洋能专委会、太阳能建筑专委会、天然气水合物专委会、可再生能源发电并网专委会、储能专委会、地热能专委会、太阳能热发电专委会等专业委员会。

主办刊物 《太阳能》《太阳能学报》《风能》等。

业务范围 开展新能源和可再生能源领域的科学技术发展方向、产业发展战略、科技规划编制、相关政策以及重大技术经济问题的探讨与研究，提出咨询和建议；开展学术交流，活跃学术思想，促进新能源和可再生能源学科发展，推动自主创新；弘扬科学精神，普及新能源和可再生能源科学知识，传播科学思想和方法，推广先进技术，开展青少年科学技术教育活动，提高全民素质；开展新能源和可再生能源民间国际科学技术交流活动，促进国际科学技术合作，发展同国（境）外的科学技术团体和科学技术工作者的友好交往；编辑、出版、发行新能源和可再生能源科技书籍、报刊及相关的音像制品，传播科学技术信息；反映会员和科学技术工作者的建议、意见和诉求，维护会员和科学技术工作者的合法权益，促进科学道德和学风建设；促进新能源和可再生能源科学技术成果的转化，促进产学研相结合，促进产业科技进步；组织会员和科学技术工作者建立以企业为主体的技术创新体系，为促进提升企业的自主创新能力做贡献；组织会员和科学技术工作者对国家新能源和可再生能源政策、法规的制定和国家事务，提出咨询建议，推进决策的科学化、民主化；开展表彰奖励、继续教育和培训工作，培养和举荐人才；开展新能源和可再生能源技术方面的论证、咨询服务，举办科技展览，支持科学研究；接受委托承担项目评估、成果鉴定、技术评价，参与并承担技术标准制定、专业技术资格评审和认证等工作；兴办符合学会章程、有利于科学技术发展的社会公益事业。（楚春礼　张清）

《Zhongguo Kuashiji Lüse Gongcheng Guihua》

《中国跨世纪绿色工程规划》（China's Trans-century Green Project Plan）　中国政府为在20世纪末基本控制环境污染和生态破坏加剧趋势，改善局部城市和地区环境质量，实现2010年中国环境保护总目标而提出的规划。该规划是在总结、吸取中国“六五”“七五”“八五”三个环保五年计划经验教训的基础上，为实现跨世纪15年环境保护目标而提出的以污染治理为主要内容的庞大规划，是《国家环境保护“九五”计划和2010年远景目标》的重要组成部分，是环境保护纳入国民经济计划和实现“九五”与2010年国家环境保护目标的重大举措。

该规划由原国家环境保护局、原国家计划委员会和原国家经济贸易委员会联合编制，国务院批准，是有项目、有重点的具体工程计划，目的是组织国家有关部门、各地方和企业，针对一些重点地区、重点流域和重大环境问题以及履行国际公约的要求，集中财力、物力，实施一系列工程措施，以地方实施为主，国家支持为辅，逐步落实具体项目。

主要内容　该规划包括七个方面的内容。①重点水域项目，包括七大水系、三大湖泊和14个重点沿海城市及其近岸海域水污染控制；②重点区域大气项目，包括重点酸雨区二氧化硫控制项目和25个重点城市的大气污染防治项目；③固体废物项目，包括城市生活垃圾处置、工业固体废物综合利用及危险物、放射物的控制；④生态保护项目，包括自然保护区建设及植树造林、治沙、水土保持、生态环境恢复、农村和海洋生态环境保护；⑤防治工业污染项目，包括污染行业的污染治理、废物综合利用、节能节水等清洁生产项目和“三同时”配套项目；⑥履行国际公约项目，包括臭氧保护、温室气体控制和生物多样性保护项目；⑦提高环境监督管理能力项目，包括环境监测、环境信息和环境事故应急系统能力项目。

分期　该规划分为三期（但在实际执行过程中，第一期明确指出为《中国跨世纪绿色工程规划》项目，第二期虽然指出为《中国跨世纪绿色工程规划》项目，但是与《国家环境保护“十五”重点工程项目规划》重合，而第三期《中国跨世纪绿色工程规划》项目通过各种资料皆未能查到，因此，本词条仅列出第一期、第二期项目）。

第一期项目执行时间为1996—2000年，共有1 591个项目，重点突出“三河”“三湖”等重污染流域的水污染防治和南方酸雨控制工程项目，涉及水环境保护、大气环境保护、生态环境保护、重点行业环境保护、固体废物污染控制、全球环境以及国家环境监督管理能力等各个方面。其中，水污染防治项目801个，包括淮河、辽河、海河、松花江、黄河、珠江和长江七大流域的污染控制项目，滇池、巢湖和太湖三大湖泊以及重点沿海城市及其近岸海域的水污染控制项目，重点是“三河”和“三湖”的污染治理。大气污染防治项目328个，包括我国重点酸雨区（西南、华中、华南和华东）二氧化硫控制和重点城市的大气污染防治项目。生态环境保护项目118个，包括自然保护区、生态环境恢复与保护、农村环境保护等项目。固体废物污染控制项目272个，包括城市生活垃圾处置、工业固体废物综合利用以及危险废物和放射性废物控制项目。履行国际公约的全球环境保护项目69个，包括臭氧层保护、温室气体控制及生物多样性保护等项目。国家环境监督管理能力建设项目3个。

《国家环境保护“十五”重点工程项目规划》

作为《中国跨世纪绿色工程规划》第二期，时间范围为2001—2005年，规划项目约1 137个，其中重点实施10项具有显著综合效益的重大工程项目，旨在以绿色工程项目带动全国的污染治理和生态保护工作，保障重点区域环境保护目标的实现。10项重大工程项目为："三河三湖"污水处理厂建设工程；三峡库区水污染治理工程；南水北调（东线）治污工程；渤海碧海行动计划工程；"两控区"火电厂脱硫工程；北京碧水蓝天工程；国家级自然保护区和生态功能保护区工程；危险废物集中处置工程；国家环境监测网络建设工程；国家环境科技创新工程。

（楚春礼　张清）

Zhongguo Linxuehui

中国林学会　(Chinese Society of Forestry, CSF)　由林业草原科技工作者及相关单位自愿组成并依法登记成立的全国性、学术性、科普性法人社会团体。其前身中华森林会成立于1917年，1928年更名为中华林学会，1951年重建为中国林学会。中国林学会是党和政府联系广大林业草原科技工作者的桥梁和纽带，是国家发展林业草原科技事业的重要社会力量，是中国科学技术协会的组成部分。

学会宗旨　坚持以习近平新时代中国特色社会主义思想为指导，坚决贯彻党的基本理论、基本路线、基本方略，增强"四个意识"，坚定"四个自信"，坚决维护习近平总书记党中央的核心、全党的核心地位，坚决维护党中央权威和集中统一领导，团结、组织林业草原科技工作者，遵守宪法、法律、法规和国家政策，践行社会主义核心价值观，遵守社会道德风尚。认真贯彻"百花齐放，百家争鸣"的方针，秉持辩证唯物主义和历史唯物主义，坚持实事求是的科学态度和优良学风；弘扬"尊重劳动、尊重知识，尊重人才、尊重创造"的风尚，积极倡导"献身、创新、求实、协作"的精神，促进林业草原科学技术的繁荣和发展，促进林业草原科学技术的普及和推广，促进人才的成长，促进科学技术与经济的结合，实施科教兴林、人才强林和林业可持续发展战略，推动社会主义经济建设、政治建设、文化建设、社会建设和生态文明建设，为创新驱动发展服务，为提高全民科学素质服务，为党和政府科学决策服务，为林业草原科技工作者服务。反映林业草原科技工作者的意见建议，维护林业草原科技工作者的合法权益。

组织机构　全国会员代表大会是学会的最高权力机构，每5年召开一次。理事会是全国会员代表大会的执行机构，在全国会员代表大会闭会期间领导学会开展日常工作，对全国会员代表大会负责。设立常务理事会，常务理事会由理事会选举产生，在理事会闭会期间行使理事会大部分职责。监事会是学会的监督机构，对全国会员代表大会负责。秘书处是学会的办事机构，在常务理事会领导下，由秘书长主持日常工作。设学术、奖励、组织、咨询、科普、继续教育、国际交流与合作、宣传与联络、青年、自然教育等工作委员会。设森林公园与森林旅游分会、森林病理分会、林业机械分会、森林经理分会、森林昆虫分会、森林土壤专业委员会、灌木分会、林产化学化工分会、林木遗传育种分会、木材工业分会、木材科学分会、森林与草原防火专业委员会、森林生态分会、生物质材料科学分会、树木生理生化专业委员会、杨树专业委员会、树木学分会、竹藤资源利用分会、松树分会、盐碱地分会、杉木专业委员会、珍贵树种分会、古树名木分会、森林食品科学技术专业委员会、森林培育分会、银杏分会、城市森林分会、竹子分会、桉树分会、林业科技管理专业委员会、森林水文及流域治理分会、水土保持专业委员会、林业计算机应用分会、经济林分会、林业史分会、森林工程分会、林下经济分会、林业气象专业委员会、树木引种驯化专业委员会、林业科技期刊分会、园林分会、自然保护地与生物多样性分会、家具与集成家居分会、栎类分会、森林疗养分会、文化与自然遗产分会、国家公园分会等分支机构。

主办刊物　《林业科学》《森林与环境学报》《林产化学与工业》《森林与人类》《竹子

学报》等。

业务范围 开展学术交流，活跃学术思想，促进学科发展，推动科学道德建设和学风建设，组织重大林业草原问题的论证和考察活动，对国家关于林业草原建设的方针、政策和技术措施提出建议，开展咨询服务，为各级林业和草原部门当好参谋和顾问；办好学会主办的刊物，组织出版林业草原科技书刊、电子出版物、音像制品；大力普及林业草原科学知识，传播科学思想，倡导科学方法，弘扬科学精神，推广先进林业草原科学技术，开展对各类人群特别是对青少年的林业草原科技教育活动、自然教育活动；开展民间国际学术交流与合作，加强同林业草原相关国际组织、国外林业草原团体和林业草原工作者的友好往来，引进国际先进技术与理念，开展国际合作项目等；开展在职林业草原科技人员的继续教育工作；按照规定经批准开展科技表彰奖励，举荐优秀科技人才；宣传党和国家方针、政策，代表和维护林业草原科技工作者的正当权益，积极向有关部门反映他们的意见和呼声，做好党和政府联系林业草原科技工作者的桥梁纽带工作；充分发挥学会的人才优势，开展林业草原咨询服务，林业草原技术项目论证，科技成果鉴定与评价，专业技术人员水平评价、专业技术职务任职资格评定，科技文献编写，团体标准的制定、发布等活动；搭建产学研交流平台，依法依规举办新技术、新成果、新产品展览展示。

（楚春礼　张清）

Zhongguo Nengyuan Xuehui

中国能源学会（China Energy Society，CES）由热衷于推动能源经济发展的企业、机构及个人发起成立，提供中国能源领域的专业咨询服务的独立法人机构。

学会于2008年经中华人民共和国香港特别行政区政府批准成立，是中国能源领域知名的全国性和国际性社会团体、非营利组织，主要致力于在能源发展与建设领域发挥桥梁和纽带作用，推动能源领域的合作与交流，推广能源经济领域先进的技术和产品，为提高能源利用效率、发展节能型经济、建设节能型社会做出贡献。全国会员代表大会为学会领导机构，下设理事会、秘书处和12个专业委员会。

学会致力于推广能源新技术、新产品和新概念，其主要任务包括：开展能源政策、管理和科技等方面的研究；接受各级政府部门和企业的委托，开展能源政策、规划、法规和科技项目的研究与评估；收集和发布能源信息；提供能源行业研究报告；开展国内外能源领域学术交流。

（楚春礼　张清）

Zhongguo Nongxuehui

中国农学会（China Association of Agricultural Science Societies，CAASS）　广大农业科技工作者（包括农业管理工作者、农业企业家）及其相应的单位或团体自愿组成的全国性、依法登记成立的农业综合性和学术性社会公益团体。旨在促进农业科学技术的繁荣与发展，促进农业科学学科发展和农业技术的普及与推广，促进农业科学人才的培养，为加速实现农业现代化做出贡献。1917年，中华农学会成立。1951年，中华农学会更名为中国农学会。

组织机构 学会的最高权力机构是全国会员代表大会，理事会是全国会员代表大会的执行机构。学会下设9个工作委员会、38个分支机构，联系31个省级农学会。

主办刊物 《农学学报》《中国农学通报》《棉花学报》《农业科研经济管理》《植物遗传资源学报》《食用菌学报》等。

业务范围 密切联系农业科技工作者，宣传党的路线方针政策，向党和政府反映科技工作者的意见建议，依法维护会员和农业科技工作者的合法权益，建设农业科技工作者之家；开展农业学术交流，活跃学术思想，优化学术环境，促进农业学科发展，服务农业科技创新；弘扬科学精神，传播科学思想，倡导科学方法，推广农业先进技术，开展农业科普教育活动，提高农民科学文化素质；编辑出版会刊和有关学术刊物、科技学术专著、科普读物，开展优秀农业期刊及学术论文评估活动；开展继续教育和技术培训工作；发挥民间主渠道作用，开展国际学术交流与科技合作，发展同国外相关学术组织和科学家的友好来往，促进与港澳台间的科技文化交流，引进先进技术与理念，选派青年农业科技工作者赴海外研修，参加联合国和国际性相关组织的活动；依托中国农业专家咨询团和广大会员，对国家农业农村经济发展的全局性、战略性问题开展研究咨询、论证评估并提出决策建议，建设高水平农业科技创新智库；宣传优秀农业科技工作者，举荐科技人才，发现培养杰出青年农业科学家和创新团队；举办国内外科技展览和科技成果展示交流活动；组织科技工作者开展技术咨询服务，促进科技成果转化应用；开展“神农中华农业科技奖”等科技成果表彰奖励活动；接受委托开展人才评价、项目评估、技术鉴定、科技咨询等服务；促进农业科学道德和学风建设。

（楚春礼　张清）

Zhongguo Qixiangju

中国气象局　（China Meteorological Administration）　承担全国气象工作的政府行政管理及组织管理的国务院直属事业单位。其前身为成立于1949年的中央军委气象局，1994年由国务院直属机构改为国务院直属事业单位。

机构设置　内设办公室、应急减灾与公共服务司、预报与网络司、综合观测司、科技与气候变化司、计划财务司、人事司、政策法规司、国际合作司等机构，管辖国家气象中心（中央气象台）、国家卫星气象中心（国家空间天气监测预警中心）、国家气候中心、国家气象信息中心（中国气象局气象数据中心）、气象探测中心、公共气象服务中心（国家预警信息发布中心）、中国气象科学研究院、气象宣传与科普中心、中国气象报社、气象出版社、中国气象学会等直属单位。

主要职责　拟定气象工作的方针政策、法律法规、发展战略和长远规划；制定、发布气象工作的规章制度、技术标准和规范并监督实施。组织拟定和实施气象灾害防御规划，参与政府气象防灾减灾决策，组织指导气象防灾减灾工作；组织编制国家气象灾害应急预案，组织气象灾害防御应急管理工作。对国务院其他部门设有的气象工作机构实施行业管理，统一领导全国气象部门的工作。管理全国陆地、江河湖泊及海上气象情报预报警报、短期气候预测、空间天气灾害监测预报预警、城市环境气象预报、火险气象等级预报和气候影响评价的发布。组织气候变化科学相关工作；组织气候资源的综合调查、区划，指导气候资源的开发利用和保护。组织指导气象部门的科技体制改革，组织气象领域重大科研攻关和成果的推广应用，协调气象科技开发、技术合作和技术推广；组织宣传、普及气象科学知识，提高全民气象防灾减灾和气候资源意识。管理气象外事工作。

（鞠美庭　楚春礼）

Zhongguo Renju Huanjing Jiang

中国人居环境奖　（China Human Settlements and Environment Award）　为适应联合国人居中心（现联合国人类住区规划署）所设立的“联合国人居奖”和“迪拜国际改善居住环境最佳范例奖”的需要，由原建设部于2000年设立的中国人居环境建设领域的最高荣誉奖项，旨在表彰在改善城乡环境质量、提高城镇总体功能、创造良好人居环境方面做出突出成绩并取得显著效果的城市、村镇、单位及个人，积极推广各地在坚持可持续发展、加强环境综合整治、改善人居环境方面创造的有效经验和做法。

该奖项采取申报制，每年评选一次。历年获奖名单如下表所示。

历年中国人居环境奖获奖名单

年份	获奖者
2001	广东省深圳市、辽宁省大连市、浙江省杭州市、新疆维吾尔自治区石河子市、广西壮族自治区南宁市
2002	山东省青岛市、福建省厦门市、海南省三亚市
2004	海南省海口市、山东省烟台市、江苏省扬州市
2005	山东省威海市
2006	浙江省绍兴市、江苏省张家港市

续表

年份	获奖者
2007	江苏省昆山市、山东省日照市、河北省廊坊市
2008	江苏省南京市、陕西省宝鸡市
2009	浙江省安吉县
2010	宁夏回族自治区银川市、江苏省无锡市、安徽省黄山市、江苏省吴江市、山东省寿光市
2011	山东省潍坊市、江苏省江阴市、江苏省常熟市
2012	山东省泰安市、江苏省太仓市
2013	江苏省镇江市、安徽省池州市、山东省东营市、江苏省宜兴市、浙江省长兴县
2015	江苏省常州市、江苏省宿迁市、河南省济源市
2016	江苏省徐州市、浙江省诸暨市、山东省青州市
2017	江苏省如皋市、安徽省六安市

（楚春礼　王小虎）

《Zhongguo Renkou・Ziyuan Yu Huanjing》

《中国人口・资源与环境》（China Population Resources and Environment）　由科学技术部主管，中国可持续发展研究会、山东省可持续发展研究中心、中国21世纪议程管理中心、山东师范大学联合主办的国家级政策指导性学术期刊，以促进社会、经济的可持续发展为办刊宗旨，主要刊发我国社会经济发展、资源与环境管理等方面的最新研究成果，并以多视角、多层次、多学科报道我国可持续发展理论和实践、公共政策等方面的学术和前沿动态，为建立和发展可持续发展理论体系、促进我国社会经济可持续发展服务。

创刊于1991年，为月刊，是中文核心期刊、中国科技论文统计源期刊、中国科学引文数据库（CSCD）以及中文社会科学引文索引（CSSCI）来源期刊。曾荣获第二届全国优秀科技期刊一等奖，是中国期刊方阵双奖期刊，2001年、2003年、2005年连续三届荣获国家期刊奖，其中获得提名奖一次、全国百种重点期刊奖两次，2006年被国家自然科学基金委员会管理科学部认定为管理科学B级重要期刊。国际标准刊号为ISSN 1002-2104，国内统一刊号为CN 37-1196/N，邮发代号为24-93。

（楚春礼　张士秋）

Zhongguo Renmin Zhengzhi Xieshang Huiyi Quanguo Weiyuanhui Renkou Ziyuan Huanjing Weiyuanhui

中国人民政治协商会议全国委员会人口资源环境委员会（Population，Resources and Environment Committee of the National Committee of the Chinese People's Political Consultative Conference）　围绕国家人口、资源、环境和可持续发展领域的战略性、综合性、全局性、前瞻性的重大问题开展调查研究，并通过调研报告、提案、政协信息等形式，向党中央、国务院提供决策参考意见和建议的中国人民政治协商会议全国委员会领导下的十个专门委员会之一。

成立于1998年。设主任一名，副主任、委员若干名，主要由全国政协委员中人口、资源、环境领域的领导干部、专家学者及社会知名人士等组成。下设办公室，负责委员会活动的具体组织、实施、服务、联络等日常工作。

中国人民政治协商会议全国委员会人口资源环境委员会根据《中国人民政治协商会议章程》的要求，以及中国人民政治协商会议全国委员会全体会议和常务委员会议提出的相关任务，联系有关部门和社会团体，组织委员主要围绕国家人口、资源、环境和可持续发展领域的重大工作方针、任务向党中央、国务院提出建议。　（鞠美庭　楚春礼）

《Zhongguo Shengtai Huanjing Zhuangkuang Gongbao》

《中国生态环境状况公报》（Report on the State of the Ecology and Environment in China）国务院生态环境主管部门定期发布的关于国家、地区的生态环境状况的公报。各省、自治区、直辖市人民政府的生态环境主管部门定期发布各自辖区的生态环境状况公报。

根据1989年12月26日通过的《中华人民共和国环境保护法》第十一条的规定，中国政府环境保护行政主管部门应定期发布环境状况公报，原国家环保局自1990年开始每年公开发布，2018年，生态环境部组建，《中国环境状况公报》改名为《中国生态环境状况公报》。

《中国生态环境状况公报》公布当年的生态环境状况和生态环境保护工作的进展情况，包括综述、大气、淡水、海洋、土地、自然生态、声环境、辐射、气候变化与自然灾害、基础设施与能源以及公报数据来源及评价说明几个部分，描述中国水环境、大气环境、城市环境、工业固体废物和生态环境等的状况，以及所采取的相应措施与行动，为中央以及各地区政府和公民了解环境状况、认识环境问题、推进生态环境保护工作提供了科学基础。

（楚春礼　张清）

Zhongguo Shengtaixue Xuehui

中国生态学学会　（Ecological Society of China，ESC）　由全国生态科学技术工作者自愿结成、依法成立的非营利性的多学科、综合性学术社团。于1979年在昆明成立，1984年作为团体会员加入国际生态学会，现挂靠在中国科学院生态环境研究中心，是中国科学技术协会的组成部分。

学会宗旨　遵守宪法、法律、法规和国家政策，践行社会主义核心价值观，遵守社会道德风尚；团结广大生态科学技术工作者，贯彻“百花齐放，百家争鸣”的方针，坚持民主办会的原则，充分发扬学术民主，开展学术讨论；提倡辩证唯物主义，坚持实事求是、开拓创新、与时俱进的科学精神、科学态度和优良学风；倡导“开放、民主、协作、创新”的精神，繁荣生态科学事业、推进生态建设、提高全民生态意识，为实施国家可持续发展和科教兴国两大战略目标，服务于国家生态文明建设，为建设美丽中国、实现中华民族伟大复兴的中国梦做出积极贡献。

组织机构　全国会员代表大会是学会的最高权力机构，每届5年。理事会是全国会员代表大会的执行机构，在全国会员代表大会闭会期间领导学会开展日常工作，对全国会员代表大会负责。常务理事会由理事会选举产生，在理事会闭会期间行使理事会主要职责，对理事会负责。学会下设青年工作委员会、科普工作委员会、教育工作委员会、咨询工作委员会、期刊工作委员会5个工作委员会和农业生态、城市生态、理论生态、海洋生态、微生物生态、动物生态、化学生态、景观生态、湿地生态、种群生态、生态工程、长期生态、民族生态、生态健康与人类生态、污染生态、旅游生态、生态水文、中药资源生态、淡水生态、红树林生态、稳定同位素生态、生态遥感、生物入侵、流域生态、产业生态、区域生态等专业委员会，是学会的组织基础。日常办事机构为中国生态学学会办公室，负责学会各项活动的组织实施和事务管理，下设组织联络、学术交流、科普教育、期刊、科技咨询等部门。

主办刊物　《生态学报》《应用生态学报》《生态学杂志》《湿地科学》，以及“Ecosystem Health and Sustainability”“Journal of Forestry Research”“Journal of Resources and Ecology”等。

业务范围　开展国内外学术交流，促进生态学的发展；普及生态科学知识，传播生态学思想，推广生态技术；编辑、出版、发行生态学科技书刊及相关的音像制品；组织全国生态学工作者参与国家生态环境建设政策、法律法规的制定和科学决策工作；对国家经济建设中的重大决策进行科学论证和技术咨询，提出政策建议；促进国际民间科技合作；认定会员资格，开展对会员和科技人员的继续教育和培训工作；举办为会员服务的事业和活动；加强学会组织建设，发展壮大会员队伍。

（楚春礼　张清）

Zhongguo Shengwu Duoyangxing Baohu Yu Lüse Fazhan Jijinhui

中国生物多样性保护与绿色发展基金会（China Biodiversity Conservation and Green Development Foundation，CBCGDF）　我国长期致力于生物多样性保护与绿色发展事业的全国性公益公募基金会，是全国性一级学会。其前身为中国麋鹿基金会，成立于1985年，1997

年更名为中国生物多样性保护基金会，2009 年正式更名为中国生物多样性保护与绿色发展基金会，2016 年被民政部首批认定为具有公开募捐资格的慈善组织，由中国科学技术协会主管。

学会宗旨 以习近平新时代中国特色社会主义思想为指导，广泛动员全社会关心和支持生物多样性保护与绿色发展事业，维护公众环境权益和社会公共利益，协助政府保护国家战略资源，促进生态文明建设和人与自然和谐，构建人类美好家园。

组织机构 理事会为基金会的决策机构，由 5～25 名理事组成，每届任期为 5 年。设星空工作委员会、大学生发展工作委员会、观虫工作委员会、丝路绿色发展研究院、观鸟工作委员会、植物园委员会、自然保护区委员会、动物园委员会、法律工作委员会、绿色企业工作委员会、古村之友工作委员会、绿色金融工作委员会等工作委员会。设秘书处，内设法律部、联络部、宣传部、办公室、财务部、综合部、研究室、项目管理部、国际部等部门。

业务范围 开展和支持生物多样性保护与绿色发展的宣传教育、学术交流、培训和业务咨询活动及项目；支持、开展和资助促进生物多样性保护与绿色发展事业发展的科学研究、科普活动、科技开发和示范项目，建立示范基地；支持和资助绿色产业发展；开展和资助促进生物多样性保护与绿色发展的国际交流与合作，组织与基金会业务相关的国际、国内学术交流及论坛；开展和资助维护公众环境权益和环境保护领域社会公共利益的理论研究和实践活动，推进我国环境法治建设；开展和资助生物多样性保护与绿色发展领域的公众参与、社会监督活动，多渠道、多角度为生物多样性保护与绿色发展公众参与和社会监督创造条件、构建平台；开展和资助生物多样性保护与绿色发展领域政策、法律、法规和环保科技咨询服务；按照规定经政府有关部门批准，组织奖励为生物多样性保护及绿色发展事业做出贡献的团体和个人；符合基金会宗旨的其他项目及活动。 （楚春礼 张清）

《Zhongguo Shengwu Duoyangxing Baohu Zhanlüe Yu Xingdong Jihua（2011-2030 Nian）》

《中国生物多样性保护战略与行动计划（2011—2030 年）》 [China National Biodiversity Conservation Strategy and Action Plan（2011-2030）] 2010 年，中国政府在转基因生物安全、外来物种入侵、生物遗传资源获取与惠益共享等问题出现，生物多样性保护日益受到国际社会的高度重视的情况下，面临全国生物多样性下降的总体趋势尚未得到有效遏制，资源过度利用、工程建设以及气候变化严重影响着物种生存和生物资源的可持续利用，生物物种资源流失严重的形势没有得到根本改变的挑战，为落实《生物多样性公约》的相关规定，进一步加强中国的生物多样性保护工作，而编制的关于未来 20 年生物多样性保护总体目标、战略任务和优先行动的指导性文件。

制定背景 生物多样性是人类赖以生存的条件，是一个国家经济社会可持续发展的基础。生物多样性在国际上也受到普遍重视，是国际双边和多边交流合作的重要内容。中国生物多样性下降的总体趋势尚未得到有效遏制，一些新的国际生物多样性问题又带来诸多新的挑战，生物多样性保护工作面临着巨大的压力。此外，1994 年 6 月发布的《中国生物多样性保护行动计划》与《生物多样性公约》不匹配的问题开始凸显，中国亟须出台新的战略和计划，为生物多样性保护工作提供指南。在这一背景下，经国务院常务会议第 126 次会议审议通过，2010 年 9 月 17 日环境保护部印发了《中国生物多样性保护战略与行动计划（2011—2030 年）》。

主要内容 《中国生物多样性保护战略与行动计划（2011—2030 年）》共七个部分。其中，前言介绍了该战略与行动计划制定的背景和目标。第一部分介绍了我国生物多样性的现状，包括基本概况和生物多样性受威胁现状。第二部分介绍了我国生物多样性保护工作的成效、问题与挑战，包括初步建立了生物多样性保护法律体系，先后发布了《中国自然保护区发展规划纲要（1996—2010 年）》《全国生态环境建设规划》《全国生态环境保护纲要》《全国生物物种资源保护与利用规划纲要（2006—2020年）》等一系列规划和纲要，逐步完善了生物多样性保护机制，就地保护工作成绩显著，国际合作与交流取得进步等。同时，生物多样性保护也面临着诸多压力和挑战，例如，生物多样性保护法律和政策体系尚不完善，生物物种资源家底不清，调查和编目任务繁重，生物多样性监测和预警体系尚未建立，生物多样性相关投入不足，管护水平有待提高，城镇化、工业化加速使物种栖息地受到威胁，生物资源过度利用和无序开发对生物多样性的影响加剧，环境污染对水生和河岸生物多样性及物种栖息地造成影响，外来入侵物种和转基因生物的环境释放增加了生物安全的压力，生物燃料的生产对生物多样性保护形成新的威胁，气候变化对生物多样性的影响有待评估等。第三部分在坚定生物多样性保护战略指导思想的基础上，提出近期、中期和远期 3 个阶段战略目标，明确了完善生物多样性保护相关政策法规和制度，推动生物多样性保护纳入相关规划，加强生物多样性保护能力建设，强化生物多样性就地保护、合理开展迁地保护，促进生物资源可持续开发利用，推进生物遗传资源及相关传统知识惠益共享，提高应对生物多样性新威胁和新挑战的能力，提高公众参与意识、加强国际合作与交流 8 个方面的战略任务。第四部分提出了大兴安岭区、三江平原区、祁连山区、秦岭区等32个内陆陆地及水域生物多样性保护优先区域，以及黄渤海保护区域、东海及台湾海峡保护区域和南海保护区域等 3 个海洋与海岸生物多样性保护优先区域的保护重点。第五部分根据战略与行动计划的总体目标和战略任务，综合确定了我国生物多样性保护的10个优先领域和30个优先行动。其中，优先领域包括：完善生物多样性保护与可持续利用的政策与法律体系；将生物多样性保护纳入部门和区域规划，促进持续利用；开展生物多样性调查评估与监测；加强生物多样性就地保护；科学开展生物多样性迁地保护；促进生物遗传资源及相关传统知识的合理利用与惠益共享；加强外来入侵物种和转基因生物安全管理；提高应对气候变化的能力；加强生物多样性领域的科学研究和人才培养；建立生物多样性保护公众参与机制与伙伴关系。优先行动包括：制定促进生物多样性保护和可持续利用的政策；将生物多样性保护纳入部门和区域规划、计划；开展生物物种资源和生态系统本底调查；统筹实施和完善全国自然保护区规划；科学合理地开展物种迁地保护体系建设；加强生物遗传资源的开发利用与创新研究；提高对外来入侵物种的早期预警应急与监测能力；制订生物多样性保护应对气候变化的行动计划；建立公众广泛参与机制等。第六部分提出了保障总体目标和战略任务以及优先领域和行动取得成功的措施，包括组织领导、配套政策、实施能力、资金投入和国际交流与合作等方面。

作用和意义　《中国生物多样性保护战略与行动计划（2011—2030 年）》明确了我国生物多样性保护的具体目标、工作方案和重点领域及项目，有利于推动地方政府重视和加强生物多样性保护，促进相关部门协调配合，把控制生物多样性的流失和丧失作为当前和今后一个时期生物多样性保护的重要任务和中心工作，加大投入力度，提升管理水平，从而更好地保护我国丰富的生物多样性。

（楚春礼　张清）

《Zhongguo Shengwu Duoyangxing Guoqing Yanjiu Baogao》

《中国生物多样性国情研究报告》　(National Report on China's Biodiversity Conservation Strategy and Action)　1999 年，在全球环境基金资助和联合国环境规划署的支持下，由中国国务院工作组领导编制、国家环境保护总局发布的，关于中国生物多样性状况、威胁及采取的措施以及中国生物多样性经济价值和投资估算与效益分析的综合性著作。

主要内容　该报告共分 7 章。第一章为引论，介绍了该报告的编写背景、目的和简要过程，探讨了该报告与全球生物多样性保护的关系，对什么是生物多样性、生物多样性的价值、物种的灭绝和移入等基本概念进行了探讨；第二章介绍了中国的自然和社会经济条件状况，包括地质地貌、气候水文、土壤植被等自然条件，以及人口、基础设施、政府政策等社会经济条件的情况；第三章介绍了中国生物多样性的现状及其受威胁的情况，包括中国生物多样性的一般特点以及动物、植物、微生物等生物物种多样性所受的威胁，此外，还介绍了森林、温带草原、荒漠、青藏高原高寒地区、湿地、河流湖泊和水库、海洋海岸和沿海岛屿、农区、城市及城郊的生物多样性，探讨了栽培植物和家养动物及其野生亲缘种的遗传多样性的保护和可持续利用，中国各民族对生物多样性保护的贡献，以及中国生物多样性保护的关键区域；第四章总结了中国保护和可持续利用生物多样性已采取的措施，包括法律措施、政策措施、管理措施、保护与可持续利用措施、科学研究和国际合作等内容；第五章研究了中国生物多样性经济价值的评估问题，探讨了经济价值分类、直接使用价值经济评估、间接使用价值经济评估、潜在使用价值经济评估、生物多样性破坏经济损失测算、部分珍稀濒危物种保护基准价估算以及综合评估与初步结论的理论和方法；第六章分析了中国生物多样性保护和可持续利用的国家能力建设问题，包括法规建设、机构建设、人力资源建设、政策体系建立、保护设施建设、科学技术发展、信息管理建设、宣传教育与公众参与、国际合作等内容；第七章对中国保护和持续利用生物多样性进行了成本估算与效益分析，包括保护和持续利用的成本估算和生物多样性保护的效益分析。

作用和意义 该报告是我国生态和自然保护的纲领性国家文件之一，是对中国广阔国土和海域上的植物、动物、微生物及有关生境的理论研究，也是对农、林、牧、渔等实践活动所积累的有关生物多样性的资料以及近年开展保护生物多样性的各种活动及其经济评估的全面总结，对于推进我国生物多样性保护事业和普及生物多样性知识发挥了重要作用。

报告首次估算出中国生物多样性的价值，测算出保护和持续利用生物多样性所需的投资，有着重要的科学指导意义，其编制和发布是中国政府履行《生物多样性公约》的重要行动，为各级政府和有关部门制定生物多样性保护的法规、政策、规划和行动计划以及开展国际合作提供了科学依据。 （楚春礼　张清）

Zhongguo Shuili Xuehui

中国水利学会 （Chinese Hydraulic Engineering Society，CHES） 由水利科学技术工作者和团体自愿组成，并在民政部依法登记成立的全国性、学术性、非营利性社会团体。其前身中国水利工程学会成立于1931年，1957年重建为中国水利学会。学会现挂靠水利部，接受中国科学技术协会和水利部的业务指导和监督管理。

学会宗旨 高举中国特色社会主义伟大旗帜，团结组织水利科学技术工作者，遵守国家宪法、法律、法规和政策，遵守社会道德风尚；提倡实事求是、与时俱进的科学态度，弘扬尊重知识、尊重人才的优良风尚，贯彻“百花齐放、百家争鸣”的方针，倡导“献身、创新、求实、协作”的精神；坚持以人为本，民主办会；坚持为水利事业发展服务，为提高全民水利科技素质服务，为广大会员和科技工作者服务，加强自身建设，发挥好学会作为党和政府联系广大水利科技工作者的桥梁、纽带作用，促进水利科技的繁荣、发展、普及和推广，促进人才成长，为水利改革发展、保障我国经济社会可持续发展做出贡献。

组织机构 会员代表大会是学会的最高权力机构，每届5年。理事会是会员代表大会的执行机构，在会员代表大会闭会期间领导学会开展日常工作，对会员代表大会负责。设立常务理事会，常务理事会由理事会选举产生，在理事会闭会期间行使理事会大部分职责。设立秘书处、专业委员会、工作委员会和分会等分支机构，负责组织会员在学会规定业务范围内开展与分支机构职能相关的活动。

主办刊物 《水利学报》《岩土工程学报》《泥沙研究》《水科学进展》《灌溉排水学报》《中国防汛抗旱》等。

业务范围 组织开展国内外水利学术交流和科学技术考察活动。普及科学技术知识，传播科学思想和科学方法，推广先进技术；依照有关规定编辑出版发行水利科技书刊；举办科技讲座及科技展览。加强国内外学术交流与合作。开展继续教育和职业培训，为会员和科技工作者更新知识、提高学术水平与管理水平服务。完善水利科学研究自律诚信监督机制，促进科学道德和学风建设。接受政府部门委托，依法开展水利专业技术职称评审、职业资格认证、人才评价、科技评估、标准化和水利类专业工程教育认证管理等相关工作。组织科技工作者参与国家有关法律、法规和科技政策的制定，参加水利科技发展战略和重大科技、经济问题的调研论证，为政府部门决策提出咨询意见和建议。开展技术推广、技术咨询、技术服务工作；承担科技项目研究，工程项目评估与论证，项目管理与监理；受政府有关部门委托，承担科技成果和产品鉴定以及工程安全鉴定评价等工作。举荐科学技术人才，按照规定经批准，开展表彰与奖励工作。为会员和水利科技工作者服务，反映他们的意愿和诉求，维护他们的合法权益。 （楚春礼 张清）

Zhongguo Shuitu Baochi Xuehui

中国水土保持学会

（Chinese Society of Soil and Water Conservation，CSSWC） 由中国水土保持工作者自愿组成的全国性、学术性、科普性的非营利性社会团体。成立于1985年，是中国科学技术协会的组成部分。旨在促进水土保持科学技术的繁荣、发展、普及和推广，促进科技人才的成长，促进水土保持科技与市场经济的结合。

全国会员代表大会是学会的最高权力机构，设理事会和常务理事会，秘书处是学会的办事机构，现有14个专业委员会。

中国水土保持学会的业务范围包括开展国内外水土保持学术交流与合作，传播推广水土保持的科学方法与技术，出版水土保持相关学术刊物和论文，开展继续教育工作，提供水土保持科技和政策咨询。《中国水土保持科学》为学会出版的学术期刊。 （楚春礼 张清）

Zhongguo Turang Xuehui

中国土壤学会

（Soil Science Society of China，SSSC） 由土壤科学技术工作者和有关单位自愿组成并依法登记成立的全国性、学术性、非营利性社会组织。成立于1945年，是中国科学技术协会的组成部分。

学会宗旨 遵守宪法、法律、法规和国家政策，遵守社会道德风尚，认真贯彻“科学技术是第一生产力”的思想和“百花齐放，百家争鸣”的方针，坚持民主办会原则，开展学术自由讨论；坚持实事求是的科学态度和优良学风；弘扬“尊重知识，尊重人才，尊重劳动”的风尚，积极倡导“献身、创新、求实、协作”的精神；团结广大土壤科技工作者，繁荣我国的土壤和肥料科学技术事业，促进土壤肥料科学技术的普及和推广，促进土壤肥料科技人才的成长和提高，促进土壤生产力提升和农业可持续发展，为全面建成小康社会、加快推进我国社会主义现代化建设做出贡献。

组织机构 全国会员代表大会是学会的最高权力机构，每届4年。理事会是全国会员代表大会的执行机构，在全国会员代表大会闭会期间领导学会开展日常工作，对全国会员代表大会负责。设立常务理事会，常务理事会由理事会选举产生，在理事会闭会期间行使理事会大部分职责。学会设立监事会，监事会由全国会员代表大会选举产生，在监事长领导下，对学会工作进行监督。学会办公室（秘书处）根据常务理事会要求进行工作，负责协调各委员会工作，处理学会日常事务。设土壤物理专业委员会、土壤化学专业委员会、土壤—植物营养专业委员会、土壤肥力与肥料专业委员会、土壤生物和生化专业委员会、土壤发生分类和土壤地理专业委员会、土壤侵蚀与水土保持专业委员会、盐碱土专业委员会、森林土壤专业委员会、土壤环境专业委员会、土壤遥感与信息专业委员会、土壤生态专业委员会、教育工作委员会、青年工作委员会、科普工作委员会、土壤学名词审定工作委员会、编辑工作委员会、土壤质量标准化工作委员会、土壤修复专业委员会、氮素工作组、土壤工程工作委员会、土壤分析技术工作委员会、土壤健康工作组等学术组织专业（工作）委员会。

主办刊物 《土壤学报》《土壤通报》《水土保持学报》《干旱区研究》，以及“Pedosphere”（《土壤圈》）。

业务范围 开展学术交流，组织学术会议和科学考察活动，促进学科发展；依照有关规定，编辑出版并发行学术书刊及相关电子和音像制品；普及科学知识，传播科学思想，提高全民土壤保护和精准施肥意识，推广先进技术；服务国家和地方经济发展，为政府制定科技政策和科技发展战略提供咨询和建议，为土壤科学发展、土壤肥料资源管理和农业可持续发展提供技术支撑；开展国际学术交流活动，加强同国外的科学技术团体和科学技术工作者的合作与友好往来；根据国家及区域经济建设和科技发展的需要，举办各种培训班、讲习班、进修班和专场咨询等活动；依照有关规定经批准，表彰奖励在科技创新、科普教育、学会活动等方面取得突出成绩的会员和科技工作者，并积极举荐优秀人才；接受委托承担项目评估论证，经政府或中国科学技术协会有关部门批准承担成果鉴定、仲裁及资格评审，参与制定或修订行业标准以及相关法规。（楚春礼　张清）

Zhongguo Weishengwu Xuehui

中国微生物学会（Chinese Society for Microbiology，CSM）　由全国微生物学科技工作者和单位自愿组成并依法登记成立的全国性、学术性、公益性法人社会团体。1952 年正式成立，为非营利性的社会组织，是发展我国微生物学科事业的社会力量。

学会宗旨 遵守宪法、法律、法规和国家政策，遵守社会道德风尚，认真贯彻党的基本路线和“百花齐放，百家争鸣”方针，贯彻民主办会的精神，充分发扬民主，开展学术上的自由讨论。提倡辩证唯物主义，坚持实事求是的科学态度和优良学风，弘扬“尊重知识，尊重人才”的风尚，积极倡导“献身、创新、求实、协作”的精神，团结广大微生物学科技工作者，促进科学技术的繁荣和发展，促进科学技术的普及和推广，促进科技人才的成长和提高，促进科学技术与经济的结合，为社会主义物质文明和精神文明建设服务，高举爱国主义旗帜，维护民族团结，促进祖国统一，为加速实现我国社会主义现代化做出贡献。

组织机构 全国会员代表大会是学会的最高权力机构，每届 5 年。理事会是全国会员代表大会的执行机构，在全国会员代表大会闭会期间领导学会开展日常工作，对全国会员代表大会负责。设立常务理事会，常务理事会由理事会选举产生，在理事会闭会期间行使理事会大部分职责。设普通微生物学专业委员会、工业微生物学专业委员会、农业微生物学专业委员会、医学微生物学与免疫学专业委员会、兽医微生物学专业委员会、真菌学专业委员会、病毒学专业委员会、人兽共患病病原学专业委员会、分子微生物学及生物工程专业委员会、生物制品专业委员会、酶工程专业委员会、分析微生物学专业委员会、生化过程模型化与控制专业委员会、环境微生物学专业委员会、干扰素与细胞因子专业委员会、酿造分会、微生物毒素专业委员会、海洋微生物学专业委员会、微生物资源专业委员会、临床微生物学专业委员会、微生物生物安全专业委员会、地质微生物学专业委员会等专业委员会，以及组织工作委员会、国际交流工作委员会、微生物教学工作委员会、科技开发与咨询工作委员会、编辑出版工作委员会、科学普及工作委员会等工作委员会。

主办刊物 《微生物学报》《生物工程学报》《病毒学报》《中国人兽共患病学报》《中国病毒学》《微生物学通报》《微生物学杂志》等。

业务范围 开展微生物学国内外学术交流，促进民间国际技术合作，促进微生物学发展；普及科学知识，传播科学思想和方法，推广先进技术；反映科技工作者的意见和要求，维护科技工作者的合法权益，组织科技工作者参与国家科技政策、科技发展战略、法规制定和国家事务的科学决策、民主监督工作；举荐人才，经政府有关部门批准，表彰、奖励在科技活动中取得优秀成绩的会员和科技工作者；开展科学论证和科学咨询，提出政策建议，接受委托承担科技项目评估、科技成果评价、技术职称资格评审以及科技文献和标准的编审，编辑、出版、发行微生物学科类科技书刊；开展对会员和广大微生物学科技人员的继续教育和培训工作；举办为会员服务的其他事业和活动。

（楚春礼　张清）

Zhongguo Yesheng Dongwu Baohu Xiehui

中国野生动物保护协会（China Wildlife Conservation Association，CWCA）　由从事野生动物保护管理、科研教育、驯养繁殖、自然保护的工作者和渔猎生产者、野生动物爱好者以及相关单位自愿组成的专业性、非营利、具有独立法人资格的全国性社会组织。于1983年在北京成立，旨在通过广泛宣传与交流合作，促进野生动物保护科学技术的发展，拯救珍稀濒危物种，保护生物多样性，推动中国野生动物保护事业与社会经济的协调发展，促进人与自然的和谐。行政上受国家林业和草原局的领导。

组织机构 协会的最高权力机构是全国会员代表大会，设理事会和常务理事会作为全国会员代表大会的执行机构，下设秘书处和水生野生动物分会、鹤类联合保护委员会等17个分支机构。截至2017年年底，在全国建立了832个基层野生动物保护协会，拥有41万多名会员。

业务范围 组织会员贯彻国家保护野生动物的方针、法令，开展拯救和保护珍稀野生动物的宣传教育，开展保护野生动物的科学研究、学术交流，提供经营管理野生动物资源的技术业务咨询，筹募保护野生动物的资金，同各国自然保护组织和机构建立联系，参与有关国际合作与交流。

（楚春礼　张清）

《Zhongguo Yingdui Qihou Bianhua Guojia Fang'an》

《中国应对气候变化国家方案》（China's National Climate Change Programme）　为积极履行《联合国气候变化框架公约》，由中国政府于2007年制定的关于到2010年中国应对气候变化的国家对策的方案。

《中国应对气候变化国家方案》回顾了中国气候变化的状况和应对气候变化的不懈努力，分析了气候变化对中国的影响与挑战，提出了应对气候变化的指导思想、原则、目标以及相关政策和措施，阐明了中国对气候变化若干问题的基本立场及国际合作需求，是中国应对气候变化的政策性文件和指南，是发展中国家颁布的第一部应对气候变化的国家方案。

制定背景 应对气候变化是国际社会普遍关注的问题，《联合国气候变化框架公约》要求所有缔约方制定、执行、公布并经常更新应对气候变化的国家方案。中国作为一个负责任的发展中国家，高度重视并积极应对气候变化问题，成立了国家气候变化对策协调机构，采取了一系列与应对气候变化相关的政策和措施，例如，2004年通过了《能源中长期发展规划纲要（2004—2020）》（草案）、《节能中长期专项规划》，2005年通过了《中华人民共和国可再生能源法》，下发了《关于做好建设节约型社会近期重点工作的通知》和《关于加快发展循环经济的若干意见》，发布了《关于发布实施〈促进产业结构调整暂行规定〉的决定》和《关于落实科学发展观　加强环境保护的决定》，2006年发布了《关于加强节能工作的决定》。为切实履行中国政府对《联合国气候变化框架公约》的承诺，2007年6月3日，国务院同意国家发展和改革委员会同有关部门制定的《中国应对气候变化国家方案》并印发给各省、自治区、直辖市人民政府和国务院各部委、直属机构。

主要内容 《中国应对气候变化国家方案》共分五部分，全面阐述了到2010年中国应对气候变化的对策。

①中国气候变化的现状和应对气候变化的努力。在阐述中国气候变化的观测事实与趋势和中国温室气体排放现状的基础上，全面总结了中国减缓气候变化的努力与成就，包括调整经济结构，推进技术进步，提高能源利用效率；发展低碳能源和可再生能源，改善能源结构；大力开展植树造林，加强生态建设和保护；实施计划生育，有效控制人口增长；制定应对气候变化的相关法律、法规和政策措施；完善相关体制和机构建设；高度重视气候变化研究及能力建设；加大气候变化教育与宣传力度。

②气候变化对中国的影响和挑战。首先介绍了中国与气候变化相关的基本国情，例如，自然条件差、自然灾害较重，生态环境脆弱，能源结构以煤为主，人口众多，经济发展水平较低等。其次从农牧业、森林和其他生态系统、水资源、海岸带以及其他领域几个方面分析了气候变化对中国的影响，以及气候变化对中国现有发展模式、以煤为主的能源结构、能源技术自主创新、森林资源保护和发展、农业领域适应气候变化、水资源开发和保护领域适应气候变化、沿海地区应对气候变化的能力提出的挑战。

③中国应对气候变化的指导思想、原则与目标。中国应对气候变化的指导思想是：全面贯彻落实科学发展观，推动构建社会主义和谐社会，坚持节约资源和保护环境的基本国策，以控制温室气体排放、增强可持续发展能力为目标，以保障经济发展为核心，以节约能源、优化能源结构、加强生态保护和建设为重点，以科学技术进步为支撑，不断提高应对气候变化的能力，为保护全球气候做出新的贡献。中国应对气候变化坚持在可持续发展框架下应对气候变化的原则、遵循《联合国气候变化框架公约》规定的"共同但有区别的责任"原则、减缓与适应并重的原则、将应对气候变化的政策与其他相关政策有机结合的原则、依靠科技进步和科技创新的原则、积极参与广泛合作的原则。中国应对气候变化的总体目标是：控制温室气体排放取得明显成效，适应气候变化的能力不断增强，与气候变化相关的科技与研究水平取得新的进展，公众的气候变化意识得到较大提高，气候变化领域的机构和体制建设得到进一步加强。

④中国应对气候变化的相关政策和措施。中国应对气候变化的整体战略是：按照全面贯彻落实科学发展观的要求，把应对气候变化与实施可持续发展战略，加快建设资源节约型、环境友好型社会和创新型国家结合起来，纳入国民经济和社会发展总体规划和地区规划，一方面抓减缓温室气体排放，另一方面抓提高适应气候变化的能力；采取一系列法律、经济、行政及技术等手段，大力节约能源，优化能源结构，改善生态环境，提高适应能力，加强科技开发和研究能力，提高公众的气候变化意识，完善气候变化管理机制，努力实现该方案提出的目标与任务。

方案提出了减缓温室气体排放的重点领域和相应的任务。在能源生产和转换领域，制定和实施相关法律法规，加强制度创新和机制建设，强化能源供应行业的相关政策措施，加大先进适用技术开发和推广力度。在提高能源效率与节约能源领域，加快相关法律法规的制定和实施，加强制度创新和机制建设，强化相关政策措施，强化重点行业的节能技术开发和推广，进一步落实《节能中长期专项规划》提出的十大重点节能工程。在工业生产领域，大力发展循环经济，走新型工业化道路；强化钢材节约，限制钢铁产品出口；进一步推广散装水泥，鼓励水泥掺废渣；大力开展建筑材料节约；进一步推动己二酸等生产企业开展清洁发展机制项目等国际合作，积极寻求控制氧化亚氮及氢氟碳化物、全氟化碳和六氟化硫等温室气体排放所需的资金和技术援助，提高排放控制水平，以减少各种温室气体的排放。在农业领域，加强法律法规的制定和实施，强化高集约化程度地区的生态农业建设，进一步加大技术开发和推广利用力度。在林业领域，加强法律法规的制定和实施，改革和完善现有产业政策，抓好林业重点生态建设工程。在城市废弃物领域，强化相关法律法规的实施，进一步完善行业标准，加大技术开发和利用的力度，发挥产业政策的导向作用，制定促进填埋气体回收利用的激励政策。

方案提出了适应气候变化的重点领域和主要任务。在农业领域，继续加强农业基础设施建设，推进农业结构和种植制度调整，选育抗逆品种，遏制草地荒漠化加重趋势，加强新技术的研究和开发。在森林和其他自然生态系统领域，制定和实施与适应气候变化相关的法律法规，强化对现有森林资源和其他自然生态系统的有效保护，加大技术开发和推广应用力度。在水资源领域，强化水资源管理，加强水利基础设施的规划和建设，加大水资源配置、综合节水和海水利用技术的研发与推广力度。在海岸带及沿海地区，建立健全相关法律法规，加大技术开发和推广应用力度，加强海洋环境的监测和预警能力，强化应对海平面升高的适应性对策。

方案提出了气候变化相关科技工作方面的要求，包括加强气候变化相关科技工作的宏观管理与协调，推进我国气候变化重点领域的科学研究与技术开发工作，加强气候变化科技领域的人才队伍建设，加大对气候变化相关科技工作的资金投入。

在气候变化公众意识方面，方案提出要发挥政府的推动作用，加强宣传、教育和培训工作，鼓励公众参与，加强国际合作与交流。

在机构和体制建设方面，方案提出要加强应对全球气候变化工作的领导，建立地方应对气候变化的管理体系，有效利用中国清洁发展机制基金。

⑤中国对若干问题的基本立场及国际合作需求。阐述了中国对气候变化若干问题的基本立场，例如，减缓温室气体排放，适应气候变化，技术合作与技术转让，切实履行《联合国气候变化框架公约》和《京都议定书》的义务，以及气候变化区域合作。提出了气候变化的国际合作需求，包括技术转让和合作需求及能力建设需求两个方面。在技术转让和合作需求方面，主要是气候变化观测监测技术、减缓温室气体排放技术和适应气候变化技术的需求；在能力建设需求方面，主要是人力资源开发、适应气候变化、技术转让与合作、提高公众意识、信息化建设、国家信息通报编制等方面的需求。

（楚春礼　张清）

Zhongguo Zhiwu Xuehui

中国植物学会　（Botanical Society of China，BSC）　由植物学科技工作者自愿结成的公益性、学术性、全国性的非营利法人社会组织。成立于1933年，是中国科学技术协会的组成部分，现挂靠于中国科学院植物研究所。

组织机构　学会下设学术工作委员会、编辑出版工作委员会、教育工作委员会等10个工作委员会，系统与进化植物学专业委员会、植物生态学专业委员会、植物生理及分子生物学专业委员会等10个专业委员会，古植物学分会、植物园分会、苏铁分会等6个分会。在全国29个省、自治区及直辖市设立了地方性的植物学会专业团体，拥有会员近15 000人。

主办刊物　《植物生态学报》《植物学报》《生物多样性》《生命世界》《生物学通报》，以及“Journal of Integrative Plant Biology”“Journal of Systematics and Evolution”“Journal of Plant Ecology”“Plant Diversity”等。

业务范围　开展植物科学的科学研究与学术交流，推广先进的植物科学技术与方法，组织植物学科技工作者参与相关政策和发展战略的科学决策并提供科学咨询，举办植物学科学培训，普及植物学科学知识。

（楚春礼　张清）

《Zhongguo Zhubu Taotai Xiaohao Chouyangceng Wuzhi Guojia Fang'an》

《中国逐步淘汰消耗臭氧层物质国家方案》　（China's National Programme for the Phase-out of Ozone Depleting Substances）　中国政府为实施《关于消耗臭氧层物质的蒙特利尔议定书》，根据议定书的规定并结合中国国情编制的实施该议定书的基本行动纲领。该方案对中国消耗臭氧层物质淘汰行动作出了全面的原则性规定，为制订各行业淘汰计划以及实施各种相关政策提供了依据。

制定背景 1985年，联合国环境规划署在奥地利维也纳举行保护臭氧层外交大会，通过了《关于保护臭氧层的维也纳公约》，我国政府于1989年7月加入该公约，并于1991年6月在《关于消耗臭氧层物质的蒙特利尔议定书》的缔约方第三次会议上宣布正式加入修正后的议定书。为了履行加入公约和议定书的义务，及时获得多边基金提供的资金支持，我国制定了《中国逐步淘汰消耗臭氧层物质国家方案》，并于1993年1月获国务院批准，同年3月提交多边基金执委会。随后，根据中国消耗臭氧层物质的生产消费状况和发展趋势，考虑多边基金执委会关于增加费用的最新指南和行业整体淘汰机制的运行、替代技术路线的选择等因素，国家环保总局于1998年开始组织对《中国逐步淘汰消耗臭氧层物质国家方案》的修订，修订后的方案于1999年11月获国务院批准，2000年3月提交多边基金执委会第30次会议。

主要内容 该方案统计分析了中国消耗臭氧层物质的生产现状，科学预测了其发展趋势，评估了中国和国际上消耗臭氧层物质的替代物质及替代技术的发展情况，及其在淘汰消耗臭氧层物质行动中的作用和地位，制订了中国逐步淘汰消耗臭氧层物质的行动计划，提出了一套中国的保护臭氧层政策及其配套的机构框架。此外，方案提出了多边基金应向中国提供援助的基本框架，按优先顺序分批列出了申请多边基金援助的具体项目，并初步评估了每一个项目可向多边基金申请援助的增加费用。

《中国逐步淘汰消耗臭氧层物质国家方案》（修订稿）重新调查核实了消耗臭氧层物质的生产和消费的发展趋势，制订了适合我国国情的替代品和替代技术发展计划，进一步明确了总体淘汰战略和行业淘汰机制，提出了可操作的政策措施和监督管理制度。

作用和意义 通过实施《中国逐步淘汰消耗臭氧层物质国家方案》，有效地控制了中国消耗臭氧层物质生产和消费的增长势头，建立了实施《关于消耗臭氧层物质的蒙特利尔议定书》多边基金项目管理体制，实现了在气雾剂行业禁止使用氯氟化碳物质，为中国进一步的履约工作奠定了基础。（楚春礼　张清）

《Zhongguo Ziran Baohu Gangyao》

《中国自然保护纲要》（Outline for China Nature Conservation） 1987年国务院环境保护委员会公布的我国第一部保护自然资源和自然环境的纲领性文件。

该纲要由200多位专家用3年的时间制定完成，明确阐述了我国政府对保护自然环境和自然资源的态度及政策，是我国保护自然资源和生态环境的宣言和指导规范，为国家和地区各级政府制定经济、社会发展和自然保护的方针、政策、法令及规划提供了指导原则和科学依据。

主要内容 该纲要共分4篇，19章。第一篇阐明了编制纲要的目的、作用和意义，科学地阐述了自然保护与经济发展的关系，以及自然保护的有关概念和理论基础；第二篇分别就各个需要重点保护的自然资源和生态系统（土地、森林、草原和荒漠、生物物种、陆地水资源、河流湖泊和水库、沼泽和海涂、海洋、矿产资源、大气），论述其特点、开发利用面临的主要问题和应采取的对策；第三篇将中国划分为8个自然保护区域，分别就各个区域的环境和资源特点、开发利用面临的问题及应采取的对策作了阐述；第四篇就自然保护共同性的对策进行了论述，如技术、经济、法制建设、宣传教育、科学研究和国际合作。

意义 该纲要指出了各个部门在开发利用自然资源时应承担的责任和义务，提出了对各类自然资源和各个地区进行开发和保护所应遵循的基本原则，以提高全国人民对自然保护的重要性和紧迫性的认识。纲要提出的开发利用自然资源的指导原则和保护自然环境的方针、政策，适用于农、林、水、环境保护、地质矿产等各部门，对各部门制订国民经济和社会发展计划具有重要的参考价值，为各级政府制定资源保护和环境政策提供了科学依据。

（楚春礼　张清）

《Zhongguo Ziran Baohuqu Fazhan Guihua Gangyao（1996-2010 Nian）》

《中国自然保护区发展规划纲要（1996—2010 年）》 ［Outline for China Nature Reserves Development Plan（1996- 2010）］　中国政府针对中国自然保护区的数量、面积和管理现状与全国生物多样性及各类自然资源的丰富程度不匹配、远不相适应的问题，为推动自然保护区建立、加强自然保护区建设和管理，并将自然保护区的建设和管理纳入国民经济和社会发展计划，而制定的符合中国国情的全国自然保护区发展规划。

该纲要明确了中国自然保护区建设的总体目标与分阶段目标，提出了分区规划方案，并制定了实施规划的保证措施。此后，各省、自治区和直辖市也纷纷组织制定所在地区的自然保护区发展规划，将自然保护区发展纳入国民经济和社会发展计划，有效地促进了我国自然保护区的建设和发展。

制定背景　自然资源和生态环境是人类赖以生存和发展的基本条件。人类在长期的社会实践中认识到保护好自然资源和生态环境、保护好生物多样性，对人类的生存和发展具有极为重要的意义。保护自然资源和生态环境的一项重要措施是建立自然保护区，自然保护区可以起到涵养水源、保持水土、调节气候、防风固沙、改善环境等重要作用，自然保护区建设已成为衡量一个国家进步和文明的标准之一。20 世纪 80 年代以来，我国自然保护区事业发展迅速，召开了全国自然保护区区划工作会议，成立了自然保护区区划专业组，各省、自治区、直辖市也相继成立了自然保护区区划小组，保护区数量、面积迅速增加和扩大，在全国初步建成了一个类型比较齐全的自然保护区网络。但自然保护区数量、面积和管理现状同中国拥有的生物多样性及各类自然资源的丰富程度相比，是远不相适应的。为进一步加强自然保护区建设，1997 年 11 月 24 日，经国务院同意，国家环境保护局和国家计划委员会联合印发了《中国自然保护区发展规划纲要（1996—2010 年）》。

主要内容　该纲要共包括 6 大项，24 条内容，在介绍自然保护区建设和管理现状以及规划编制的指导思想与原则的基础上，提出了规划目标和规划方案，以及相应的经费预算和实施规划的保证措施。

①自然保护区建设和管理现状。介绍了自然保护区的建设现状，包括自然保护区的面积、数量以及自然保护区在保护自然资源、生态环境以及珍稀濒危物种方面发挥的作用；介绍了自然保护区管理的现状，包括自然保护区法规体系，环保部门综合管理和林业、农业、海洋、地矿、水利、建设等分部门管理相结合的自然保护区管理体制，管理机构建设和管理人员配备情况；分析了自然保护区建设和管理目前存在的主要问题，例如，建设未能得到普遍重视，数量和面积不能适应自然保护工作的需要，经费投入不足等。

②规划编制的指导思想与原则。自然保护区发展规划编制的指导思想为：以减缓和控制生态环境恶化，保护自然资源和生物多样性，最终实现自然资源的持续利用和自然生态系统良性循环为目的；根据国情和国力，近期从抢救保护角度出发，合理确定规划目标和划定保护区域；到规划期末，在全国范围内建成布局合理、类型齐全、管理科学、执法严格的自然保护区网络，使我国的自然保护事业接近或达到国际先进水平。

自然保护区规划编制的基本原则包括：根据自然地带的递变规律和自然资源的分布特点，全面合理地规划自然保护区；全面规划和突出重点相结合；从抢救应该保护的生态系统和珍稀濒危物种出发，把应该保护的关键地区尽可能划定为自然保护区；加强自然保护区的能力建设，逐步提高自然保护区的管理水平。

③规划目标。纲要提出，自然保护区建设的总目标为建立一个类型齐全、分布合理、面积适宜、建设和管理科学、效益良好的全国自然保护区网络，并通过近期 1996—2000 年、中期 2001—2010 年两个阶段的发展规划来实现。

④规划方案。纲要指出，由于我国自然资源的分布及丰富程度存在着地域分异规律，尤以自然生态系统和物种更为明显，为此，应根据不同自然区域来合理规划自然保护区。根据自然条件、社会经济状况、自然资源分布特点等因素，全国共划分为东北山地平原区、蒙新高原荒漠区、华北平原黄土高原区、青藏高原寒漠区、西南高山峡谷区、中南西部山地丘陵区、华东丘陵平原区、华南低山丘陵区和中国管辖海域区等 9 个自然区域，方案分别提出了这 9 个自然区域的规划目标；此外，还分别针对分类规划、部门建设规划、2000 年国家级自然保护区建设规划、管理规划、科研与人员培训和能力建设规划提出了相关建议。

⑤经费预算。预算了两个规划阶段的基本建设经费和管理经费，为保护区建设提供经费保障。

⑥实施规划的保证措施。包括加强对自然保护区建设的领导，动员全社会力量开展自然保护区建设；制定优惠政策，促进自然保护区事业的发展；切实解决自然保护区建设和管理的经费问题；加强法制建设，加大执法力度；加强对已建自然保护区的监督检查；加强自然保护区有效管理示范工程建设；在自然保护区的建设中，加强该地区控制人口和扶贫等政策措施的实施；加强自然保护区发展规划的落实和组织实施工作。（楚春礼　张清）

Zhongguo Ziran Ziyuan Xuehui

中国自然资源学会（China Society of Natural Resource，CSNR）　由从事自然资源及相关学科的科学研究、工程技术研究、教育以及管理工作者自愿组成并依法登记成立的全国性、学术性法人团体。其前身中国自然资源研究会成立于 1980 年，1993 年更名为中国自然资源学会，是中国科学技术协会的组成部分。

学会宗旨　团结、动员广大会员和科技工作者，以科学发展观为指导，以推动资源学科建设和为国家经济社会发展服务为中心，加强自然资源的综合研究，促进资源科学和技术的发展与繁荣，促进资源科技的普及与推广，促进资源科技人才的成长与提高，促进资源科技与经济社会的结合。为广大会员和科技工作者服务，为国家经济社会发展服务，为提高公民科技素质服务，推动社会主义物质文明、政治文明、精神文明建设，为建设资源节约型社会和创新型国家、实现中华民族伟大复兴而努力奋斗。

组织机构　全国会员代表大会是学会的最高权力机构，每 5 年举行一次会议，理事会是全国会员代表大会的执行机构，办事机构为中国自然资源学会办公室，下设 18 个专业委员会、3 个工作委员会。

主办刊物　《自然资源学报》《应用基础与工程科学学报》《资源科学》，以及“Journal of Resources and Ecology”（《资源与生态学报》）、“Journal of Arid Land”（《干旱区科学》）等。

业务范围　开展国内外学术交流，活跃学术思想，促进学科建设和资源科学的发展；普及科学知识，传播科学思想和方法，推广先进技术，开展群众性特别是青少年的资源科学知识教育活动；承担国家和地区有关资源发展战略、政策和经济建设中的重大决策科技论证，对国家和地区自然资源的调查、评价、开发、利用管理问题发挥咨询作用，积极提出合理化建议；依照有关规定编辑出版自然资源方面的学术著作、刊物和普及读物，提高全民对资源以及资源可持续利用是经济可持续发展的基础的认识，树立新的自然资源观，推动我国资源科学体系的建立、完善和发展；举荐优秀科技人才，维护科技人员的合法权益，反映会员的建议，举办为会员和资源科技工作者服务的各种活动；开展技术咨询和技术服务，从事与自然资源开发利用和生态与环境保护相关的科学技术开发和技术转让。（楚春礼　张清）

Zhonghua Huanbao Shijixing

中华环保世纪行

（Centurial Trip for Chinese Environmental Protection） 由全国人大环境与资源保护委员会牵头，中宣部、原国家环保总局、原国家林业局等14个部委共同组织，《人民日报》、新华社、中央电视台、《中国绿色时报》等28家中央新闻媒体参加的大型资源环境宣传活动。

中华环保世纪行开始于1993年，每年围绕一个环保主题开展宣传活动，旨在大力宣传我国环境与资源保护方面的法律法规，结合中国的实际情况，以法律为武器，宣扬执法好典型，批评违法行为，推动地方政府加强有关法律法规的贯彻执行，推动重大环境问题的解决，提高广大人民群众特别是各级领导干部的法律意识和环境资源意识。

在中华环保世纪行宣传活动的影响下，我国各省、自治区、直辖市都开展了各具特色的地方环保世纪行活动，有力推动了各地区环境与资源保护工作的深入开展，促进了一大批环保问题的解决。

中华环保世纪行活动历年主题见下表。

中华环保世纪行活动历年主题

年份	主题
1993	向环境污染宣战
1994	维护生态平衡
1995	珍惜自然资源
1996	保护生命之水
1997	保护资源永续利用
1998	建设万里文明海疆
1999	爱我黄河
2000	西部开发生态行
2001	保护长江生命河
2002	节约资源，保护环境
2003	推进林业建设，再造秀美山川
2004	珍惜每一寸土地
2005	让人民群众喝上干净的水
2006	推进节约型社会建设
2007	推动节能减排，促进人与自然和谐
2008	节约资源，保护环境
2009	让人民呼吸清新的空气
2010	推动节能减排，发展绿色经济
2011	保护环境，促进发展
2012	科技支撑、依法治理、节约资源、高效利用
2013	大力推进生态文明，努力建设美丽中国
2014	大力推进生态文明，努力建设美丽中国
2015	大力推进生态文明，努力建设美丽中国
2016	大力推进生态文明，努力建设美丽中国
2017	大力推进生态文明，努力建设美丽中国
2018	大力推进生态文明，努力建设美丽中国
2019	守护长江清水绿岸
2020	贯彻习近平生态文明思想，守护黄河流域绿水青山

（楚春礼　张清）

Zhonghua Huanjing Jiang

中华环境奖

（China Environmental Award） 为表彰为中国环保事业做出重大贡献或取得优异成绩的集体和个人，由中华环境保护基金会于2000年设立的中国环境保护领域最高的社会性奖励。一般情况下每两年评选一次，截至2019年已举办十届。

2007年，为支持中国环保事业，彰显企业在环保领域的社会责任，宝山钢铁股份有限公司（以下简称宝钢）向中华环境保护基金会捐赠5 000万元，专门用于开展“中华环境奖”相关环保公益事业，以提高全民族的环境保护意识，促进中国环境保护事业的发展和可持续发展战略的实施。为表彰宝钢在环境保护中做出的优异成绩和对公益事业的支持，经中华环境奖组委会批准，特在奖项名称中冠以“宝钢”的名字。中华环境奖组委会由全国人大环境与资源保护委员会、全国政协人口资源环境委员会、生态环境部、教育部、自然资源部、农业农村部、国家广播电视总局、中华全国总工会、共青团中央、全国妇联、中华环境保护基金会11家部委和单位的有关领导组成，奖项评选与表彰工作接受生态环境部的业务管理。

中华环境奖实行分类申报、分类授奖。奖项参评者的产生实行政府及相关部门推荐与社会推荐相结合的原则，国务院各组成单位、地市级以上人民政府及其相关部门、企事业单位及 3A 级以上社会团体可以直接向组委会推荐各奖项的候选人，不接受个人自行直接申请。

中华环境奖设两个级别的奖项，围绕环境管理、城镇环境、企业环保、生态保护、环保宣教 5 个方面设立，每类奖项评选不超过 5 位获奖者，其中设不超过一个中华环境奖，奖金 50 万元；其余为中华环境优秀奖，每个奖金 10 万元。 （楚春礼　王小虎）

Zhonghua Renmin Gongheguo Gongye He Xinxihua Bu

中华人民共和国工业和信息化部（Ministry of Industry and Information Technology of the People's Republic of China）　负责提出国家工业、通信业、信息化发展战略，制定并组织实施工业、通信业行业规划、计划和产业政策、标准，指导行业发展的中华人民共和国国务院组成部门之一。2008 年，根据第十一届全国人民代表大会第一次会议批准的国务院机构改革方案和《国务院关于机构设置的通知》（国发〔2008〕11 号），设立工业和信息化部。

机构设置　内设办公厅、政策法规司、规划司、财务司、产业政策司、科技司、运行监测协调局、中小企业局、节能与综合利用司、安全生产司、原材料工业司、装备工业司、消费品工业司、军民司、电子信息司、信息技术发展司、信息通信发展司、信息通信管理局、网络安全管理局、无线电管理局（国家无线电办公室）、国际合作司（港澳台办公室）、人事教育司、机关党委（巡视工作办公室）、离退休干部局等。

主要职责　提出新型工业化发展战略和政策，协调解决新型工业化进程中的重大问题，拟定并组织实施工业、通信业、信息化的发展规划，推进产业结构战略性调整和优化升级，推进信息化和工业化融合，推进军民结合、寓军于民的武器装备科研生产体系建设；制定并组织实施工业、通信业的行业规划、计划和产业政策，提出优化产业布局、结构的政策建议，起草相关法律法规草案，制定规章，拟定行业技术规范和标准并组织实施，指导行业质量管理工作；监测分析工业、通信业运行态势，统计并发布相关信息，进行预测预警和信息引导，协调解决行业运行发展中的有关问题并提出政策建议；负责提出工业、通信业和信息化固定资产投资规模和方向（含利用外资和境外投资）、中央财政性建设资金安排的意见，按国务院规定权限审批、核准国家规划内和年度计划规模内固定资产投资项目；拟定高技术产业中涉及生物医药、新材料、航空航天、信息产业等的规划、政策和标准并组织实施，指导行业技术创新和技术进步，以先进适用技术改造提升传统产业；承担振兴装备制造业组织协调的责任；拟定并组织实施工业、通信业的能源节约和资源综合利用、清洁生产促进政策；推进工业、通信业体制改革和管理创新；负责中小企业发展的宏观指导，会同有关部门拟定促进中小企业发展和非国有经济发展的相关政策和措施，协调解决有关重大问题；统筹推进国家信息化工作；统筹规划公用通信网、互联网、专用通信网；统一配置和管理无线电频谱资源；承担通信网络安全及相关信息安全管理的责任；开展工业、通信业和信息化的对外合作与交流，代表国家参加相关国际组织等。

2015 年，根据《中央编办关于工业和信息化部有关职责和机构调整的通知》（中央编办发〔2015〕17 号），职责调整后，工业和信息化部负责网络强国建设相关工作，推动实施宽带发展；负责互联网行业管理（含移动互联网）；协调电信网、互联网、专用通信网的建设，促进网络资源共建共享；组织开展新技术新业务安全评估，加强信息通信业准入管理，拟定相关政策并组织实施；指导电信和互联网相关行业自律和相关行业组织发展；负责电信网、互联网网络与信息安全技术平台的建设和使用管理；负责信息通信领域网络与信息安全保障体系建设；拟定电信网、互联网及工业控制系统网络与信息安全规划、政策、标准并组织实施，加强电信网、互联网及工业控制系统网络安全审查；拟定电信网、互联网数据安全管理政策、规范、标准并组织实施；负责网络安全防护、应急管理和处置；加强和改善工业和通信业行业管理，充分发挥市场机制配置资源的决定性作用，强化工业和通信业发展战略规划、政策标准的引导和约束作用；根据职责分工拟定推动传统产业技术改造相关政策并组织实施；加强对促进中小企业发展的宏观指导和综合协调；加快推进信息化和工业化融合发展，大力促进电信、广播电视和计算机网络融合，着力推动军民融合深度发展，寓军于民，促进工业由大变强等。

（鞠美庭　楚春礼）

Zhonghua Renmin Gongheguo Guojia Fazhan He Gaige Weiyuanhui

中华人民共和国国家发展和改革委员会

（National Development and Reform Commission of the People's Republic of China）　贯彻落实党中央关于发展改革工作的方针政策和决策部署的中华人民共和国国务院的组成部门之一。2003 年，根据第十届全国人民代表大会第一次会议通过的国务院机构改革方案，将国家发展计划委员会改组为国家发展和改革委员会，以完善宏观调控体系。

机构设置　内设办公厅、政策研究室、发展战略和规划司、国民经济综合司、经济运行调节局、体制改革综合司、固定资产投资司、利用外资和境外投资司（港澳台办公室）、地区经济司（京津冀协同发展领导小组办公室）、地区振兴司、区域开放司（推进“一带一路”建设工作领导小组办公室）、农村经济司、基础设施发展司（推动长江经济带发展领导小组办公室）、产业发展司、创新和高技术发展司、资源节约和环境保护司、社会发展司、就业收入分配和消费司、经济贸易司、财政金融和信用建设司、价格司、法规司、国际合作司、人事司、经济与国防协调发展司、评估督导司、离退休干部局等机构。

主要职责　拟定并组织实施国民经济和社会发展战略、中长期规划和年度计划；提出加快建设现代化经济体系、推动高质量发展的总体目标、重大任务以及相关政策；统筹提出国民经济和社会发展主要目标，监测预测预警宏观经济和社会发展态势趋势，提出宏观调控政策建议；指导推进和综合协调经济体制改革有关工作，提出相关改革建议；提出利用外资和境外投资的战略、规划、总量平衡和结构优化政策；负责投资综合管理，拟定全社会固定资产投资总规模、结构调控目标和政策，会同相关部门拟定政府投资项目审批权限和政府核准的固定资产投资项目目录；推进落实区域协调发展战略、新型城镇化战略和重大政策，组织拟定相关区域规划和政策；组织拟定综合性产业政策；推动实施创新驱动发展战略；跟踪研判有关风险隐患，提出相关工作建议；负责社会发展与国民经济发展的政策衔接，协调有关重大问题；推进实施可持续发展战略，推动生态文明建设和改革，协调生态环境保护与修复、能源资源节约和综合利用等工作；会同有关部门拟定推进经济建设与国防建设协调发展的战略和规划，协调有关重大问题；承担国家国防动员委员会、国务院西部地区开发领导小组、国务院振兴东北地区等老工业基地领导小组、推进“一带一路”建设工作领导小组、京津冀协同发展领导小组、推动长江经济带发展领导小组、粤港澳大湾区建设领导小组、推进海南全面深化改革开放领导小组等有关具体工作；管理国家粮食和物资储备局、国家能源局等。

（鞠美庭　楚春礼）

Zhonghua Renmin Gongheguo Guojia Weisheng Jiankang Weiyuanhui

中华人民共和国国家卫生健康委员会

（National Health Commission of the People's Republic of China）　贯彻落实党中央关于卫生健康工作的方针政策和决策部署的中华人民共和国国务院的组成部门之一。

2018 年 3 月，根据第十三届全国人民代表大会第一次会议批准的国务院机构改革方案，将国家卫生和计划生育委员会、国务院深化医药卫生体制改革领导小组办公室、全国老龄工作委员会办公室的职责，工业和信息化部的牵头《烟草控制框架公约》履约工作职责，国家安全生产监督管理总局的职业安全健康监督管理职责整合，组建国家卫生健康委员会，作为国务院组成部门。保留全国老龄工作委员会，日常工作由国家卫生健康委员会承担。不再保留国家卫生和计划生育委员会。不再设立国务院深化医药卫生体制改革领导小组办公室。

机构设置 内设办公厅、人事司、规划发展与信息化司、财务司、法规司、体制改革司、疾病预防控制局、医政医管局、基层卫生健康司、卫生应急办公室（突发公共卫生事件应急指挥中心）、科技教育司、综合监督局、药物政策与基本药物制度司、食品安全标准与监测评估司、老龄健康司、妇幼健康司、职业健康司、人口监测与家庭发展司、宣传司、国际合作司（港澳台办公室）、保健局等机构。

主要职责 组织拟定国民健康政策，拟定卫生健康事业发展法律法规草案、政策、规划，制定部门规章和标准并组织实施。协调推进深化医药卫生体制改革，研究提出深化医药卫生体制改革重大方针、政策、措施的建议。制定并组织落实疾病预防控制规划、国家免疫规划以及严重危害人民健康公共卫生问题的干预措施，制定检疫传染病和监测传染病目录。负责卫生应急工作，组织指导突发公共卫生事件的预防控制和各类突发公共事件的医疗卫生救援。组织拟定并协调落实应对人口老龄化的政策措施，负责推进老年健康服务体系建设和医养结合工作。组织制定国家药物政策和国家基本药物制度，开展药品使用监测、临床综合评价和短缺药品预警，提出国家基本药物价格政策的建议，参与制定国家药典。组织开展食品安全风险监测评估，依法制定并公布食品安全标准。负责职责范围内的职业卫生、放射卫生、环境卫生、学校卫生、公共场所卫生、饮用水卫生等公共卫生的监督管理，负责传染病防治监督，健全卫生健康综合监督体系。制定医疗机构、医疗服务行业管理办法并监督实施，建立医疗服务评价和监督管理体系。负责计划生育管理和服务工作，开展人口监测预警，研究提出人口与家庭发展相关政策建议，完善计划生育政策。指导地方卫生健康工作，指导基层医疗卫生、妇幼健康服务体系和全科医生队伍建设。推进卫生健康科技创新发展。负责中央保健对象的医疗保健工作，负责党和国家重要会议与重大活动的医疗卫生保障工作。管理国家中医药管理局，代管中国老龄协会，指导中国计划生育协会的业务工作。

（鞠美庭　楚春礼）

《Zhonghua Renmin Gongheguo Huanjing Yu Fazhan Baogao》

《中华人民共和国环境与发展报告》

（Report on the State of the Environment and Development in China）　为了迎接1992年在巴西召开的联合国环境与发展大会，中国政府于1991年编制的关于中华人民共和国环境与发展的国家报告。报告客观地分析了我国环境与社会经济的发展状况和趋势，比较全面地介绍了我国环境与发展问题的主要对策，以及对联合国环境与发展大会的原则、立场和态度。

编制背景 1989年12月22日，联合国大会第44届会议第85次全体会议通过了第44/228号决议，决定于1992年6月5日在巴西召开为期两周的联合国环境与发展大会。决议认为，自1972年在瑞典斯德哥尔摩召开联合国人类环境会议以来，全球环境状况继续恶化，生命维持系统严重退化，照此趋势发展下去，将会导致全球生态失衡、发生生态灾难，因此迫切需要各国提高认识、采取紧急行动，以保护地球的生态平衡。为了迎接1992年的联合国环境与发展大会，我国政府根据联合国环境与发展大会筹备委员会于1990年8月在内罗毕召开的第一届会议确定的国家报告准则，成立国家报告领导小组，开展报告起草工作。1990年12月至1991年6月，经过多个部门的合作，并多次召开座谈会讨论、修改、征求意见，最终形成了《中华人民共和国环境与发展报告》送审稿，1991年7月，获政府批准。

主要内容 该报告主要包括中国环境保护的主要成就、中国2000年环境与社会经济协调发展规划和措施以及中国对1992年联合国环境与发展大会的原则立场和希望三个部分。中国环境保护的主要成就介绍了中国在农业生态环境、林业生态工程、防洪体系、水土保持、工业污染防治、城市基础设施、物种资源保护以及人民生活方面取得的进步和成绩；中国2000年环境与社会经济协调发展规划和措施主要介绍了到2000年规划的具体目标，包括植树造林、水土流失治理、环境污染控制等方面的具体目标，以及将要采取的主要措施，例如，制定和实施正确的产业政策、调整产业结构、制定工业发展的地区布局规划等；中国对1992年联合国环境与发展大会的原则立场和希望主要介绍了中国作为发展中国家在对待全球生态环境活动时所遵守的基本原则，以及对大会在资金、技术等方面给予发展中国家支持和帮助的期望。

（楚春礼　张清）

Zhonghua Renmin Gongheguo Jiaotong Yunshu Bu

中华人民共和国交通运输部（Ministry of Transport of the People's Republic of China）负责优化交通运输布局，发挥整体优势和组合效率，加快形成便捷、通畅、高效、安全的综合运输体系的中华人民共和国国务院的组成部门之一。2008年在原交通部基础上组建。

机构设置 内设办公厅、政策研究室、法制司、综合规划司、公路局、水运局、运输服务司、安全与质量监督管理司、科技司、国际合作司、公安局、中国海上搜救中心等机构。

主要职责 推进综合交通运输体系建设，统筹规划铁路、公路、水路、民航以及邮政行业发展，建立与综合交通运输体系相适应的制度体制机制，优化交通运输主要通道和重要枢纽节点布局，促进各种交通运输方式融合。组织拟定综合交通运输发展战略和政策，组织编制综合交通运输体系规划，拟定铁路、公路、水路发展战略、政策和规划，指导综合交通运输枢纽规划和管理。组织起草综合交通运输法律法规草案，统筹铁路、公路、水路、民航、邮政相关法律法规草案的起草工作。拟定综合交通运输标准，协调衔接各种交通运输方式标准。牵头组织编制国家重大海上溢油应急处置预案并组织实施，承担组织、协调、指挥重大海上溢油应急处置等有关工作。负责船员管理和防抗海盗有关工作。负责国家公路网运行监测和应急处置协调工作，承担综合交通运输统计工作，监测分析交通运输运行情况，发布有关信息。拟定经营性机动车营运安全标准，指导营运车辆综合性能检测管理，参与机动车报废政策、标准制定工作。承担公路、水路国家重点基本建设项目的绩效监督和管理工作。统筹协调交通运输国际合作与交流有关事项。管理国家铁路局、中国民用航空局、国家邮政局。拟定渔业船舶检验政策法规及标准，负责渔业船舶检验监督管理和行业指导，以及渔业船舶和船用产品法定检验等工作。指导交通运输综合执法和队伍建设有关工作。

（鞠美庭　楚春礼）

《Zhonghua Renmin Gongheguo Kechixu Fazhan Guojia Baogao》

《中华人民共和国可持续发展国家报告》（The People's Republic of China National Report on Sustainable Development）　中国政府向联合国有关会议提交的关于中国推进可持续发展的进程、挑战以及战略举措的国家报告。

为了迎接1997年第十九届环境与发展事务特别联大会议、2002年联合国可持续发展世界首脑会议以及2012年联合国可持续发展大会，我国分别编制了三次《中华人民共和国可持续发展国家报告》。在内容上，三次报告结构基本一致，首先对中国实施可持续发展战略的进展、面临的挑战和战略部署进行总体概述，之后对中国推进可持续发展的努力和进展进行详细阐述，在此基础之上，提出中国可持续发展的战略设想和政策措施，最后提出中国政府对大会目标和主题的基本立场以及关于可持续发展若干问题的基本原则和立场。

《中华人民共和国可持续发展国家报告》是中国践行可持续发展战略的国家行动报告，记录了中国从实施可持续发展战略到不断深化对可持续发展内涵的认识并付诸实践的过程，宣传和展示了中国在可持续发展领域所付出的努力以及取得的成就，同时也有助于进一步加强中国与世界各国在可持续发展领域里的合作和交流。（楚春礼　张清）

Zhonghua Renmin Gongheguo Nongye Nongcun Bu

中华人民共和国农业农村部　（Ministry of Agriculture and Rural Affairs of the People's Republic of China）　负责统筹研究和组织实施“三农”工作战略、规划和政策，监督管理种植业、畜牧业、渔业、农垦、农业机械化、农产品质量安全、农业投资等的中华人民共和国国务院组成部门之一。

最早成立于1949年，后多次与其他部合并拆分，直到1988年，农牧渔业部撤销，成立农业部。2018年3月，根据第十三届全国人民代表大会第一次会议批准的国务院机构改革方案，将农业部的职责整合，组建中华人民共和国农业农村部，不再保留农业部。

机构设置　内设办公厅（对台湾农业事务办公室）、人事司、法规司、政策与改革司、发展规划司、计划财务司、国际合作司、种植业管理司（农药管理司）、农业机械化管理司、畜牧兽医局、农垦局、渔业渔政管理局、农产品质量安全监管司、长江流域渔政监督管理办公室等部机关，下辖中国农业科学院、中国水产科学研究院、中国热带农业科学院、全国农业展览馆（中国农业博物馆）、农民日报社、中国农业出版社（农村读物出版社）、农业农村部规划设计研究院、农业农村部农业机械试验鉴定总站、农业农村部农业机械化技术开发推广总站、全国畜牧总站（中国饲料工业协会）、中国动物疫病预防控制中心（农业农村部屠宰技术中心）、中国动物卫生与流行病学中心、中国农垦经济发展中心（农业农村部南亚热带作物中心）等直属单位。

主要职责　统筹研究和组织实施“三农”工作的发展战略、中长期规划、重大政策，组织起草农业农村有关法律法规草案，制定部门规章，指导农业综合执法，参与涉农的财税、价格、收储、金融保险、进出口等政策制定；统筹推动发展农村社会事业、农村公共服务、农村文化、农村基础设施和乡村治理，牵头组织改善农村人居环境，指导农村精神文明和优秀农耕文化建设，指导农业行业安全生产工作；拟定深化农村经济体制改革和巩固完善农村基本经营制度的政策，负责农民承包地、农村宅基地改革和管理，以及农村集体产权制度改革、农民合作经济组织指导等工作；指导乡村特色产业、农产品加工业、休闲农业和乡镇企业发展工作；负责种植业、畜牧业、渔业、农垦、农业机械化等农业各产业的监督管理，指导粮食等农产品生产，构建现代农业产业体系、生产体系、经营体系，负责双多边渔业谈判和履约、远洋渔业管理和渔政渔港监督管理等工作；负责农产品质量安全监督管理，组织开展农产品质量安全监测、追溯、风险评估，提出技术性贸易措施建议，参与制定农产品质量安全国家标准并会同有关部门组织实施等工作；组织农业资源区划工作，指导农用地、渔业水域以及农业生物物种资源的保护与管理，指导农产品产地环境管理和农业清洁生产，牵头管理外来物种等工作；负责有关农业生产资料和农业投入品的监督管理，组织农业生产资料市场体系建设，制定兽药质量、兽药残留限量和残留检测方法国家标准并按规定发布，组织兽医医政、兽药药政药检等工作；负责农业防灾减灾、农作物重大病虫害防治工作，指导动植物防疫检疫体系建设，组织、监督国内动植物防疫检疫等工作；负责农业投资管理，提出农业投融资体制机制改革建议，编制中央投资安排的农业投资项目建设规划，负责农业投资项目资金安排和监督管理等；推动农业科技体制改革和农业科技创新体系建设，指导农业产业技术体系和农技推广体系建设，组织开展农业领域的高新技术和应用技术研究、科技成果转化和技术推广等；指导农业农村人才工作，拟定农业农村人才队伍建设规划并组织实施，指导新型职业农民培育、农业科技人才培养和农村实用人才培训等工作；牵头开展农业对外合作工作等。

（鞠美庭　楚春礼）

Zhonghua Renmin Gongheguo Shengtai Huanjing Bu

中华人民共和国生态环境部（Ministry of Ecology and Environment of the People's Republic of China）　负责有关生态环境事项的中华人民共和国国务院的组成部门之一。

沿革　1974 年 10 月，国务院环境保护领导小组成立，负责国家环境保护相关工作。1982 年 5 月，第五届全国人民代表大会常务委员会第二十三次会议决定，将国家建委、国家城建总局、建工总局、国家测绘局、国务院环境保护领导小组办公室合并，组建城乡建设环境保护部，部内设环境保护局。1984 年 5 月，国务院环境保护委员会成立，负责研究审定有关环境保护的方针、政策，提出规划要求，领导和组织协调全国的环境保护工作，办事机构设在城乡建设环境保护部（由环境保护局代行）。1984 年 12 月，城乡建设环境保护部环境保护局改为国家环境保护局，仍归城乡建设环境保护部领导，同时也是国务院环境保护委员会的办事机构，主要任务是负责全国环境保护的规划、协调、监督和指导工作。1988 年 7 月，将环保工作从城乡建设环境保护部分离出来，成立独立的国家环境保护局（副部级），明确为国务院综合管理环境保护的职能部门，作为国务院直属机构，也是国务院环境保护委员会的办事机构。1998 年 6 月，国家环境保护局升格为国家环境保护总局（正部级），是国务院主管环境保护工作的直属机构，撤销国务院环境保护委员会。2008 年 7 月，国家环境保护总局升格为环境保护部。2018 年 3 月，根据第十三届全国人民代表大会第一次会议批准的国务院机构改革方案，将环境保护部的职责，国家发展和改革委员会的应对气候变化和减排职责，国土资源部的监督防止地下水污染职责，水利部的编制水功能区划、排污口设置管理、流域水环境保护职责，农业部的监督指导农业面源污染治理职责，国家海洋局的海洋环境保护职责，国务院南水北调工程建设委员会办公室的南水北调工程项目区环境保护职责整合，组建生态环境部，不再保留环境保护部。生态环境部对外保留国家核安全局牌子。

机构设置　内设办公厅、中央生态环境保护督察办公室、综合司、法规与标准司、行政体制与人事司、科技与财务司、自然生态保护司、水生态环境司、海洋生态环境司、大气环境司、生态环境部党校等机关司局。派出华北督察局、华北核与辐射安全监督站、东北核与辐射安全监督站等机构。下辖环境应急与事故调查中心、机关服务中心、中国环境科学研究院、中国环境监测总站、中国环境出版集团有限公司、中国环境报社、北戴河环境技术交流中心、兴城环境管理研究中心等直属单位。

主要职责　建立健全生态环境基本制度；负责重大生态环境问题的统筹协调和监督管理；监督管理国家减排目标的落实；提出生态环境领域固定资产投资规模和方向、国家财政性资金安排的意见，按国务院规定权限审批、核准国家规划内和年度计划规模内固定资产投资项目，配合有关部门做好组织实施和监督工作，参与指导推动循环经济和生态环保产业发展；负责环境污染防治的监督管理；指导协调和监督生态保护修复工作；负责核与辐射安全的监督管理；负责生态环境准入的监督管理；负责生态环境监测工作；负责应对气候变化工作；组织开展中央生态环境保护督察；统一负责生态环境监督执法；组织指导和协调生态环境宣传教育工作；开展生态环境国际合作交流。

（鞠美庭　楚春礼）

Zhonghua Renmin Gongheguo Shuili Bu

中华人民共和国水利部（Ministry of Water Resources of the People's Republic of China）负责落实党中央关于水利工作的方针政策和决

策部署的中华人民共和国国务院的组成部门之一。于1949年成立，后几经与电力工业部合并为水利电力部，1988年，再次拆分为水利部和能源部。

机构设置 内设办公厅、规划计划司、政策法规司、财务司、人事司、水资源管理司、全国节约用水办公室、水利工程建设司、运行管理司、湖库管理司、水土保持司、农村水利水电司、水库移民司、监督司、水旱灾害防御司、水文司、三峡工程管理司、南水北调工程管理司、调水管理司、国际合作与科技司等机构，下辖长江水利委员会、黄河水利委员会、太湖流域管理局、水利部信息中心（水利部水文水资源监测预报中心）、水利部水利水电规划设计总院、中国水利水电科学研究院、中国水利报社、中国水利水电出版社等直属单位。

主要职责 保障水资源的合理开发利用；负责生活、生产经营和生态环境用水的统筹和保障；按规定制定水利工程建设有关制度并组织实施；指导水资源保护工作；负责节约用水工作；指导水文工作；指导水利设施、水域及其岸线的管理、保护与综合利用；指导监督水利工程建设与运行管理；负责水土保持工作；指导农村水利工作；指导水利工程移民管理工作；负责重大涉水违法事件的查处，协调和仲裁跨省、自治区、直辖市水事纠纷，指导水政监察和水行政执法；开展水利科技和外事工作；落实综合防灾减灾规划相关要求，组织编制洪水干旱灾害防治规划和防护标准并指导实施。

（鞠美庭　楚春礼）

Zhonghua Renmin Gongheguo Wenhua He Lüyou Bu

中华人民共和国文化和旅游部 （Ministry of Culture and Tourism of the People's Republic of China） 坚持中国特色社会主义文化发展道路，统筹国家文化事业、文化产业发展和旅游资源开发的中华人民共和国国务院组成部门之一。

2018年3月，根据第十三届全国人民代表大会第一次会议批准的国务院机构改革方案，将文化部、国家旅游局的职责整合，组建文化和旅游部。不再保留文化部、国家旅游局。

机构设置 设科技教育司、艺术司、非物质文化遗产司、国际交流与合作局（港澳台办公室）等部机关，以及中国艺术研究院、国家图书馆、故宫博物院、中国国家博物馆等直属单位。主管《中国文化报》《音乐生活报》《中国旅游报》《中国岩画》《紫禁城》《中国音乐学》《中国艺术时空》，以及文化艺术出版社等新闻出版单位。

主要职责 贯彻落实党的文化工作方针政策，研究拟定文化和旅游政策措施，起草文化和旅游法律法规草案；统筹规划文化事业、文化产业和旅游业发展，拟定发展规划并组织实施，推进文化和旅游融合发展，推进文化和旅游体制机制改革；管理全国性重大文化活动，指导国家重点文化设施建设；指导、管理文艺事业，指导艺术创作生产，扶持体现社会主义核心价值观且具有导向性、代表性、示范性的文艺作品，推动各门类艺术、各艺术品种发展；负责公共文化事业发展，推进国家公共文化服务体系建设和旅游公共服务建设，深入实施文化惠民工程，统筹推进基本公共文化服务标准化、均等化；指导、推进文化和旅游科技创新发展，推进文化和旅游行业信息化、标准化建设；负责非物质文化遗产保护，推动非物质文化遗产的保护、传承、普及、弘扬和振兴；统筹规划文化产业和旅游产业，组织实施文化和旅游资源普查、挖掘、保护和利用工作，促进文化产业和旅游产业发展；指导文化和旅游市场发展；指导全国文化市场综合执法；指导、管理文化和旅游对外及对港澳台交流、合作和宣传、推广工作。（鞠美庭　楚春礼）

Zhonghua Renmin Gongheguo Yingji Guanli Bu

中华人民共和国应急管理部 （Ministry of Emergency Management of the People's Republic of China） 负责全国防灾减灾救灾和应急管理工作、确保人民群众生命财产安全和社会稳定的中华人民共和国国务院组成部门之一。

2018年根据第十三届全国人民代表大会第一次会议批准的国务院机构改革方案，将国家安全生产监督管理总局的职责，国务院办公厅的应急管理职责，公安部的消防管理职责，民政部的救灾职责，国土资源部的地质灾害防治、水利部的水旱灾害防治、农业部的草原防火、国家林业局的森林防火相关职责，中国地震局的震灾应急救援职责以及国家防汛抗旱总指挥部、国家减灾委员会、国务院抗震救灾指挥部、国家森林防火指挥部的职责整合，组建应急管理部，作为国务院组成部门。中国地震局、国家煤矿安全监察局由应急管理部管理。不再保留国家安全生产监督管理总局。

机构设置 设国家防汛抗旱总指挥部、国务院抗震救灾指挥部、国务院安全生产委员会、国家森林草原防灭火指挥部和国家减灾委员会等议事机构，救援协调和预案管理局、应急指挥中心、火灾防治管理司、教育训练司、风险监测和综合减灾司等机关司局，以及中国地震局、国家煤矿安全监察局、消防救援局、森林消防局、国家安全生产应急救援中心等部属单位。

主要职责 组织编制国家应急总体预案和规划，指导各地区、各部门应对突发事件工作，推动应急预案体系建设和预案演练。建立灾情报告系统并统一发布灾情，统筹应急力量建设和物资储备并在救灾时统一调度，组织灾害救助体系建设，指导安全生产类、自然灾害类应急救援，承担国家应对特别重大灾害指挥部工作。指导火灾、水旱灾害、地质灾害等的防治。负责安全生产综合监督管理和工矿商贸行业安全生产监督管理等。处理好防灾和救灾的关系，明确与相关部门和地方各自职责分工，建立协调配合机制。 （鞠美庭 楚春礼）

Zhonghua Renmin Gongheguo Zhufang He Chengxiang Jianshe Bu

中华人民共和国住房和城乡建设部（Ministry of Housing and Urban-Rural Development of the People's Republic of China） 负责住房和城乡建设行政管理的中华人民共和国国务院的组成部门之一。2008年由“建设部”改为“住房和城乡建设部”。

机构设置 内设办公厅、法规司、住房改革与发展司（研究室）、住房保障司、标准定额司、房地产市场监管司、建筑市场监管司、城市建设司、村镇建设司、工程质量安全监管司、建筑节能与科技司、住房公积金监管司、城市管理监督局、计划财务与外事司和人事司等机构。

主要职责 保障城镇低收入家庭住房；推进住房制度改革；规范住房和城乡建设管理秩序；建立科学规范的工程建设标准体系；规范房地产市场秩序、监督管理房地产市场；监督管理建筑市场、规范市场各方主体行为；指导城市市政公用设施建设、安全和应急管理；规范村镇建设、指导全国村镇建设；承担建筑工程质量安全监管的责任；推进建筑节能、城镇减排；负责住房公积金监督管理，确保公积金的有效使用和安全；开展住房和城乡建设方面的国际交流与合作等。 （鞠美庭 楚春礼）

Zhonghua Renmin Gongheguo Ziran Ziyuan Bu

中华人民共和国自然资源部 （Ministry of Natural Resources of the People's Republic of China） 贯彻落实党中央关于自然资源工作的方针政策和决策部署的中华人民共和国国务院的组成部门之一。

2018年3月，根据第十三届全国人民代表大会第一次会议批准的国务院机构改革方案，将国土资源部的职责，国家发展和改革委员会的组织编制主体功能区规划职责，住房和城乡建设部的城乡规划管理职责，水利部的水资源调查和确权登记管理职责，农业部的草原资源调查和确权登记管理职责，国家林业局的森林、湿地等资源调查和确权登记管理职责，国家海洋局的职责，国家测绘地理信息局的职责整合，组建自然资源部。自然资源部对外保留国家海洋局牌子。

机构设置 内设办公厅、综合司、法规司、自然资源确权登记局等机构。派出国家自然资源督察北京局、海南测绘地理信息局、自然资源部北海局、自然资源部东海局、自然资源部南海局等机构。下辖机关服务局、咨询研究中心、信息中心、国家海洋信息中心、自然资源报社、城乡规划管理中心等直属单位。

主要职责 履行全民所有土地、矿产、森林、草原、湿地、水、海洋等自然资源资产所有者职责和所有国土空间用途管制职责；自然资源调查监测评价；负责自然资源统一确权登记工作；负责自然资源资产有偿使用工作；负责自然资源的合理开发利用；建立空间规划体系并监督实施；统筹国土空间生态修复；组织实施最严格的耕地保护制度；管理地质勘查行业和全国地质工作；落实综合防灾减灾规划相关要求；负责矿产资源管理工作；监督实施海洋战略规划和发展海洋经济；负责海洋开发利用和保护的监督管理工作；负责测绘地理信息管理工作；推动自然资源领域科技发展；开展自然资源国际合作；根据中央授权，对地方政府落实党中央、国务院关于自然资源和国土空间规划的重大方针政策、决策部署及法律法规执行情况进行督察；管理国家林业和草原局；管理中国地质调查局。（鞠美庭 楚春礼）

Zhongyang Renkou Ziyuan Huanjing Gongzuo Zuotanhui

中央人口资源环境工作座谈会（Symposium on Population，Resources and Environment of CPC Central Committee） 我国中央政府讨论人口、资源、环境问题，制定未来工作战略的工作性会议。1997年“两会”期间首次召开“中央计划生育和环境保护工作座谈会”，第一次正式将同样也是基本国策的环境保护问题纳入议题。从1999年开始正式更名为“中央人口资源环境工作座谈会”，持续到2005年，每年在“两会”期间召开，主要有党和国家领导人、人口资源环境等有关部门的负责人，以及各省、自治区、直辖市党委和政府的主要负责人参加会议。

中央人口资源环境工作座谈会显示了党和国家领导人对人口、资源与环境问题的重视以及对落实环境保护基本国策的坚定信心，对于认清我国当前的人口、资源、环境面临的形势，制定未来发展战略和各领域的工作重点起着重要的作用，是我国确保各发展阶段人口、资源、环境与经济建设协调发展的重要会议。

（楚春礼 蒋婧博）

《Ziyuan Kexue》

《资源科学》（Resource Science） 由中国科学院地理科学与资源研究所和中国自然资源学会主办的综合性学术期刊，刊登资源科学领域具有创新性的论文，报道最新的研究成果，发表相关的学术评论，介绍学科的前沿动态，为建立和发展资源科学理论体系、促进我国资源的可持续利用服务。

创刊于1977年，原名《自然资源》，半年刊，1979年改为公开发行的季刊，1989年改为双月刊，1998年经中国科学院和国家科委批准改为现名，现为月刊。所刊载的文章绝大部分是国家自然科学基金、国家重点基础研究发展规划、国家攻关计划以及国家有关部门重大或重点项目的研究成果。设置综论、专论、专栏、综述、评论、简讯等6类18个栏目，每期3～5个栏目。其中，综论重点登载资源科学理论、重大资源环境问题和资源科学方法论等方面的综合性论文。专栏登载编辑部特约专稿，系统报道省部级以上项目的研究成果，全国性或国际学术会议的部分优秀论文，或者是围绕某一个科学问题展开的专题学术讨论。综述主要围绕学术界关注的热点问题介绍国内外资源科学领域的研究进展。评论主要针对近期出版的专著和报、刊登载的文章，以及重大资源工程立项等有关问题发表作者独立的见解和意见。简讯快速报道有创新性的阶段性成果，以及有关的重要学术活动、科技新闻、学术会议通知和书讯等。主要读者对象为自然资源、社会资源、资源管理与资源立法等学科领域的研究人员、技术人员、管理人员和大专院校师生等。该刊是中国科学引文数据库（CSCD）、中国期刊全文数据库（CNKI）、中文社会科学引文索引（CSSCI）、中国核心期刊（遴选）数据库等收录期刊。2012年被评为中国国际影响力优秀学术期刊，2015 年荣获中国百种杰出学术期刊称号。国际标准刊号为 ISSN 1007-7588，国内统一刊号为 CN 11-3868/N，邮发代号为 82-4。　　（楚春礼　张士秋）

《Ziran Zaihai Xuebao》

《自然灾害学报》（Journal of Natural Disasters）由中国地震局主管，中国灾害防御协会和中国地震局工程力学研究所共同主办的灾害科学方面的综合性学术期刊，为我国灾害科学方面的权威性刊物。主要刊载灾害防御研究、灾害的预测、灾害的危险性评估、农业减灾、气象减灾、城市减灾、减灾方针和管理体制、自然灾害的社会因素、国内外地震灾害损失预测、增强减灾意识、防灾减灾系统工程等方面的文章，旨在反映自然灾害的孕育和发生机理、灾害的预测和预防、灾害的危险性评估、灾害与人类社会的关系及其影响以及其他防灾减灾系统工程方面的研究成果，促进国内外学术交流。

创刊于 1992 年，2004 年起由季刊改为双月刊，国内外公开发行。该刊是中国学术期刊综合评价数据库（CAJCED）、中国科学引文数据库（CSCD）、中国期刊全文数据库（CNKI）、中国学术期刊（光盘版）、中国核心期刊（遴选）数据库等收录期刊。荣获首届《CAJ-CD 规范》执行优秀期刊称号，2005 年首届黑龙江省出版精品工程奖提名奖，2009 年中国地震局系统优秀期刊评比一等奖，2013 年中国国际影响力优秀学术期刊称号，并于 2014 年入选“中国精品科技期刊”。国际标准刊号为 ISSN 1004-4574，国内统一刊号为 CN 23-1324/X。　　（楚春礼　张士秋）

《Ziran Ziyuan Xuebao》

《自然资源学报》（Journal of Natural Resources）　由中国科学技术学会主管、中国自然资源学会和中国科学院地理科学与资源研究所共同主办的学术类期刊，主要报道我国自然资源的数量与质量评价，资源开发、利用、管理与保护等领域的研究成果，开展有关学科领域内的学术交流和学术讨论，促进自然资源学科研究的繁荣。

创刊于 1986 年，为月刊。报道范围包括：自然资源学科理论研究的最新成果；自然资源考察开发、利用、治理和保护的经验及研究成果；自然资源可持续发展研究及其在开发、利用中出现的安全问题；自然资源开发、利用及其与生态系统之间的协调问题；各种自然资源的时空分布及其数量与质量方面的评价；自然资源研究中新技术、新方法的应用及其研究成果；国内外自然资源研究的新进展和发展趋势，包括自然资源研究中不同学术观点的讨论；其他与自然资源研究领域有关的信息，包括学会、各地分会和学报的通讯等。主要栏目有：理论探讨、资源利用与管理、资源安全、资源生态、资源评价、资源研究方法和综述等。该刊为中国自然科学核心期刊，曾被评为中国国际影响力优秀学术期刊、中国精品科技期刊，并多次荣获中国百种杰出学术期刊称号。国际标准刊号为 ISSN 1000-3037，国内统一刊号为 CN 11-1912/N，邮发代号为 82-322。

（楚春礼　张士秋）

zonghe fangzhi

综合防治　（comprehensive prevention and treatment）　将环境作为一个有机整体，根据当地的自然条件，着眼于污染物的产生、迁移转化和处理处置整个生命周期过程的各个环节，采取法律、行政、经济和技术相结合的综合措施，最大限度地合理利用资源，减少污染物的产生和排放，以期用最经济的方法获取最佳的防治效果的一种污染防治理念。综合防治是当前我国环境保护基本国策的重要理念。

对于国家、区域乃至地方各环境保护对象来说，环境污染综合防治需要综合考虑大气、水体、土壤、噪声等各环境要素，同时，还需要综合考虑资源、经济、生态和健康等各个方面，针对源头预防、过程控制、末端治理全过程采取综合防治措施。

我国的环境污染综合防治理念是在工业“三废”治理的基础上提出来的。1972 年，我国在联合国人类环境会议上提出“全面规划，合理布局，综合利用，化害为利，依靠群众，大家动手，保护环境，造福人民”的环境保护工作方针，明确了环境污染综合防治的思想。随着我国环境保护工作的不断深入，如今环境污染综合防治的范围已经逐步从区域扩展到行业领域。“十二五”期间，我国实施重点流域水污染综合防治战略，努力恢复江河湖泊的生机和活力，促进流域经济社会的可持续发展。2018年，全国生态环境保护大会提出“山水林田湖草是生命共同体”的整体系统观，要求统筹兼顾、整体施策、多措并举，全方位、全地域、全过程开展生态文明建设。

大气污染综合防治 从区域环境整体出发，充分考虑区域的环境特征，综合运用各种大气污染防治的技术措施和对策，对影响大气质量的多种因素进行综合系统分析，确定最优的控制技术方案和工程措施并加以实施，以期达到区域大气环境质量控制目标的要求。当前，我国城市大气污染综合防治措施主要包括：①发展城市集中供热，节约能源使用；②推广洗选煤和型煤的生产和使用，提高煤的节能效率和污染减排效率；③改进城市燃料结构，提高煤气、天然气、液化石油气在城市燃料消费结构中的比重，开发绿色能源；④依靠污染治理技术创新，防治污染；⑤优化城市布局，扩大城市绿化面积；⑥科学使用大气环境容量，推行大气污染物总量控制；⑦依靠市场经济手段防治城市大气污染，调整排污收费标准，改革排污收费制度，由超标收费向总量排污收费转变，由单一浓度收费向浓度与总量收费相结合转变，探索和实施大气污染物排污权交易。

水污染综合防治 以改善水环境质量为核心，从水资源和水环境整体出发，强化源头控制，水陆统筹、河海兼顾，对江河湖海实施分流域、分区域、分阶段科学治理，系统推进水污染防治、水生态保护和水资源管理。水污染综合防治措施可以分为工程与非工程两类，主要针对以下几个目标：减少废水和污染物排放量，具体包括减少生产废水、规定用水定额、改善生产工艺、完善管理制度、提高水的重复利用率等；发展区域水污染防治系统，具体包括制定城市水污染防治规划、实行水污染物排放总量控制、促进污水处理后的再利用等；研发污水处理技术，包括人工湿地污水处理技术、医院污水处理技术、农村污水处理技术、生物膜法污水处理技术等。

水环境功能区划是开展水污染综合防治的基础。坚持以改善水环境质量为核心，在水环境功能区划的基础上，按功能区进行水污染控制。依据水域功能划定保护级别，提出控制水污染的要求，水环境质量底线是环境质量改善的基准线，根据此要求，基于水环境功能区划提出的区域环境质量目标管理要求，提出区域或行业水环境污染物排放总量管控建议以及优化区域或行业发展布局、结构和规模的对策措施。我国根据水环境的现行功能和经济、社会发展需要，依据《地表水环境质量标准》（GB 3838—2002）进行水环境功能区划。2011年，国务院批复原则同意《全国重要江河湖泊水功能区划（2011—2030年）》，为全面落实最严格水资源管理制度，做好水资源开发利用与保护、水污染防治和水环境综合治理工作提供了重要依据。

土壤污染综合防治 以改善土壤环境质量为核心，以保障农产品质量和人居环境安全为出发点，坚持预防为主、保护优先、风险管控，突出重点区域、行业和污染物，实施分类别、分用途、分阶段治理，严控新增污染、逐步减少存量，形成政府主导、企业担责、公众参与、社会监督的土壤污染防治体系，促进土壤资源永续利用。2016年，国务院印发的《土壤污染防治行动计划》提出，我国土壤污染防治的措施主要包括：①开展土壤污染调查，掌握土壤环境质量状况；②推进土壤污染防治立法，建立健全法律法规标准体系；③实施农用地分类管理，保障农业生产环境安全；④实施建设用地准入管理，防范人居环境风险；⑤强化未污染土壤保护，严控新增土壤污染；⑥加强污染源监管，做好土壤污染预防工作；⑦开展污染治理与修复，改善区域土壤环境质量；⑧加大科技研发力度，推动环境保护产业发展；⑨发挥政府主导作用，构建土壤环境治理体系；⑩加强目标考核，严格责任追究。

噪声污染综合防治 将环境噪声污染防治工作纳入环境保护规划，并综合采取有利于声环境保护的经济、技术政策和措施，防止或者减轻环境噪声污染，促进声环境质量全面改善。可综合运用规划、环境影响评价、噪声消减措施等方式，减轻工业生产、建筑施工、交通运输和社会生活中所产生的环境噪声污染，达到国家规定的环境噪声排放标准要求。

我国每年都会发布“中国环境噪声污染防治报告”，公布全国地级以上城市开展功能区声环境质量、区域声环境质量和道路交通声环境质量的监测情况，以及噪声自动监测站点建设、处理环境噪声投诉、噪声污染防治投入等管理能力建设情况。（鞠美庭 楚春礼）

Zuwei Tongshan Kuangdu Shijian

足尾铜山矿毒事件 （Ashio Copper Mine Pollution Event） 19世纪末20世纪初日本栃木县上都贺郡足尾铜山矿因铜矿开采和冶炼污染河流、破坏生态环境、影响居民生活，居民奋起反抗的环境运动事件。

足尾铜矿位于日本栃木县上都贺郡足尾町，从江户时代起开始产铜，1871年转为民营，1877年开始由古河市兵卫主管，成为日本古河狂野株式会社经营的主要矿山之一。1885年，随着西欧近代开采技术的引入，它成为日本最大的矿山，年产量达到数千吨，占日本全国铜产量的40%，是东亚第一铜产地，产出的铜输出到世界各地，为日本带来丰厚的经济利润。但制铜精炼过程中产生的烟气和矿毒气，以及含毒矿渣给周边环境带来了严重的危害。乱砍滥伐和矿毒气导致的酸雨使得周边的山林消失殆尽，山洪暴发使下游地区年年遭受水灾，矿渣和含有毒重金属的酸性废水排入矿山附近的渡良濑川河，严重污染了河流。从1885年开始，河里的香鱼大量死亡，鲤鱼捕获量剧减。此外，河流两岸的农地与农作物也受到矿毒的严重污染。特别是1890年的一场特大洪水，使得矿毒污染更加明显，周边居民开始群起抗议。

1896年，当地人在田中正造的领导下，掀起了要求政府勒令停止矿山开采的运动。1897年，数千受害农民涌入东京，要求政府做出明确答复，立即采取行之有效的对策。在民众的强大压力下，政府被迫成立了矿毒调查会，命令企业修建矿毒预防设施，并承诺免征农民一年的农业税。1900年，受害农民再次组织了大规模运动，要求政府下令停止采矿，延长免租年限，认真履行宪法，保证国民安全，修缮河道治水，并出资补助。1902年，田中正造将此事上报明治天皇。政府开始调整方向，改为推进当地受矿毒影响的村落搬迁，从而将涉及5府县30万民众的公害问题巧妙地转化为3个村落的拆迁问题。截至1925年，矿毒预防设施全部修建完成，居民搬迁，矿毒事件逐渐淡出历史舞台。但是，直到1973年，足尾铜矿才停止开采。

矿山于1973年停止开采，进口矿石冶炼持续到1989年，其后仅存废金属回收业，2010年冶炼厂也被部分拆除。日本政府将矿山遗址划为“产业近代化遗产”，在退矿还林、加强周围环境整治工作的同时大力开发旅游业。但污染并未结束，除了持续几十年的重度土壤污染外，矿渣大坝在2011年东日本大地震中决堤，渡良濑川河下游再次检测出铅超标，甚至引起了各种次生地质灾害。（楚春礼 叶頔）

条目分类索引

【国际交往】

【环境节日】

【国际机构、组织等】

【中国机构】

【学会】

【计划、议程、报告等】

【会议】

【报刊】

【著作、数据库】

【环境奖项】

条目汉字笔画索引

说　明

一、本索引供读者按条目标题的汉字笔画查检条目。

二、条目标题按第一字笔画数由少到多的顺序排列，同画数的按笔顺横（一）、竖（丨）、撇（丿）、点（丶）、折（乛，包括⺃〈等）的顺序排列，笔画数和笔顺都相同的按下一个字的笔画数和笔顺排列。第一字相同的，依次按后面各字的笔画数和笔顺排列。

三、以阿拉伯数字、拉丁字母开头的条目标题，排在汉字条目标题的后面。

五画

六画

七画

八画

十三画

十五画

其他

条目外文索引

说　明

本索引按照条目外文标题的逐词排列法顺序排列。

D

E

本书主要编辑、出版人员

董 事 长：武德凯

首席编审：刘志荣

总 经 理：罗永席

总 编 辑：朱丹琪

主任编辑：李卫民

责任编辑：张 娣 谷妍妍

装帧设计：彭 杉 宋 瑞

责任校对：任 丽

责任印制：满 好